Jürgen Wessel

Deutsche Marinetechnik

zwischen gestern und morgen

Konzepte – Systeme – Technologien

Jürgen Wessel

Deutsche Marinetechnik

zwischen gestern und morgen

Konzepte – Systeme – Technologien

Eine Dokumentation über den Überwasser-
Marineschiffbau in Deutschland von 1956 bis 2006

Einbandgestaltung: Luis Dos Santos
Titelbild: Slg. B+V

Bildnachweis:
Die zur Illustration dieses Buches verwendeten Aufnahmen wurden mit Erlaubnis der bei den
Fotos angegebenen Eigentümern verwendet.

Eine Haftung des Autors oder des Verlages und seiner Beauftragten für Personen-, Sach- und
Vermögensschäden ist ausgeschlossen.

ISBN 978-3-613-02956-9

1. Auflage 2008

Copyright © by Motorbuch Verlag, Postfach 10 37 43, 70032 Stuttgart.
Ein Unternehmen der Paul Pietsch-Verlage GmbH & Co.

Sie finden uns im Internet unter
www.motorbuch-verlag.de

Lektor: Joachim Köster
Innengestaltung: WS WerbeService Linke, 76185 Karlsruhe
Druck und Bindung: Henkel GmbH Druckerei, 70499 Stuttgart
Printed in Germany

Inhaltsverzeichnis

1. Vorwort

Mit der vorliegenden Dokumentation wird die Aufmerksamkeit eines interessierten Leserkreises auf die vielfältigen Zusammenhänge gelenkt, die den Entwurf, die Konstruktion, den Bau aber auch die Beschaffung von Marine-Überwasserschiffen bestimmen und prägen. Voraussetzung hierfür war zunächst der langjährige Umgang mit dem Thema, wie er sich durch Berufsausübung in der Schiffbauindustrie ergeben hatte. Aber auch die inhaltliche Auseinandersetzung, mit eigenen Beiträgen bei Fachausschuss-Tagungen, Konferenzen, Symposien und anderer Vortragsveranstaltungen sowie die Neigung, sich in Aufsätzen dem Thema zu widmen, mögen dem Leser als hinreichende Referenz und Legitimation für ein solches Unterfangen dienen. In die Ausarbeitung sind aber auch Elemente, Denkansätze und Überlegungen aus einer Lehrveranstaltung über den gleichen Stoff eingeflossen, die ich zwischen 2001 und 2006 an der Technischen Universität Hamburg –Harburg (TUHH) durchgeführt habe. Die getroffene Stoffauswahl ist breit abgefasst und legt Wert darauf, wirtschaftliche wie auch politische Abhängigkeiten und Einflüsse zu berücksichtigen. Somit kann diese Dokumentation auch nicht als ein Lehrbuch im herkömmlichen Sinne dienen, mit dem etwa Entwurfsprinzipien oder gar Berechnungsmethoden vermittelt werden, wie sie sonst in der Lehre über Schiffsentwurf üblich sind. Soweit sie für die deutsche maritime Industrie von Bedeutung ist, dokumentiert das Buch mit seiner Themenauswahl den Stand der Marinetechnik zu Beginn des 21. Jahrhunderts.

Literatur in Form von Standardwerken, eventuell Handbücher u.ä. sind im Schiffbau und besonders im Marineschiffbau kaum oder nur veraltet verfügbar. Dort, wo erforderlich, stützt sich die vorgelegte Dokumentation daher sehr stark auf deutsche und vor allen Dingen auf englische Presseveröffentlichungen, wie sie in den Literaturhinweisen aufgeführt sind! Mit dem sehr breit angelegten Thema Marine – Überwasserschiffbau möchte der Autor einen ebenso breit gefassten Leserkreis erreichen. Mithin wendet sich dieses Buch mit seinem Thema an technisch interessierte Leser aus der Industrie, der Marine, der Hochschule, Behörden, wissenschaftlichen Einrichtungen und ggf. Mitglieder parlamentarischer Gremien.

Marinetechnik, wie sie sich seit 1956, d.h. seit Gründung der Bundeswehr und damit auch seit Gründung der Bundesmarine entwickelt hat, wird geprägt durch das, was seit langem als Hochtechnologie bezeichnet wird. Daher muss es das vorrangige Anliegen dieser Dokumentation sein, die Besonderheiten dieser Hochtechnologie, wie sie an Bord der von deutschen Werften gebauten Schiffe anzutreffen ist, überschaubar darzustellen und zu erläutern. Dabei sollen aber die wirtschaftlichen, die sicherheits-, bündnis-, und außenpolitischen Folgen bis hin zu den strukturpolitischen Konsequenzen dieser Technik nicht ausgeblendet werden. Auch wenn Marineschiffe auf den Werften an Nord- und Ostsee gebaut werden, so sind daran maßgeblich Zulieferfirmen aus allen Bundesländern wie auch internationale Firmen beteiligt. Insbesondere Zulieferfirmen aus Bayern und Baden-Württemberg sind traditionell seit vielen Jahrzehnten mit ihren Maschinenbauprodukten am Bau der Marineschiffe beteiligt, ebenso aber auch Firmen aus einer Reihe europäischer NATO-Länder, und solche aus den USA und Kanada, was in vielen Fällen zu einer engen industriepolitischen Partnerschaft geführt hat.

Der verantwortungsvolle Umgang mit dem Thema erfordert es auch, die Entwicklungsgeschichte des Marine- oder Kriegsschiffbaus wenigstens kurz zu skizzieren, die in der ersten Hälfte des 19. Jahrhunderts zusammen mit der »industriellen Revolution« wie auch mit der Entwicklung der ingenieur- und naturwissenschaftlichen Grundlagen der Thermodynamik, der Festigkeitslehre sowie der Elektrotechnik ihren Anfang nahm. Wehrtechnik und Marinetechnik sind sehr stark geprägt durch – zuweilen unerwartet eintretende – historische Ereignisse, mit denen einer neuen technischen Entwicklung, z. B. einer neuen Waffe und damit zuweilen auch einem neuen Schiffstyp, zum Durchbruch verholfen wurde und die andere Techniken wiederum über Nacht mit katastrophalen Folgen wertlos werden ließen. Es ist auch ein Anliegen dieser Dokumentation, die verschiedenen Schiffsklassen der Deutsche Marine in diesen Verlauf der Entwicklungsgeschichte zu stellen, die ihren Ursprung in der Zeit vor dem 1. Weltkrieg oder zumindest auch noch in der Zeit des 2. Weltkriegs hat.

Seiner Bedeutung entsprechend nimmt der Export von Überwasser-Marineschiffen ebenso wie der Export von Komponenten der marinetechnischen Zulieferindustrie einen besonderen Raum in der Dokumentation ein. Es gehört zu den besonderen Leistungen der marinetechnischen Industrie in Deutschland, dass sie sich bei Fregatten und Schnellbooten, bei Dieselmotoren und Verstellpropellern, bei Unterstüzungsge-

trieben und Sonargeräten sowie bei der Systemintegration zeitweilig oder auf Dauer die Position von weltweit operierenden Marktführern erworben hat. Gleiches gilt in sehr hohem Maße auch für die technisch und wirtschaftlich ungemein erfolgreichen U-Boote der deutschen Werft- und Marineindustrie, die aber nicht den Gegenstand dieser Dokumentation bilden, da hierfür bereits namhafte Publikationen erschienen sind.

Für das Zustandekommen der vorliegenden Ausarbeitung waren die Blohm + Voss GmbH sowie die ThyssenKrupp Marine Systems AG in Hamburg in großem Maße fördernd beteiligt. Hier habe ich ganz besonders Herrn Kempf wie auch Herrn Dr. Eckel für die verständnisvolle Unterstützung zu danken. Aber auch mit der aktiven Hilfe, die mir durch Herrn Schaedla und Herrn Dr. Spethmann bei Abeking und Rasmussen, ebenso von Herrn Dr. Ostersehlte bei der Fr. Lürssen Werft in Bremen, zuteil wurde, konnten Lücken im Datenbestand geschlossen werden, wofür ich danken möchte. Wertvolle Unterstützung ist mir auch aus dem Kollegenkreis von Blohm + Voss zuteil geworden, hier geht mein besonderer Dank an Herrn Dipl.-Ing. Bernd Sobik, dem Leiter W + F Systemintegration, der sich mit Geduld und Verständnis für die Erörterung vieler komplexer Fragen Zeit genommen hatte.

Last but not least möchte ich mich aber auch bei Herrn Kuch vom Motorbuch Verlag bedanken, der mein Vorhaben von Anfang an mit sehr ermutigendem Zuspruch gefördert hat.

Dr.-Ing. Jürgen Wessel
Hamburg im April 2008

2. Einleitung

2.1 Der deutsche Marineschiffbau und seine Bedeutung für Politik und Wirtschaft

In den Jahrzehnten nach dem Ende des Zweiten Weltkriegs gewann der Marineschiffbau in Deutschland nicht nur eine beständig wachsende technische und wirtschaftliche Bedeutung, sondern er erwarb sich dabei auch einen beständig wachsenden Anteil am Wert der gesamten Schiffbauproduktion des Landes. Damit folgt der Schiffbau der Bundesrepublik Deutschland durchaus einem allgemeinen Trend, wie er in allen Industrieländern zu beobachten ist: In Staaten wie den USA oder auch Großbritannien ist dieser Trend sogar so weit fortgeschritten, dass der nationale Schiffbau hier nur noch als Marineschiffbau fortgesetzt wird! Insbesondere in den USA stehen riesige Werft- und Zulieferkapazitäten ausschließlich im Dienst des nationalen Marineschiffbaus. Dagegen ist der zivile deutsche Schiffbau mit seiner Personalstärke zwar auch geschrumpft, aber in seiner Struktur gesund und nimmt im Kreis der international operierenden Schiffbauländer nach Korea, Japan und China – trotz eines sehr großen Abstands – immer noch den vierten Platz ein! Der Schiffbau in Deutschland, d.h. sowohl der militärische als auch der zivile, ist wirtschaftlich nicht zuletzt deshalb gesund, weil er ausschließlich privatwirtschaftlich organisiert ist. Es ist dies nicht selbstverständlich, da selbst im Bereich des zivilen Schiffbaus in den Staaten Westeuropas noch immer nicht durchgängig die von der EU geforderten privatwirtschaftlichen Strukturen existieren.

Noch krasser ist hier die Situation im Marineschiffbau, der in den großen EU-Nachbarstaaten Frankreich, Spanien, Italien und partiell auch in Großbritannien immer noch staatlich dominiert wird.

Bereits bei Gründung der Bundeswehr und der damit verbundenen Wehrgesetzgebung von 1955 wurde die Forderung nach einem privatwirtschaftlich organisierten deutschen Marineschiffbau erhoben und eingeführt. Man verließ damit eine Organisationsstruktur, wie sie für die Rüstungsindustrie in Deutschland bis 1945 kennzeichnend war, bei der neben den rein privatwirtschaftlich geführten Betrieben noch eine starke staatliche Rüstungsindustrie existierte. Augenfällig für diese Struktur im Schiffbau waren die großen Staatswerften, wie die Kriegsmarinewerft in Wilhelmshaven und die Deutschen Industrie Werke in Kiel, denen eine größere Zahl privater Werften an Nord- und Ostsee gegenüberstand. Die Fortsetzung dieses Zustands war aus guten Gründen nach dem Zweiten Weltkrieg politisch nicht mehr gewünscht. Heute beschränkt sich die staatliche Einflussnahme des hierfür vom Deutschen Bundestag eingesetzten Bundesamtes für Wehrtechnik und Beschaffung (BWB) bei Schiffsneubau und -reparatur auf die folgenden Aufgaben:

- Das Erstellen von Bedarfsunterlagen und die Auftragsvergabe an die Industrie einschließlich deren Überwachung bis zur Auftragsablieferung
- Das Ausarbeiten und Erstellen von Bauvorschriften
- Unterhalt und den Betrieb von umfangreichen Mess- und Erprobungseinrichtungen

- Organisation und Durchführung von Forschung und Entwicklung

Das BWB verfügt weder über eigene Entwurfs- oder Konstruktionsbüros noch über Fertigungsanlagen (Werften). Allein die vom BWB geführten Arsenale in Wilhelmshaven und in Kiel übernehmen ausgewählte und sehr spezifische Instandsetzungsarbeiten an den sog. »Hauptbauabschnitten« 5–8 (Waffen, Sensorik, Sperrwaffen), die aus unterschiedlichen Gründen nicht von der Industrie ausgeführt werden. Bei der Vorbereitung von Neubauvorhaben (Phasenvorlauf) hat das BWB die privatwirtschaftlich organisierte Marinetechnik GmbH (MTG) in Hamburg als Entwurfs- und Entwicklungsbüro zur Ausarbeitung von Entwurfskonzepten – d.h. von Vorentwürfen – eingesetzt. Im Rahmen dieser Zusammenarbeit entwickelten BWB, MTG und die Werften sehr erfolgreiche Schiffstypen für die »Bundesmarine«, die mit Beschluss des Deutschen Bundestages vom 04.12.1996 in »Deutsche Marine« umbenannt wurde. Aber auch Korvetten für Malaysia, Kolumbien und für Brasilien sind bei der MTG entwickelt, entworfen und unter der Leitung der MTG auf deutschen oder ausländischen Werften gebaut worden.

Auch in den Fällen, in denen sich BWB und Werftindustrie nicht als »öffentlicher Auftraggeber (öAG)« und als Auftragnehmer begegnen, arbeiten beide dennoch erfolgreich zusammen und unterstützen sich gegenseitig. So erhält z.B. die deutsche maritime Industrie immer dann eine wertvolle Unterstützung, wenn die Deutsche Marine im Rahmen von Regierungsabkommen (sog. government to government agreements) ausländischen Marinen, die auf deutschen Werften Schiffe bauen lassen, Hilfe bei Ausbildung und Training gewährt. Nicht minder wertvoll für den Export ist es auch, wenn beispielsweise die Deutsche Marine einen Schiffstyp in Dienst stellt, den die deutsche Industrie entwickelt hat und diesen auch für den Export anbietet. In diesem Fall profitiert die Schiffbauindustrie von dem Umstand, dass sie die eigene Marine als »parent navy« benennen kann, was als Wertschätzung für diese Entwicklung gewertet wird und dazu beiträgt, die ausländische Marine zu überzeugen, sich ebenfalls für diesen Schiffstyp zu entscheiden.

HDW – Howaldtswerke Deutsche Werft AG, Kiel, 1995 (Bildarchiv HDW Kiel)

Die wehrtechnische Industrie Deutschlands und damit auch der Marineschiffbau tragen ganz wesentlich dazu bei, die Stellung der Bundesrepublik Deutschland im NATO-Bündnis zu stärken. Zusätzlich erfüllt der Export von Wehrmaterial aber auch eine sehr wertvolle weitere Aufgabe: da die eigene Marine nur einen begrenzten Bedarf an Schiffen hat, ist die Industrie auf den Export angewiesen! Damit sichert der Export die Mindestkapazitäten für die wehrtechnische Basis der Deutschen Marine. Zwar sind dem Waffenexport durch das restriktive deutsche Kriegswaffen-Kontrollgesetz (KWKG) im Vergleich zu den Möglichkeiten anderer EU- und NATO-Staaten enge Grenzen gesetzt, ein Umstand, der die deutsche Wehrtechnik im internationalen Wettbewerb nicht selten benachteiligt und auch schon zum Verlust von Aufträgen führte, bisher aber durch innovatives und breit gestreutes Leistungsangebot kompensiert werden konnte.

In Zeiten asymmetrischer Bedrohung und fortlaufend international aufflackernder Konflikte, für deren Bekämpfung ein sorgfältig abgestuftes Abwehrpotential benötigt wird, stehen auch deutsche Seestreitkräfte im Dienst supranationaler Einrichtungen (UNO, EU). Auch zur Erfüllung dieser z.T. drängenden Aufgaben ist somit eine industrielle wehrtechnische Basis einschließlich einer leistungsfähigen und innovativen maritimen Zulieferindustrie in Deutschland unverzichtbar.

Tabelle 1: Marine- und Handelsschiffbau auf deutschen Werften, durchschnittl. Jahresproduktion

Werft	Mitarbeiter	Bau- und Fertigungsprogramm
A+R, Bremen	500	Schnelle Passagierschiffe, Yachten, Minenkampfboote, Reparatur, Umbauten
B+V, Hamburg	1100	Handelsschiffe bis 110.000 tdw, Fregatten, Korvetten, Reparatur, Umbauten
Elsflether Werft	75	Frachtschiffe bis 11.000 tdw, Wachfahrzeuge, Reparatur, Umbau
Fr. Lürssen, Vegesack	800	Yachten, Fähren, Korvetten, Schnellboote, Reparatur, Umbauten
FSG, Flensburg	600	Frachtschiffe bis 65.000 tdw, Versorger, Reparatur, Umbauten
HDW, Kiel	1200	Frachtschiffe bis 700.000 tdw, U-Boote, Fregatten, Korvetten, Reparatur, Umbauten
Kröger (Lürssen)	250	Frachtschiffe bis 16.000 tdw, Schnellboote, Minenkampfboote, Versorger, Reparaturen
Lindenau, Kiel	270	Versorger, Frachtschiffe bis 40.000 tdw, Reparatur, Umbau
NSWE, Emden	1100	Frachtschiffe bis 120.000 tdw, U-Boote, Fregatten, Korvetten, Wehrforschungsschiffe, Reparatur
Peene Werft, Wolgast	790	Frachtschiffe bis 12.000 tdw, Korvetten, Wachfahrzeuge, Reparatur, Umbau
SSW, Bremerhaven	600	Kreuzfahrtschiffe, Fähren, Schlepper, Forschungsschiffe, Reparatur, Umbauten

Peene Werft Wolgast, Ein Unternehmen der Hegemann-Gruppe um 2000 (Bildarchiv, Hegemannsgruppe, Peene Werft Wolgast)

2.2 Ziviler Schiffbau und außenwirtschaftliche Bedeutung des Marineschiffbaus

Eine ausschließlich militärische Bewertung der Wehrtechnik greift bei weitem zu kurz: Wehrmaterial und gerade auch marinetechnisches Gerät, wie es in Deutschland mit Fregatten, U-Booten, Minenkampfbooten und Schnellbooten hergestellt und exportiert wird, stellt ein großes Anlagekapital dar, und Kunden, die dieses Gerät in Deutschland erwerben, suchen daher nach Möglichkeiten, hierfür einen Finanzausgleich zu erhalten, der in ihre eigene Volkswirtschaft zurückfließt. Hierfür werden seit langem »Off Set Geschäfte« oder auch »Gegengeschäfte« gefordert, die es Ländern, die an die deutsche Schiffbauindustrie Bauverträge vergeben haben, ihrerseits möglich machen, Produkte und Dienstleistungen nach Deutschland und Europa zu exportieren. Diese Off-Set-Verträge, die parallel zum eigentlichen Bauvertrag abgeschlossen werden, erhalten immer größere Bedeutung und tragen wesentlich dazu bei, dass gerade die Volkswirtschaften der sog. »Schwellenländer«, die häufig als Kunden für deutsches Marinegerät auftreten, davon profitieren und sich vorteilhaft entwickeln. Damit wird natürlich auch eine Modernisierung und eine technische Ertüchtigung

der Industrie erwartet, die an dem Off-Set beteiligt wurde.

Marine-Exportschiffbau – sowohl der Unter- als auch der Überwasserschiffbau – ist Hochtechnologie mit einer hohen Wertschöpfung der daran beteiligten deutschen Industrie und damit verbunden mit hohem Steueraufkommen für den deutschen Staatshaushalt. Augenfällig wird dies, wenn man sich vergegenwärtigt, dass eine Fregatte der Klasse 124 oder ein U-Boot der Klasse 212 den Gegenwert von jeweils 6 bis 7 der ganz großen Containerschiffe mit ca. 8.000 TEU (20 Fuß Container) darstellen. Gleichzeitig sind Marineschiffe sehr komplexe und innovative Produkte, mit denen die deutsche Zulieferindustrie durchaus internationale Standards für Hochtechnologie setzten. Produkte bei Antrieb, Energieerzeugung, Steuerung, Kontrolle und Regelung sowie der digitalen Übertragungstechnik sind Beispiele, mit denen sich die maritime deutsche Zulieferindustrie im internationalen Wettbewerb durchsetzen konnte.

Vor diesem industriellen Hintergrund ist die Entwicklung des Marineschiffbaus in Deutschland zu sehen. Bei einem Jahresumsatz der deutschen Schiffbauindustrie von insgesamt ca. 3,5 Milliarden EURO wird etwa 1 Milliarde EURO – mithin ca. 30 % – für Marine umgesetzt. Da die Auftragslage

Marineschiffbau, Neubaufertigung bei Blohm + Voss um 1984, 3 Fregatten MEKO 360 ARA, 1 Fregatte MEKO 360 NN, Zerstörer der Klasse 101 (Umbau) (Slg. B+V)

im Marineschiffbau starken Schwankungen unterworfen ist, sind diese Zahlen lediglich als Anhaltswerte zu verstehen. Ähnlich verhält es sich bei den Mitarbeitern der Werftindustrie: von 23.500 insgesamt im Schiffbau beschäftigten Mitarbeiter sind ca. 3.500 im Marineschiffbau eingesetzt (alle Zahlen beziehen sich auf das Jahr 2005). Von den 35 deutschen See- und Küstenschiffswerften arbeiten 11 Werften für die Marine, d.h. diese Werften beteiligen sich am Neubau, an der Reparatur und an Umbauarbeiten u.ä. für die Marine. In alphabetischer Reihenfolge handelt es sich um die in der Tabelle 1 aufgeführten Werften mit ihren dort genannten Tätigkeitsfeldern.

2.3 Technologische Herausforderungen des Marineschiffbaus

Moderne Marineschiffe sind komplexe Konstruktionen der Hochtechnologie. Dies stellt ihre Bauwerft vor sehr große Herausforderungen bei der Koordination und der Integration der Komponenten, der Systeme, Rechner etc, die von vielen Herstellern des In- und Auslands geliefert werden. Es sind insbesondere die sog. Schnittstellenprobleme, die dabei im Vordergrund stehen und die stets dann gelöst werden müssen, wenn zunächst die Kompatibilität der digitalen Systeme nicht gegeben ist. Die damit verbundenen Aufgaben sind inzwischen so aufwendig und komplex geworden, dass die Werften dazu übergegangen sind, an dieser Systemintegration sog »Systemhäuser« zu beteiligen. Dies gilt in ganz besonderem Maße für das Führungs- und Waffen-Einsatzsystem (FüWES) – engl. »Combat System«. Die sehr weit entwickelte Automation in den Bereichen Haupt- und Hilfsbetrieb der Schiffstechnik führt dort zu vergleichbaren vernetzten Kontroll- und Steuerungssystemen mit Lichtleiter- und Datenbustechnik. Mit großer Berechtigung wird daher schon seit längerem immer wieder darauf hingewiesen, dass sich Marinewerften von heute somit von einem industriellen Fertigungbetrieb herkömmlicher Art zu einem Systemintegrator gewandelt haben. Hieraus ergibt sich folgerichtig auch ein Wandel bei der Personal- und Kostenstruktur moderner Marinewerften. So ist hier die Zahl der pro Schiff aufgewendeten Konstruktionsstunden größer als die Zahl der Fertigungsstunden, die auf der Werft zum Bau eines Marineschiffes abgearbeitet werden müssen. Damit erklärt sich auch die größere Zahl von Physikern, Informatikern, Ingenieuren, EDV-Spezialisten, Konstrukteuren, Technikern etc. gegenüber jenen, die für Fertigung und Betrieb benötigt werden.

Der große administrative und personelle Aufwand, der während der gründlichen Vorbereitung der Integrationsarbeiten mit seinen umfangreichen Berechnungen, Simulationen, Dokumentationen und Untersuchungen aller Art erforderlich wird, ebenso der notwendige Aufwand zur Einhaltung der Sicherheitsstandards, führt zu einem weitaus größeren Anteil der Gemeinkosten, als dies bei Handelsschiffen der Fall ist. Die Tatsache, dass die Werft für die große Zahl der Komponenten aus der Zulieferindustrie, die an Bord des Marineschiffes eingebaut werden, »nur noch« Montageplatz ist, erklärt ein weiteres Mal, warum der Personalbedarf in der Fertigung gesunken ist und warum die Wertschöpfung bei den Zulieferern vergrößert und bei der Werft vermindert wird.

2.4 Marine-Reparatur

Neben dem Neubau von Marineschiffen nimmt die Werftindustrie in großem Umfang als Dienstleistungen Aufgaben wie Wartung, Instandhaltung, Umbau und Modernisierung wahr, die gewöhnlich unter dem Sammelbegriff »Reparatur« zusammengefasst werden. Ebenso wie es beim Neubau von Marineschiffen der Fall ist, übernimmt die Werft auch bei diesen Aufträgen die Generalunternehmerschaft, mit der sie gesamtverantwortlich für das Gelingen des Vorhabens auftritt. Die sehr kapitalintensiven Marineschiffe des ausgehenden 20. und beginnenden 21. Jahrhunderts sind 30 Jahre in Dienst – sie können aber auch, wie es bei Einheiten der Deutschen Marine zuweilen vorkommt – 40 Jahre im aktiven Einsatz bleiben. In diesem Zusammenhang sei die Anmerkung erlaubt, dass die US Navy bei der Planung ihrer strategischen Flugzeugträger mit Reaktorantrieb und Nuklearwaffen inzwischen von einer Lebensdauer von 50 – in Worten fünfzig – Jahren ausgeht! Zuweilen muss eine bis weit über dreißig Jahre lange Indiensthaltung eines Marineschiffes noch lange nicht mit dessen Verschrottung enden. Insbesondere deutsche, aber auch englische, holländische oder französische Kriegsschiffe wurden selbst nach mehr als dreißig Jahren Indiensthaltung noch an NATO-Marinen im Mittelmeerraum oder an andere Marinen in Übersee verkauft, wo sie noch für viele Jahre eingesetzt bleiben.

Wenn die Schiffe über viele Jahre hinweg ihre Einsatzbereitschaft erhalten, dann nur deshalb, weil sie während dieser Zeit mit Hilfe sehr professionell ausgearbeiteter progressiver logistischer Konzepte fortlaufend gewartet, instand gehalten und modernisiert wurden. So durchgeführte Wartung und Instandhaltung macht es möglich, dass unerwartete Ausfallzeiten auf ein Mini-

Marinereparatur bei
Blohm + Voss, Zerstörer
der Klasse 101, Umbau
zum Schiff mit geschlos-
sener Brücke
(Slg. B+V)

mum beschränkt bleiben. Neben Wartung und Instandsetzung nehmen die deutschen Werften auch noch die Durchführung von Trainingsaufgaben aller Art wahr und bieten ihren Kunden Konzepte für die sehr wichtige Bord- und Depot-Ersatzteilhaltung an. Diese Gegebenheiten erklären, warum gerade für Marineschiffe Logistik und Reparatur von so großer Bedeutung sind. Die Waffen und Elektronikanlagen an Bord der Schiffe unterliegen einem permanenten Generationswechsel, was regelmäßig Modernisierungsmaßnahmen oder auch Umrüstungen zur Folge hat. Sämtliche hier aufgeführten Arbeiten werden von der Marine ausgeschrieben und dann nach einem Wettbewerbsverfahren vergeben, bei dem allein nach Preis, Qualität und Termin entschieden wird. In der Vergangenheit vergab die Deutsche Marine wichtige Reparaturaufträge, mit denen der Gefechtswert der

Schiffe gesteigert wurde, so z.B.:

- die Umrüstung der HAMBURG – Zerstörer (Klasse 101) mit Lenkwaffen und dem digitalen Führungs- und Waffeneinsatzsystem SATIR (1975–1976)
- Der Umbau der HAMBURG – Zerstörer mit geschlossener Brücke (1978)
- Der vollständige Neubau des Vorschiffs des Zerstörers BAYERN bei Blohm + Voss nach dessen Kollision mit dem Versorger SPESSART im Mittelmeer am 08.05.1980.

Auch wenn die Werft, wie beispielsweise etwa im Fall der Umrüstung von Rohrwaffen auf Lenkwaffen, als Generalunternehmer gesamtverantwortlich auftritt, können Arbeiten dieser und anderer Art nur in enger Zusammenarbeit mit den Zulieferfirmen für Waffen und Elektronik durchgeführt werden.

2.5 Die maritime Zulieferindustrie

Der Marineschiffbau kooperiert bei Neubau – wie auch bei Reparatur – und bei Umbauarbeiten mit der hoch spezialisierten und breit gefächerten deutschen Zulieferindustrie, die natürlich nicht nur allein als Zulieferer für die deutsche, sondern in großem Umfang auch für die internationale Werft- und Schiffbauindustrie arbeitet. Neben MTU in Friedrichshafen, die mit ihren schnell laufenden Dieselmotoren für Haupt- und Hilfsbetrieb an Bord von Marineschiffen seit langem die Marktführerschaft übernommen haben, finden Verstellpropeller von Escher Wyss in Ravensburg oder Sonargeräte wie auch Schwergewichtstorpedos der Firma Atlas Elektronik in Bremen eine ähnlich große Reputation und Bedeutung. So hat beispielsweise Escher Wyss – neben einer Vielzahl weiterer Exportaufträge – allein in den Jahren 1978 bis 1990 für die insgesamt 21 Einheiten von drei verschiedenen Klassen von Fregatten der japanischen Marine sämtliche 42 Verstellpropeller-Anlagen geliefert, ebenso zwischen 1984 und 1988 alle 24 Anlagen für die zwölf Fregatten der kanadischen HALIFAX-Klasse. In- und ausländische Lieferanten sind sehr unterschiedlich auf die einzelnen »Hauptbauabschnitte« des »Marine-Baugruppenverzeichnises«, nach denen ein Marineschiff aufgeschlüsselt wird, verteilt. Als eine Domäne der deutschen Lieferanten können die folgenden Hauptbauabschnitte (HBA) betrachtet werden; allerdings sind einige Geräte, wie z.B. Gasturbinen oder Führungsanlagen in den HBA's von 1 bis 5 wiederum ausschließlich Lieferanteil US-amerikanischer Firmen oder vereinzelt auch anderer NATO-Staaten:

* HBA 1 – Schiff mit Einrichtung und Ausrüstung: Stahlkonstruktion, Aluminium
* HBA 2 – Antriebsanlagen: Motoren, Getriebe, Wellenanlagen, Propeller
* HBA 3 – Elektrische Anlagen: E-Diesel, Generatoren, Transformatoren, Umformer, Schaltanlagen, Kabelanlagen
* HBA 4 – Schiffsbetriebsanlagen: Klima und Lüftung, Ruderanlagen, Stabilisatoren, Seewasser-, Ballast-, Druckluft-, Frischwasser-Systeme etc.
* HBA 5 – Fernmelde-, Navigations-, Ortungs- und Eloka-Anlagen, Funk-(Radar) und Wasserschall (Sonar)-Ortungsanlagen

Werksanlagen der MTU in Friedrichshafen
(Bildarchiv, MTU Friedrichshafen)

- HBA 8 – Sperrwaffen-Anlagen: Minenortungsgeräte, Minenräumgeräte, Minenjagdeinrichtungen
- HBA 9 – Geräte, Werkzeuge, Ersatzteile, Techn. Unterlagen

In den folgenden Hauptbauabschnitten des Marineschiffbaus in Deutschland besitzen ausländische Hersteller einen überwiegenden Lieferanteil:
- HBA 6 – Führungs- und Waffeneinsatzsysteme: Waffenleitanlagen, Datenverarbeitungsanlagen
- HBA 7 – Waffenanlagen: Rohrwaffen, Lenkwaffen, Bordhubschrauber, U-Jagdtorpedos

Grundsätzlich gilt, dass die Marinen nur solches Gerät zu beschaffen gewillt sind, welches erprobt ist und/oder sich bereits bewährt hat. Die komplexe und mit digitaler Informationstechnik ausgestattete Sensorik (Radar, Sonar, Feuerleitradar etc.) moderner Marineschiffe beansprucht für ihre Entwicklung jedoch lange Vorlaufzeiten. Wenn dann dieses Gerät noch in längerem Einsatz erprobt wird, führt das zwangsläufig dazu, dass es bereits veraltet ist, wenn es schließlich geliefert und an Bord der Schiffe installiert wird. Somit geben die Marinen den Grundsatz auf, nur erprobtes Gerät zu beschaffen und schließen stattdessen Verträge mit der Zulieferindustrie ab, mit denen neues Gerät parallel zum Bau des Schiffes entwickelt wird und erst bei Indienststellung zur Verfügung steht. Damit ist die Marine erstmals bereit, ein sehr großes Entwicklungsrisiko mit zu tragen! Bei dem größten Teil der Geräte, die beschafft werden müssen, gilt dagegen nach wie vor der Grundsatz, dass die Lieferanten für eine geforderte Komponente des Schiffes mit ihren Produkten – sofern sie als gleichwertig gelten können – im Wettbewerb zueinander stehen. Nur der Wettbewerb entscheidet dann über den Zuschlag, wobei die Bauwerft im Rahmen ihrer Projektbearbeitung das Auswahlverfahren leitet.

Bei den sicherheitspolitisch relevanten und auch sehr teuren Waffensystemen sind eigenständige Entwicklung und Wettbewerb aber nicht die einzigen Kriterien, nach denen die Komponenten ausgewählt werden. Einzelne NATO-Marinen können damit rechnen, dass ihnen über das Bündnis unentgeltliche Unterstützung gewährt wird, was dazu führt, dass Waffensysteme ohne Wettbewerb von den Beteiligten ausgewählt und direkt an die Marine geliefert werden. Hierfür hat sich der Begriff »government furnished Material« (GFM) eingebürgert. Als typische Beispiele für solchermaßen aus den USA zur Verfügung gestelltes Gerät gelten beispielsweise:
- Nahbereichswaffen (CIWS) vom Typ PHALANX, Raytheon Systems Company
- Flugabwehrsystem (SAM) SEA SPARROW, Raytheon Co., General Dynamics
- Seeziel-Rakete (SSM) HARPOON, Boeing (ehem. McDonnell Douglas)
- Rohrwaffe, 5 Zoll Seezielkanone, United Defense
- Gasturbine, Typ LM 2500, General Electric

Die deutsche maritime Zulieferindustrie ist auf sämtliche Bundesländer verteilt. Dazu einige Beispiele:
- Motorenhersteller MTU, Friedrichshafen
- Getriebehersteller, RENK, Augsburg
- Propellerhersteller, VA Tech Escher Wyss, Ravensburg
- Zykloidalpropellerhersteller Voith-Schneider, Heidenheim
- Zahnradfabrik ZF, Friedrichshafen
- Elektrische Anlage, SIEMENS, München, Erlangen
- Klima u. Lüftung, ABC-Schutz, Noske

Links: Anlagen WTD 71, auf dem Gelände des Arsenalbetriebes in Kiel – Ellerbek (Bildarchiv, BWB, WTD 71)

Kaeser, Hamburg
- Separatoren, Westfalia, Oelde
- Kanonen (MLG 27), Rheinmetall, Düsseldorf
- Multifunktionsradar (TRS-3D), EADS Deutschland GmbH, München
- Sonargeräte, Atlas Elektronik, Bremen
- Torpedos (Schwergewicht, 533 mm), Atlas Elektronik, Bremen
- Isolierungen, G+H, Grünzweig und Hartmann, Ludwigshafen
- Klima & Lüftung, ROM Rudolf Otto Meyer, Hamburg

2.6 Hochschulen, WTD 71, Versuchsanstalten, Institute etc.

Neben einer hochentwickelten Zulieferindustrie kann sich der deutsche Marineschiffbau auf eine ebenfalls breit gefächerte F+E (Forschungs und Entwicklungs)-Landschaft abstützen. Zum einen kommen hierfür die Hochschulen, die Schiffbau-Versuchsanstalten und auch der Germanische Lloyd als Klassifikationsgesellschaft in Frage und zum anderen gehören – wie bereits bemerkt – Forschung und Entwicklung zu den Kernaufgaben des Bundesamtes für Wehrtechnik und Beschaffung (BWB), das mit seinen wehrtechnischen Dienststellen (WTD) über sehr modern ausgestattete Forschungs- und Versuchseinrichtungen verfügt. Für die Erfordernisse der Marinetechnik hat das BWB die WTD 71 aufgebaut, die mit ihren verschiedenen Versuchsstandorten im Umkreis zwischen Eckernförde und Kiel angesiedelt ist. Hierzu gehören u.a. Erprobungseinrichtungen, die sich nachstehend aufgeführten Aufgaben widmen:
- magnetische Vermessungen
- akustische Vermessungen
- Unter- und Überwasserbahnvermessungen
- Unterwasseransprengungen
- Unterhalt eines Torpedoschießstand (Bahnvermessung)
- Durchführung von Schock und Rütteln, Klima- und Korrosionschutz
- Unterhalt eines Antennenmodellplatzes

Links unten: Anlagen der WTD 71, Eckernförde Süd (Bildarchiv, BWB, WTD 71)

- Untersuchungen zur elektro-magnetischen Verträglichkeit
- Durchführung von Geschosserprobungen (Luftziel, Seeziel)
- Unterhalt von acht modernen Erprobungsschiffen

Die WTD 71 verfügt über 630 Mitarbeiter, von denen 240 Physiker, Wissenschaftler und Ingenieure sind. Mit ihren Mess- und Prüfständen stehen der WTD 71 Laboreinrichtungen zur Verfügung, wie sie selbst die US Navy nicht besitzt und daher zuweilen auch Aufträge nach Eckernförde vergibt.

Zunächst steht die WTD 71 aber vorrangig im Dienst der Deutschen Marine, deren Interessen das BWB wahrnimmt. So werden mit Hilfe der verschiedenen Vermessungseinrichtungen der WTD sämtliche Probefahrten mit den Schiffsneubauten der Deutsche Marine durchgeführt. Aber auch die für den Export in Deutschland gebauten Marineschiffe bedienen sich der Dienstleistungen der WTD 71. Insbesondere die leistungsfähigen Einrichtungen für die Signaturvermessungen (magnetische, akustische wie auch Radar-Rückstrahlung und Infrarot), die im Marineschiffbau der Gegenwart überragende Bedeutung angenommen haben, werden von der WTD 71

gepflegt und qualifizieren sie zu einer bedeutenden marinetechnischen Einrichtung. Neben der Messtechnik widmen sich diese Dienststellen der Grundlagenforschung, wie sie gerade auch bei den Signaturen benötigt werden, um damit z.B. die geeigneten Prognoseverfahren zu ermitteln. Für die Zwecke der Marinetechnik verfügt die WTD 71 zweifelsfrei über die denkbar leistungsfähigsten Forschungseinrichtungen. Wenn die Einheiten der Deutschen Marine heutzutage zu den weltweit modernsten und technisch hochwertigen Schiffen zählen, so hat die WTD 71 daran ihren verdienten Anteil.

Der deutsche Marineschiffbau kooperiert bei Forschung und Entwicklung jedoch nicht nur mit den Einrichtungen der WTD, sondern unterhält gleichermaßen sehr enge Kontakte zu den entwicklungstechnischen Forschungseinrichtungen in den Technischen Universitäten und den Schiffbauversuchsanstalten sowie zu den Entwicklungsabteilungen des Germanischen Lloyd. Die Abteilungen für Schiffstechnik an der Technischen Universität Hamburg Harburg und der Technischen Universität Berlin und Duisburg wie auch der Universität Rostock arbeiten regelmäßig sowohl bei öffentlich geförderten Forschungs- und Entwicklungsprogrammen als auch bei von der Industrie selbst finanzierten Vorhaben erfolgreich und vertrauensvoll mit der – zivilen – Werftindustrie zusammen. Diese Art der Zusammenarbeit lässt sich in geringem Umfang auch auf die Belange des Marineschiffbaus übertragen. Mit Rücksicht auf die zuweilen sehr zugespitzt militär-technischen Probleme bleibt der Umfang dieser Kooperation für den Marineschiffbau jedoch klein. Dennoch ist in Deutschland seit mehreren Jahren eine Entwicklung in Gang gesetzt, mit der der GL als Klassifikationsgesellschaft Bauvorschriften für Marineschiffe erstellt und dafür auch die

Besichtigung übernimmt. Damit kann das BWB, das bisher diese Aufgaben wahrgenommen hatte, Personal einsparen und insgesamt seine Kosten verringern. Gleichzeitig stellt sich mit dem Germanischen Lloyd ein Partner an die Seite des BWB und damit an die Seite der Deutschen Marine, dessen Erfahrung und dessen Fachkompetenz in Fragen der Schiffsfestigkeit und der Schiffssicherheit von niemandem übertroffen wird.

Abschließend zur Erörterung der Zusammenarbeit von Hochschulen und Marineschiffbau sollten die beiden Universitäten der Bundeswehr in München und Hamburg nicht unerwähnt bleiben. Auch diese Universitäten unterhalten Industriekontakte. Im Fall des Schiffbaus hatte man sich anlässlich der Gründung der Universität der Bundeswehr in Hamburg jedoch darauf verständigt, hierfür ausschließlich die bereits vorhandenen Einrichtungen der TU Hamburg-Harburg (TUHH) in Anspruch zu nehmen. Dennoch existiert natürlich eine rege Zusammenarbeit zwischen der Uni der BW und der maritimen Zulieferindustrie, namentlich in der Nachrichten-, der Ortungs- und der Rechnertechnik.

2.7 Versuchsanstalten

Eine wertvolle und unverzichtbare Unterstützung und Beratung erhält die Bauwerft durch das schiffbauliche Versuchswesen, mit dessen Hilfe zunächst und vorrangig Geschwindigkeit, Widerstand und Antriebsleistung eines zu bauenden Schiffes in einem Modellversuch ermittelt werden. Hierzu wird das – maßstäblich verkleinerte – Modell des geplanten Schiffsrumpfes im sog. Schleppversuch mit einer gewählten Modellgeschwindigkeit mit einem auf Schienen laufenden Schleppwagen durch eine über 250 m lange Schlepprinne gezogen, wobei die dabei aufgebrachte Zugkraft als Modellwiderstand gemessen und protokolliert wird. Wird das Modell sodann im sog. Propulsionsversuch mit einem Elektromotor mit Propellerwellen angetrieben, so lassen sich Antriebsleistung, Propellerdrehzahl und Propellerschub als Modellgrößen messen, die sich nach naturwissenschaftlichen Gesetzen auf die Großausführung, d.h. auf das zu bauende Schiff, umrechnen lassen. Trotz sehr weit entwickelter numerischer Verfahren, mit deren Hilfe auf Rechenanlagen Leistungsprognosen für Schiffbauprojekte vorgenommen werden können, wird auch in Zukunft nicht auf die Versuchstechnik im Tank verzichtet werden können. Neben einem Schlepptank verfügen die Schiffbauversuchsanstalten gewöhnlich auch noch über einen Umlauf- oder Kavitationstank, in dem sog. »Freifahrtversuche« am frei fahrenden Modellpropeller, d.h. am Propeller ohne Schiff, durchgeführt werden. Dabei lassen sich solche Druckverhältnisse im Tank herstellen, die entweder zu Kavitation – das ist die schädliche Dampfblasenbildung infolge Unterdruckgebiete am drehenden Propeller – führen oder die kavitationsfreien Betrieb gewähren und sicherstellen. Routinemäßig werden auch Manövrierversuche als sog. Z-Versuche im Schlepptank durchgeführt, bei dem durch periodisches Ruderlegen die Gierwinkel und deren Drehgeschwindigkeit protokolliert werden, um so das stabile Reagieren des Schiffes auf das Legen des Ruders zu überprüfen und sicherzustellen. Einige der bedeutenden Versuchsanstalten verfügen zusätzlich über große Manövrierbecken, um hier – was im Schlepptank nicht möglich ist – vermittels geeigneter Versuchseinrichtungen Drehkreise mit dem Modell zu fahren.

Die Versuchstanks und -becken der Schiffbauversuchsanstalten werden zusätzlich mit Wellenmaschinen ausgerüstet,

HSVA, Hamburgische Schiffbau Versuchsanstalt, Halle mit Schlepptank von 300 m Länge (Bildarchiv, HSVA GmbH, Hamburg)

mit denen es möglich wird, das Seegangsverhalten von Schiffen oder auch von Off-Shore-Bauwerken zu untersuchen. Ferner gehören auch Flachwasserrinnen zu den Anlagen der Versuchsanstalten, mit denen das Widerstands- und Leistungsverhalten der Schiffe bei Flachwasser – also im küstennahen Bereich – untersucht wird. Zusammengefasst lassen sich folgende Modellversuche und Versuchsergebnisse benennen, die routinemäßig von den Versuchsanstalten angeboten, durchgeführt und ermittelt werden:

• Schleppversuch ⟶ Ergebnis: Schiffswiderstand
• Propulsionsversuch ⟶ Ergebnis: Schiffsantriebsleistung
• Freifahrtversuch ⟶ Ergebnis: Propellerleistung, -schub und -drehzahl

- Kavitationsversuch ⟶ Ergebnis: Kavitationseinsatz, akustische Vermessung
- Flachwasserversuch ⟶ Ergebnis: Schiffswiderstand, Schiffsantriebsleistung
- Seegangsversuch im regelm. Seegang ⟶ Ergebnis: Übertragungsfunktionen
- Seegangsversuch im unregelm. Seegang ⟶ Ergebnis: Bewegungsamplituden, Kräfte, Gierwinkel
- Manövrierversuch ⟶ Ergebnis: Drehkreisdurchmesser, Gierwinkel und -geschwindigkeit

Alle drei in Deutschland verbliebene Versuchsanstalten, das sind die HSVA in Hamburg, die SVA in Potsdam und die VBD in Duisburg, beteiligen sich an der Durchführung von Modellversuchen für Neubauprojekte der Deutschen Marine. Neben den Standardversuchen (Widerstand und Propulsion) erhalten Seegangs- und Manövrierversuche sowie ganz besonders Propeller- und Kavitationsuntersuchungen mit Rücksicht auf das hydroakustische Verhalten der Marineschiffe im Einsatz gegen U-Boote eine hohe Priorität. Neben den bewährten Versuchs- und Messmethoden, die seit nunmehr über einhundert Jahren weltweit erfolgreich angewendet werden, setzen die Versuchsanstalten immer häufiger preisgünstige numerische Prognoseverfahren ein und reduzieren so die Zahl der erforderlichen teuren Modellversuche.

Die über viele Jahrzehnte erworbene Erfahrung in der Messtechnik legt es nahe, dass Reeder, aber auch Marinen – respektive die hierfür zuständigen Beschaffungsbehörden – die Versuchsanstalten an der Durchführung von Probefahrten ihrer kurz vor der Ablieferung stehenden Schiffsneubauten beteiligen. Dies geschieht z.B. sehr häufig dann, wenn ein neuer Propeller erstmals an Bord eines Marineschiffes (z.B. einer Fregatte) zum Einsatz kommt, dessen Kavitationsverhalten mit Hilfe von kleinen Fenstern, die unterhalb der Wasserlinie im Schiffsboden in der Nähe des Propellers eingelassen sind, beobachtet werden muss. Auch hierfür verfügen die Versuchsanstalten über die geeigneten Messinstrumente. Ebenso werden die übrigen Teile von Probefahrtprogrammen mit z.B. Meilenfahrten und Manövrierversuchen auf Verlangen der Auftraggeber von den Versuchsanstalten durchgeführt.

3. Kurzer historischer Rückblick auf die Entwicklung des modernen Marineschiffbaus

Der Übergang vom hölzernen und bewaffneten Segelschiff zum modernen Marineschiff der Neuzeit wird im Zeitalter der technischen Revolution durch drei wesentliche Entwicklungen bestimmt und ausgelöst:

- der Dampftechnik
- der Schiffspanzerung aus Eisen und
- der Sprenggranate von Paixhans (1783–1854)

Es waren diese drei Entwicklungen, die das seit mehr als 500 Jahren aus Holz gebaute Segelschiff mit Vorderladerkanonen, die Eisen- oder Steinkugeln verschiessen, ablösten und durch ein mit Dampf angetriebenes und gepanzertes Schiff ersetzten, das mit Kanonen bewaffnet ist, die mit Sprenggranaten feuern.

Die vielfältigen Entwicklungen, die schließlich zu brauchbaren Schiffsdampfmaschinen mit Propellerantrieb sowie zu dem Schiffbauwerkstoff Eisen bzw. Eisenpanzer führten, reichen zurück ins 18. Jahrhundert, um schrittweise in den Schiffbau Eingang zu finden. Es war dies die Epoche, in der auch die theoretischen Grundlagen der Ingenieurwissenschaften gelegt und z.T. bereits abgeschlossen wurden; so legte Euler das Fundament für die Stabilität der Schiffe an, Gay-Lussac und Carnot schufen die Basis für die technische Thermodynamik und Navier, Saint Venant, Cauchy und andere erarbeiteten wesentliche Grundlagen der Festigkeitslehre. Der aus Holz gebaute Raddampfer SAVANNAH überquerte bereits 1819 mit kombiniertem Dampf- und Segelantrieb den Atlantik, ohne dass sich hieraus sofort ein regulärer Transatlantikverkehr entwickelt hätte. Wichtige weitere Etappen auf dem Weg zum Transatlantikverkehr mit Dampfschiffen waren sodann die 1838 aus Holz gebaute GREAT WESTERN und die im Jahre 1845 fertiggestellte GREAT BRITAIN, die erstmals vollständig aus Eisen gefertigt wurde. Sowohl GREAT WESTERN als auch GREAT BRITAIN waren zwar schon Schraubenschiffe, die aber wegen des hohen Brennstoffverbrauchs der Dampfmaschinen noch nicht auf den kombinierten Dampf-Segelantrieb verzichten konnten.

Obwohl der Dampfantrieb bei ersten Schiffen in der Handelsschiffahrt schleppend eingeführt werden konnte, beharrte die Marineführungen bei ihren Schiffen zunächst auf dem Segelantrieb und auf Holz als Schiffbaumaterial. Die logische Begründung hierfür lag in dem übermäßig großen Kohleverbrauch der damaligen Dampfmaschinen, der die Schiffe von vielen Bunkerhäfen abhängig machte, was ihre Beweglichkeit erheblich reduzierte. Dagegen verhalfen Segel dem Schiff zu einer fast unbegrenzten Autonomie, die nur durch Sturm und die gefürchteten Kalmen, d.h. durch Windstille, eingeschränkt werden konnte. Ähnlich verhielten sich auch die Verantwortlichen bei der Marine, wenn es um die Frage Holz oder Eisen als Schiffbaumaterial ging: trotz der erfolgreichen Einführung des Eisens in der Handelsschiffahrt konnte man sich nicht dafür entscheiden, diesen Werkstoff gleichermaßen zügig für die Kriegsschiffe zu nutzen, da die bisher im Seekrieg gebräuchlichen Eisen- und Steinkugeln in den dicken Holzplanken der Schiffe steckenblieben und somit den erforderlichen Schutz gewährten. So ergab es sich, dass beispielsweise bis 1860 alle Schiffe der Royal Navy ausschließlich aus Holz gebaut waren. Erst der Krimkrieg brachte hier die Wende, als erstmals die Sprenggranate und der Eisenpanzer zum Einsatz kamen. Zwar hatte der französische General Paixhans die Sprenggranate bereits 1822 entwickelt und vorgestellt, die in den hölzernen Schiffen zumal dann verheerende Wirkung zeigte, wenn sie mit einem Aufschlagzünder versehen war. Dies zeigte sich schon im deutsch-dänischen Krieg von 1849, aber in viel größerem Maße führte der Krimkrieg von 1854/56 dies den Marinen Großbritanniens und Frankreichs

überzeugend vor Augen. Gleichzeitig bewiesen kurzfristig gebaute schwimmende gepanzerte Batterien den wirkungsvollen Schutz der Panzerungen gegen die Sprenggranate, was Paixhans selbst auch schon lange vorher vorgeschlagen hatte. Somit konnten weder die Überlegenheit und die Zerstörungskraft moderner Sprenggranaten noch die Wirksamkeit des Eisenpanzers auf Grund der im Krimkrieg gesammelten Erfahrungen länger geleugnet werden und führten so zu radikalem Umdenken bei Entwurf und Konstruktion der modernen Marineschiffe. In schneller Folge wechselte sich nunmehr innerhalb von 20 Jahren eine Generation von Kriegsschiffen zur nächsten ab, die ihre Anordnung von Panzerung und Waffen fortlaufend ergänzten und verbesserten, die Leistungen ihrer Dampfanlagen heraufsetzten, um schließlich gänzlich auf ihre Rahbesegelung zu verzichten.

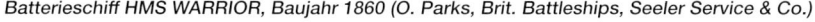

Batterieschiff HMS WARRIOR, Baujahr 1860 (O. Parks, Brit. Battleships, Seeler Service & Co.)

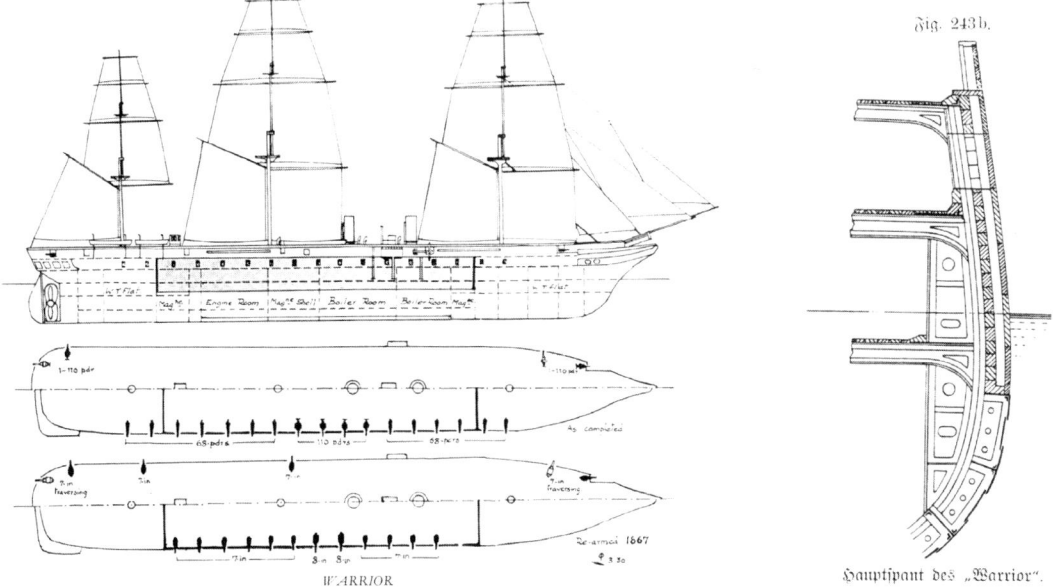

CCS VIRGINIA (ehemals USS MERRIMACK),
Kasemattenschiff, 1862 (US Naval Institute)

3.1 Batterieschiffe

Frankreich baute 1859 als Folge der im Krimkrieg gesammelten Erfahrungen das aus Holz gebaute und erstmals mit Eisen gepanzerte Batterieschiff GLOIRE, wie auch die Royal Navy 1860 ihr erstes vollständig aus Eisen gebautes Kriegsschiff WARRIOR in Dienst stellte, das mit einem Eisenpanzer von 41/2 Zoll Dicke geschützt und als Batterieschiff klassifiziert war. Beide Schiffe erhielten einen kombinierten Dampf- und Segelantrieb, der diese Schiffe – abgesehen von den zwischen den Masten aufgestellten Schornsteinen – kaum von den herkömmlichen Segelschiffen unterschied. Benachteiligt waren diese Konstruktionen allerdings durch ihren Seitenpanzer, der in voller Höhe den gesamten Freibord der Schiffe abdeckte, was ihren Schwerpunkt erhöhte und dazu führte, dass sie nur noch ein Batteriedeck aufnehmen konnten. In Preußen wurde mit dem auf der französischen Werft Societé Nouvelles des Forges et Chabtiers La Seyne in Toulon zwischen 1866 und 1867 gebauten FRIEDRICH CARL das erste Batterieschiff in Dienst gestellt. Wie hoch die technische Bedeutung der Batterieschiffe als erste gepanzerte Kriegsschiffe für die Marinegeschichte heute in Großbritannien angesehen wird, beweist der Umstand, dass die Royal Navy nach

1980 die WARRIOR mit großem Aufwand als Meilenstein der schiffstechnischen Entwicklung restauriert und in Portsmouth als Museumsschiff nutzt und so einer breiten Öffentlichkeit auch im 21. Jahrhundert zugänglich macht.

3.2 Kasemattenschiffe

Das Kasemattenschiff legte einen Seitenpanzer um den Bereich seiner nur kurz gehaltenen Kasematte, in der wenige Kanonen mit großem Kaliber (21,0 cm) angeordnet sind. Die Kasematte erlaubte es auch, dass die Geschütze, die an ihren Enden untergebracht sind, geringfügig in Schiffslängsrichtung feuern konnten. In Preußen wurde mit dem Kasemattenschiff HANSA auf der Kaiserlichen Werft in Danzig zwischen 1868 und 1875 das erste eiserne Kriegsschiff in Deutschland gebaut.

3.3 Turmschiffe

Auch Kasemattenschiffe litten noch unter dem hohen Gewicht ihrer Panzerung und unter dem Nachteil ihres immer noch eingeschränkten Bestreichungswinkels. Hier schufen die sog. Turmschiffe Abhilfe, die erstmals schwenkbare Geschütztürme in Doppellafetten erhielten, die wegen der Masten ihrer immer noch vorhandenen Rahbesegelung allerdings auch weiterhin nur seitlich und etwas quer in Schiffslängsrichtung feuern konnten. Mit der Schlagkraft ihrer Geschütze und der Standkraft ihrer Panzerung sind jeweils ein Kasemattenschiff und ein Turmschiff in die Marinegeschichte eingegangen: während des amerikanischen Bürgerkriegs kam es am 9. März 1862 vor dem Marinehafen Hampton Roads, Virginia, das zur Südstaaten-Konföderation gehörte, zu einem Gefecht zwischen dem

Kasemattenschiff CSS VIRGINIA (ehemals USS MERRIMACK) der Südstaaten und dem Turmschiff USS MONITOR der Marine der Nordstaaten. Dieses Gefecht wurde nach mehreren (!) Stunden ergebnislos abgebrochen und hatte damit zunächst den Gleichstand von Granate und Panzerung unter Beweis gestellt! Die nächsten achtzig Jahre sind durch den Wettlauf geprägt, den sich von nun an immer stärkere Panzerungen gegen Granaten mit immer größerer Durchschlagskraft liefern. Zwei weitere Turmschiffe, die Eingang in die Geschichte des Schiffbaus gefunden haben, sind die HMS CAPTAIN und die HMS MONARCH der Royal Navy, welche sich im Jahre 1870 zu Probefahrten in der Biskaya befanden. Trotz geringfügig höherer Anfangsstabilität ging HMS CAPTAIN in schwerer See verloren, weil der Freibord nur halb so groß war wie bei HMS MONARCH, der das schwere Wetter ohne weiteres ertrug. Die der Konstruktion der CAPTAIN zu Grunde gelegte Idee, ausreichend Anfangsstabilität reiche aus, um Schiffe sicher zu machen, versagte vollkommen, da man die Bedeutung des Freibords und seine Konsequenzen für den Stabilitätsumfang sträflich vernachlässigt hatte. Nach einer Bauzeit von fünf Jahren stellte die Kaiserliche Marine 1876 mit der auf der beim Stettiner Vulkan gebauten PREUSSEN das erste einer Serie von drei Turmschiffen in Dienst.

3.4 Barbetten und das Zitadellschiff

Die Geschütztürme, die immer schwerer wurden, um die im Kaliber immer größer werdenden Granaten zu verschießen, machten erhöhte Turmgewichte erforderlich. Da aber die geeigneten elektrischen Antriebe noch nicht entwickelt waren, musste das Drehen der Türme noch von Hand vorgenommen werden. Fest ein-gebaute Barbetten, die nach oben offen waren und hinter denen sich die von Hand drehbar angeordneten Geschütztürme befanden, boten hier nun eine Kräfte sparende Lösung, die gleichzeitig dem erforderlichen Schutz des Geschützturms Rechnung trug. Im Laufe der Zeit wurden die Barbetten bis auf den Doppelboden hinunter geführt und übernahmen so den Schutz für den gesamten Munitionstransport von der Munitionskammer bis hinauf in den Turm!

Um eine taktisch für erforderlich gehaltene Geschwindigkeit von 13 Knoten zu laufen, mussten die immer schwerer werdenden Schiffe schließlich auf ihre Rahbesegelung ganz verzichten und statt dessen ausnahmslos auf den Antrieb mit Kolbendampfmaschinen umstellen, der ebenso wie die Waffen auf den Schutz durch die Panzerung angewiesen war. Da sich die Durchschlagkraft der Granaten noch weiter erhöht hatte, machte dies wiederum eine

SMS SACHSEN, Zitadellschiff 1978, Barbette (Slg. DSM)

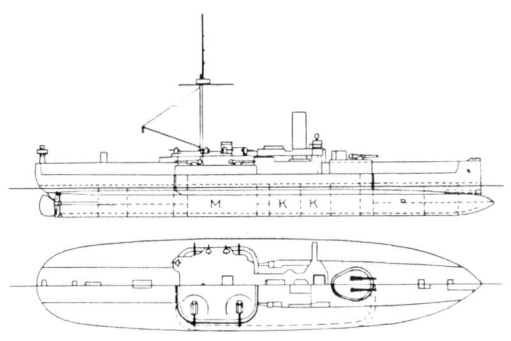

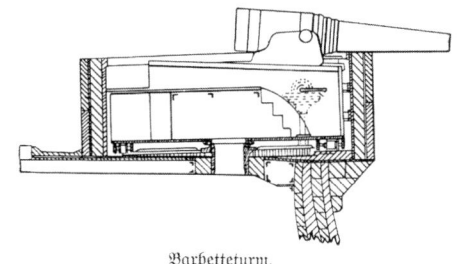

Barbetteturm.

stärkere Panzerung erforderlich. Wenn nun Antrieb, Bewaffnung und Befehlsanlagen durch Panzerplatten geschützt werden sollten, so musste dieser zusammenhängende Bereich sowohl vertikal als auch erstmals horizontal mit einem Panzerdeck gegen von oben einfallende Granaten geschützt werden. Diesem durch Panzerung geschützten Raum gab man die Bezeichnung »Zitadelle«, die sich bis auf den heutigen Tag für den luftdicht abgeschlossenen und ausschließlich künstlich belüfteten Teil des Schiffes erhalten hat. Mit der Einführung der Zitadelle ist das Zitadellschiff entwickelt, das die wesentlichen Elemente besitzt, die erstmals, und von nun an unter Verzicht der Segel, den Kriegsschiffbau bestimmen:

- Vertikalpanzer
- Horizontalpanzer
- Barbetten
- Dampfantrieb

Die ersten Zitadellschiffe in Deutschland waren die vier zwischen 1878 und 1883 auf vier verschiedenen Werften vom Stapel gelaufenen Einheiten der SACHSEN-Klasse!

3.5 Die wesentlichen Entwicklungen bei den Komponenten der Marinetechnik

Das Gefecht zwischen dem Kasemattenschiff CSS VIRGINIA (vormals USS MERRIMACK) und dem Turmschiff USS MONITOR vor dem Atlantikstützpunkt Hampton Roads der Südstaaten-Konföderation am 9. März 1862, das nach mehrstündigem Schlagabtausch ergebnislos abgebrochen werden musste, war ein Beweis für die Wirksamkeit des Panzers, der durch die Granaten nicht ernsthaft beschädigt werden konnte. Damit wurde ein jahrelang währender Wettstreit zwischen der Rohrwaffe und der Panzerung

der Großkampfschiffe eröffnet, der sowohl die Entwicklung und den Bau der gepanzerten Schiffe und ihrer Antriebsanlagen als auch die Entwicklung des Torpedobootes als neuen Kriegsschifftyps erforderlich machte und nachhaltig beeinflusste.

3.5.1 Entwicklung der schweren Schiffsartillerie

Zunächst wurde die Schlagkraft der Rohrwaffen erheblich verbessert, indem die kugelförmige Sprenggranate durch das aerodynamisch günstig geformte Langgeschoss ersetzt wurde. Das Langgeschoss wiederum initiierte den gezogenen Lauf, mit dem das Geschoss eine Drehung um die eigene Längsachse erfährt, um damit zielgenau zu treffen. Die längeren Rohre erforderten ihrerseits die Umstellung vom Vorderlader zum Hinterlader. Schließlich wurden die Geschütze in Einzel- oder Mehrfachlafetten in den gepanzerten Türmen der Turm- oder Zitadellschiffe aufgestellt, in dem sowohl die Richt-, Schwenk- und Ladeeinrichtungen als auch die Bedienmannschaften erstmals sicher und geschützt Aufnahme fanden.

Mit der Einführung des langsam abbrennenden, rauchlosen Pulvers anstelle des bis dahin verwendeten Schwarzpulvers konnten die Mündungsgeschwindigkeiten der Granaten von anfangs 400 m/sek auf 640 m/sek und schließlich im Jahre 1885 bereits auf 750–800 m/sek, d.h. auf mehrfache Schallgeschwindigkeit, heraufgesetzt werden. Auch wenn die Granaten auf ihrer Flugbahn infolge ihres Luftwiderstandes an Geschwindigkeit verlieren, so treffen sie – damals wie heute – immer noch mit Überschallgeschwindigkeit in ihr Ziel ein. Hierfür war es allerdings erforderlich, die Rohrlänge wiederum zu vergrößern, um die längeren Beschleunigungswege der Granate im

Linienschiff SMS BRANDENBURG, Baujahr 1890, erstes Linienschiff aus Siemens-Martin-Stahl, erste funktelegrafische Einrichtungen der Kaiserlichen Marine im Jahre 1900 (Slg. DSM)

Rohr möglich zu machen! Diese Rohrverlängerung und weitere Kalibersteigerungen machten wiederum konstruktive Änderungen des Rohraufbaus nötig, um die hohen Gasdrücke, die die schweren Granaten nur bewegen konnten, auf das Rohr zu verteilen. Neben der größeren Reichweite der Granaten machte die verringerte Sichtbehinderung durch das rauchlose Schießpulver die Einführung einer vereinheitlichten Feuerleitung möglich. Die Steigerung der Kaliberstärke als wesentlicher Beitrag zur Erhöhung der Schlagkraft wurde von allen Seemächten sehr umsichtig und sorgfältig vorbereitet, was aber auch stets Einfluss auf das außen- und sicherheitspolitische Verhältnis der Staaten untereinander nahm. So hat insbesondere die Kaiserliche Marine sehr darauf geachtet, bei der durch die Royal Navy vorgenommenen Vergrößerung ihrer Kaliber nie sofort gleich zu ziehen. So hatte die Royal Navy bereits 1895 das 12-Zoll-Kaliber (30,5 cm) erstmalig an Bord ihrer Linienschiffe der MAJESTIC-Klasse eingeführt, während die Kaiserliche Marine dieses Kaliber erst ab 1910 – d.h. 15

Jahre später – an Bord ihrer Linienschiffe der HELGOLAND-Klasse einbaute. Am Ende dieser Entwicklung stand das Seegeschütz mit dem 16-Zoll-Kaliber (40,6 cm), das aber bezeichnenderweise nicht mehr von der Royal Navy, sondern 1917 von der US Navy an Bord ihrer Schlachtschiffe der COLORADO-Klasse eingeführt wurde, nachdem sich wenige Monate früher die Kaiserliche Japanische Marine auch für dieses Kaliber entschieden hatte, um es an Bord der in Bau befindlichen Linienschiffe der NAGATO-Klasse einzusetzen.

3.5.2 Eisen und Stahl und die Entwicklung der Schiffspanzerung

Die Steigerung der Durchschlagskraft durch die fortlaufend schwerer werdenden Granaten führte zu fortlaufend wirkungsvolleren Panzerungen. Zunächst wurden hierfür die Eisenpanzer einfach stärker gemacht, um so den Granaten standzuhalten. Da dies auf Dauer zu immer höheren Gewichten führen würde, die sowohl die Schwimmfähigkeit als auch die Stabilität des Schiffes gefährdete, musste das Eigengewicht des Panzers selbst verringert werden, was zunächst mit dem 1877 in England entwickelten »Kompoundpanzer« möglich wurde, bei dem auf die Panzerplatte eine dünne Stahlschicht aufgegossen wurde, die bei geringer Elastizität ein großes Maß an Härte aufwies. Beim Auftreffen auf diese Stahlschicht zerbrach die Granate und ihre Splitter blieben im zähen und elastischen Material des Panzers stecken. Eine weitere Verbesserung der Panzerung wurde um 1890 in Deutschland mit dem zementierten Panzer erreicht, bei dem die aufgegossene Stahlplatte des Kompoundpanzers durch eine mit Kohlenstoff angereicherte (»zementierte«) Schicht des Panzermaterials ersetzt wurde, die ebenfalls so hart ist, dass die Granaten zersplittern und wiederum im zähen Werkstoff des Panzers stecken bleiben. Diese Verbesserungen führten spürbar zu einer Gewichtsreduzierung bei der Schiffspanzerung, was dann eine wünschenswerte Vergrößerung der Gewichte für Kohlevorräte, Munition oder Maschinenanlagen des Schiffes ermöglichte. Eine weitere wesentliche Gewichtsreduzierung ergab sich um das Jahr 1890 aber auch, als man beim Bau der Linienschiffe der BRANDENBURG-Klasse von dem bis dahin als Bauwerkstoff verwendeten Puddeleisens zum Siemens-Martin-Stahl mit seiner höheren Festigkeit überging, nachdem die Royal Navy bereits 1886 mit ihrem Linienschiff HMS COLLOSUS ihr erstes Schiff aus Stahl in Dienst gestellt hatte. Zur gleichen Zeit wird Stahl auch der Werkstoff für Handelsschiffe.

3.5.3 Dampftechnik

Bis zur Einführung der ersten Dampfturbinen an Bord des Torpedobootes S 125 im Jahre 1904 blieb die Kolbendampfmaschine der einzige Maschinentyp, mit dem die Einheiten der Kaiserlichen Marine – von der Hafenbarkasse bis zum Linienschiff – angetrieben wurden. Die frühen Kolbendampfmaschinen, wie sie an Bord des Zitadellenschiffes SACHSEN im Jahre 1878 zum Einbau kamen, waren noch zwei liegende, einfach wirkende 3-Zylinder-Expansionsmaschinen mit einer indizierten Leistung von jeweils ca. 2.500 PS bei einem Dampfdruck von 2 atü, die mit 78 Umdrehungen pro Minute drehten. In dieser Zeit übernahm nun die Kolbendampfmaschine die wichtige Aufgabe, für die fortlaufend schwerer werdenden Großkampfschiffe die größeren Antriebsleistungen bereitzustellen. Mit verbesserten Konstruktionen, innovativen Bauarten und neuen Werkstoffen konnten diese erforderlichen Leistungssteigerungen systematisch erreicht werden:

- Die indizierten Leistungen der einzelnen Kolbendampfmaschinen an Bord der Schiffe stiegen auf ca. 15.000 PS an
- die sperrigen, liegenden Expansionsmaschinen mit großem Raumbedarf wurden senkrecht aufgestellt und beanspruchten somit auf Dauer weniger Grundfläche und auch weniger Raum
- der Dampfdruck konnte im Verlauf der Jahre bis 1910 bis auf ca. 18 atü erhöht werden, was den thermischen Wirkungsgrad und damit den für den Einsatz des Schiffes entscheidenden sog. spezifischen Brennstoffverbrauch ganz erheblich verringerte
- durch die verbesserte Nutzung des Temperatur- und Druckgefälles des Dampfes in zwei und schließlich in drei Kolben (d.h. durch die systematische Umstellung von den einfach- auf die zweifach- bis hin zu den dreifach wirkenden Expansionsmaschinen – den sog. »Kompound-« oder auch »Verbundmaschinen«) konnten der thermische Wirkungsgrad und damit

der Brennstoffverbrauch der Kolben-dampfmaschinen zusätzlich verbessert werden

- der thermische Wirkungsgrad der Kolbendampfmaschinen stieg so von 3 % im Jahre 1860 auf 13 % im Jahre 1910. (Zum Vergleich: der Wirkungsgrad eines schnell laufenden Dieselmotors, wie er heutzutage von der Marine als Antriebsdiesel eingesetzt wird, liegt bei ca. 45 % und in der Handels-schiffahrt werden langsam laufende Dieselmotoren mit z.T. weniger als 100 U/min eingesetzt, deren Wirkungsgrade sogar 50 % erreichen!)
- der spezifische Brennstoffverbrauch (Kohle) reduzierte sich damit von 2,60 kg/WPSh im Jahre 1860 auf 0,6 kg/WPSh im Jahre 1910
- mit der Verbesserung des thermischen Wirkungsgrades der Antriebsanlage konnte das auf 1 PS bezogene Anlagengewicht erheblich verringert werden
- schließlich ließ sich auch im Verlauf der Jahre die Störanfälligkeit der Kolbendampfmaschine – zumindest – verringern
- zu den ganz großen Vorteilen der Kolbendampfmaschinen gehörte ihr besonders gutes Teillastverhalten, d.h. bei verringerter Leistungsabnahme, wie sie die Marineschiffe über längere Zeit unter Marschfahrtbedingung verlangen, veränderte – d.h. erhöhte – sich der spezifische Brennstoff nicht wesentlich.

Kolbendampfmaschinen besaßen den ungemein wichtigen Vorteil, dass sie mit Drehzahlen arbeiteten, wie sie auch für die Propeller erforderlich waren, so dass sie keine Drehzahluntersetzung – d.h. kein Getriebe – benötigten; zudem besaßen sie den großen Vorteil, dass sie ohne weiteres ihre Drehrichtung ändern und somit das Schiff

rückwärts laufen konnten, ohne dass dabei größere Verluste auftraten. Aber auch für kleine schnelle Fahrzeuge, wie sie mit den Torpedobooten ab 1880 in Erscheinung traten, konnten Kolbendampfmaschinen – sog. Torpedobootmaschinen – konstruiert und gebaut werden, die mit ihren Drehzahlen von 325 U/min wiederum sehr gut zu den im Durchmesser kleinen Propellern dieser Boote passten! Dennoch mussten die Kolbendampfmaschinen kurz nach der Jahrhundertwende ihren Abschied nehmen, da sie nicht in der Lage waren, die erforderlichen hohen Leistungen bereitzustellen, wie sie für die immer schwerer werdenden Schiffe benötigt wurden, für die auch noch beständig höhere Geschwindigkeiten gefordert wurden.

3.5.4 Entwicklung der Elektrotechnik an Bord von Kriegsschiffen

Wenn das 1878 in Dienst gestellte Zitadellschiff SACHSEN das erste Schiff einer Klasse war, das sowohl mit Vertikal- als auch mit Horizontalpanzer und erstmals ohne Rahbesegelung ausgerüstet war, so stellte es aber auch das erste deutsche Kriegsschiff dar, das bei seiner Indienststellung bereits über elektrische Anlagen verfügte, die aus drei Dynamos, einem Verteilungsnetz und einer Beleuchtungsanlage bestand, mit der die bis dahin gebräuchlichen Petroleumlampen ersetzt wurden, sowie über Scheinwerfer, mit denen bei Nacht das Ziel »beleuchtet« werden konnte – eine Aufgabe, die heute – im übertragenen Sinn – das »Beleuchtungsradar« übernommen hat. Insbesondere die bei Nacht angreifenden Torpedoboote konnten mit Hilfe der Scheinwerfer so bereits wirkungsvoll bekämpft werden. Die Royal Navy stellt 1886 mit HMS COLOSSUS ihr erstes Linienschiff mit elektrischer Beleuchtung in Dienst.

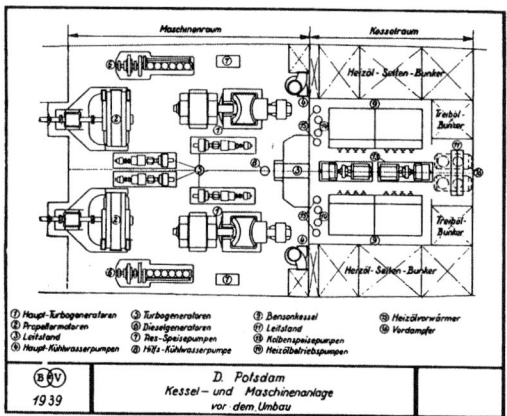

Turbo-elektrischer Antrieb. Fracht- und Fahrgastschiff
POTSDAM, 1935 (Slg. B+V)

Die Entwicklung der Elektrotechnik und damit auch der Schiffselektrotechnik, basierte auf dem 1831 von Faraday gefundenen Prinzip der elektrodynamischen Induktion mit Magnet und Spule, für das Siemens 1866 den von ihm entwickelten Dynamo als Patent angemeldet hatte. Mit seinem – mit Gleichstrom betriebenen – Nebenschlussmotor, der den Ankerstrom zur Selbsterregung der Statorspule nutzte, hatte Siemens das elektrodynamische Prinzip in eine brauchbare Konstruktion umgesetzt. So konnten erstmals große Strommengen wirtschaftlich erzeugt werden, wie sie zunächst für die Beleuchtung und später insbesondere zum Betrieb der elektrischen Arbeitsmaschinen an Land und an Bord der Schiffe benötigt wurden. Auch wenn der elektrische Motor nur die Umkehrung des Prinzips des Dynamos darstellt, so mussten trotzdem noch 12 Jahre verstreichen, bis Siemens und Halske 1878 den ersten brauchbaren elektrischen Motor bauten und diesen dann ein Jahr später auf der Berliner Gewerbeausstellung 1879 als Elektrolokomotive einer Kleinbahn vorführen konnten.

Als größte Schwierigkeit hatte man damals mit dem Isolationsproblem zu kämp-

fen, da das für den Schiffsbetrieb geeignete Isolationsmaterial nicht gleich gefunden werden konnte. Die ersten Stromverteilungsnetze für Beleuchtungsaufgaben wie auch diejenigen, die später für den Einsatz von Arbeitsmaschinen verwendet wurden, waren Gleichstromnetze von 110 V Spannung. Da aber internationale Normen auf diesem Gebiet völlig unbekannt waren, gab es von Land zu Land sehr verschiedene Spannungsstärken, so z.B. 65, 67, 74, 100, 110 und 120 V. Obwohl auch schon Wechselspannungsnetze vereinzelt eingeführt wurden, empfahlen VDE und STG in Deutschland für den Bordbetrieb weiterhin das 110 V Gleichstromnetz, u.a. weil die Marine beim Betrieb ihrer Scheinwerfer auf Gleichstrom angewiesen ist, die an Bord installierten Magnetkompasse bei Verlegung von Gleichstrom besser gegen Fehlweisungen zu schützen sind und weil sich Gleichstrom besser regeln lässt!

Als Bordnetzspannung hat sich der Gleichstrom sehr lange im Schiffbau gehalten. Allerdings war Drehstrom bereits bei den frühen turbo-elektrischen Antriebsanlagen in Gebrauch; so verfügten die 1920 in Dienst gestellten US Flugzeugträger SARATOGA und LEXINGTON über Drehstrom-Propellerantrieb und über ein Gleichstrom-Bordnetz. Auch die deutsche Reichsmarine begann sich frühzeitig für elektrische Antriebe zu interessieren und unterstützte 1935 den Bau des turbo-elektrisch angetriebenen Fracht- und Fahrgastschiffes POTSDAM bei Blohm + Voss, das mit Drehstrom und mit Hochdruck-Heißdampfkesseln (Benson-Kesseln) ausgerüstet wurde.

Die »Lichtmaschinen«, wie man die frühen Generatoren an Bord nannte, wurden über Transmissionsriemen von Kolbendampfmaschinen angetrieben. Als erste elektrisch betriebene Arbeitsmaschinen kamen Rudermaschinen, Ankerwinden und vor allen Dingen sehr früh bereits die Venti-

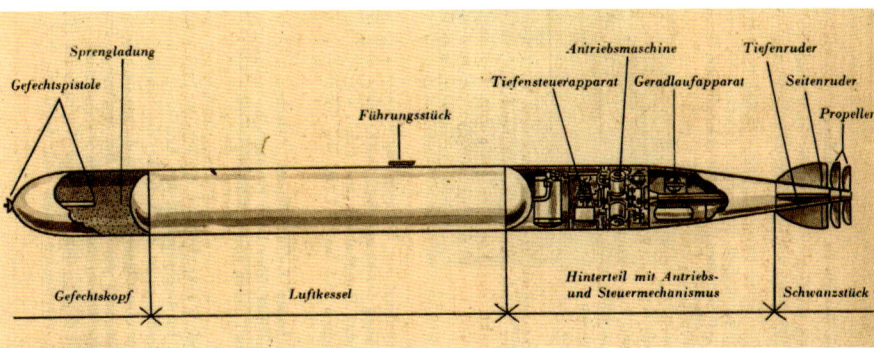

Torpedo G 7a, Kaliber 533 mm, Länge 7,0 m, Sprengladung 300 kg, Geschwindigkeit 30–45 kn, Reichweite 4.500–13.000 m, Druckluftmotor (Zeichnung, Herbert Hahn, Berlin-Steglitz)

latoren an Bord, die die bis dahin üblichen Dampfventilatoren mit Wärme abstrahlenden Dampfleitungen ersetzten. Wegen ihrer militärischen Bedeutung für das schnelle Bekohlen baute die Marine sehr früh elektrisch betriebene Kohlewinden auf ihren Kriegsschiffen ein, die – was taktisch wichtig war – ein überlegenes Beschleunigungsverhalten besaßen. Das im Jahre 1895 vom Stapel gelaufene Panzerschiff AEGIR erhielt als erstes Schiff der Kaiserlichen Marine komplett elektrisch betriebene Decksmaschinenausrüstung. Auch kamen bereits in den 80er Jahren des 19. Jahrhunderts die elektrischen Kommando- und Signalapparate sowie Maschinentelegraphen und Telephone an Bord, wie auch die ersten elektrisch schließenden Schotttüren.

3.5.5 Torpedoentwicklung

Relativ früh nimmt mit der Panzerung der Kriegsschiffe auch der Unterwasser-Torpedo seinen Platz in der Marinetechnik ein. Ursächlich liegt das darin, dass die Granaten nicht ernsthaft das Unterwasserschiff beschädigen konnten und daher ein Kampfmittel gesucht werden musste, das hier wirkungsvoll Abhilfe versprach. Tatsächlich hat sich der Torpedo bis auf den heutigen Tag seinen Vorteil erhalten, dass er eine ca. viermal so große Sprengladung ins Ziel bringen kann als es z.B. einer Gra-

nate möglich wäre. Basierend auf der Idee des österreichischen Marinekapitäns Luppis, der bereits 1860 einen Torpedo entwickelt hatte, meldet der Engländer Robert Whitehead 1867 seine Torpedo-Konstruktion zum Patent an, den er bereits um ein hydrostatisches Tiefenruder ergänzt und verbessert hatte. Allerdings sind die taktischen Möglichkeiten, über die der Torpedo zu dieser Zeit verfügt, begrenzt, da Reichweite, Sprengkraft und Zielsicherheit der unter Wasser laufenden Waffe noch mangelhaft sind. Im Jahre 1870 entschließen sich die Marinen Großbritanniens, Frankreichs, Italiens und Deutschlands das Patent von Whitehead zu erwerben. Zu dieser Zeit liegt die Einsatzgeschwindigkeit des Torpedos bei 8 Knoten und seine Reichweite liegt bei 365 m. Erst 1879 erhält der Whitehead-Torpedo die beiden gegenläufigen Propeller, die seither sein beständiges und bewährtes Propulsionsorgan geblieben sind und auch erst 1895 wird der Torpedo mit einem Kreisel ausgerüstet, der ihm die fehlende Kursstabilität verleiht. Nach etwas mehr als 30 Jahren Entwicklungsarbeit, im Jahr 1898, sind die Geschwindigkeit auf 30 Knoten und die Reichweite des Torpedos auf 460 m angewachsen.

Der konstruktive Aufbau des zylindrischen Torpedos ist in den fast 130 Jahren seiner Entwicklung unverändert geblieben:
- im vorderen Drittel befindet sich die Sprengladung

- im mittleren Drittel befindet sich der Energiespeicher des Torpedos; früher war es ein Luftdruckspeicher, dessen Druck von anfangs 70 atü auf ca. 400 atü gesteigert wurde und seit mehr als fünfzig Jahren sind es elektrische Batterien, die diesen Raum einnehmen
- im hinteren Drittel befindet sich schließlich der Antriebsmotor, dessen Platz früher ein Dreizylinder-Druckluftmotor einnahm und der seit nunmehr über sechzig Jahren durch einen E-Motor ersetzt wird
- am hinteren Ende des Torpedos sind die gegenläufigen Propeller und die Ruderblätter für die Tiefeneinstellung sowie mit dem Kreisel für die Kurseinstellung (in der Skizze als »Geradlaufapparat« bezeichnet) angeordnet.

Als international akzeptierte Normung haben sich die folgenden Typbezeichnungen für Torpedos eingebürgert, z.B. G7a oder G7e:

    G = Bezeichnung für das Kaliber
        53,3 cm = 21 Zoll
    7 = Bezeichnung für Länge von 7 m
    a = Pressluftantrieb
    e = Elektroantrieb

Der durch einen Druckluftmotor mit Pressluft von ca. 400 atü angetriebene Torpedo, der sogar noch nach dem 2. Weltkrieg bei der deutschen Bundesmarine im Einsatz blieb, hatte den Nachteil, dass er während seines Laufs unter Wasser eine verräterische Blasenbahn und bei Ausstoß aus dem Torpedorohr einen erkennbaren Schwall hinterließ. Dies konnte mit dem bereits ab 1939 schrittweise von der deutschen Kriegsmarine eingeführten und elektrisch – d.h. mit Batterie und E-Motor – angetriebenen Torpedo vermieden werden. Während des Krieges war es den Ameri-

kanern gelungen, den deutschen Torpedo mit E-Antrieb nach einem Fehlschuss zu erbeuten und daraufhin eine eigene Entwicklung dieses Typs zu beginnen.

Torpedos mit einem Durchmesser von 21 Zoll = 533 mm fanden bei der Bundesmarine an Bord von Zerstörern, Schnellbooten und U-Booten Verwendung. Seit Ende der achtziger Jahre sind bei der Deutschen Marine nur noch die U-Boote mit Schwergewichtstorpedos mit 21 Zoll von Atlas-Elektronik in Bremen bewaffnet. Mit Einführung sensibler akustischer Ortungstechnik (Sonartechnik) wurde es nach dem 2. Weltkrieg möglich, auch das getauchte U-Boot mit einem Torpedo, der von einem Überwasserschiff eingesetzt wird, zu bekämpfen. Hierfür nehmen Fregatten und Korvetten seit langem U-Jagd-Torpedos mit 324 mm Durchmesser aus US-amerikanischer oder italienischer Produktion an Bord, die allein mit einem akustischen Suchkopf ihr Ziel finden.

3.5.6 Der Kreiselkompass

Um 1900 wurde es immer schwieriger, an Bord der Marineschiffe, deren Stahlmassen immer schwerer wurden, die geeigneten Aufstellungsplätze für den Magnetkompass zu finden, die mit Holz ausreichend gut magnetisch abgeschirmt werden konnten. Hinzu kam die Entwicklung der U-Boote, bei denen dieses Problem noch drängender wurde. Einen Ausweg aus dieser Situation bot in Deutschland Hermann Anschütz-Kaempfe mit seinem Kreiselkompass, der die seit langem bekannten Kreiselgesetze aus der Mechanik auf einen hochtourig laufenden Kreisel anwandte, so dass er sich infolge der Erddrehung mit seiner Achse parallel zur Erdachse, d.h. in die Nord-Süd-Richtung ausrichtet, wobei er während einer längeren sog. »Einschwingzeit«,

Schwingungen um jene Achse ausführt, die im Raum sowohl auf der Erdachse als auch auf der Achse des Kreisels senkrecht steht!

Nachdem die grundsätzliche physikalische Machbarkeit eines auf den Kreiselgesetzen beruhenden Kompasssystems nachgewiesen waren, musste Anschütz technische Einzelprobleme lösen, die im wesentlichen darin bestanden, die geeigneten Lagertechniken für die extrem hochtourig laufenden Kreiselachsen und deren kardanische Aufhängung zu finden. Ebenso wichtig war es, einen Drehstrommotor zu entwickeln, der den Kreisel auf die erforderlichen 20.000 bis 30.000 U/min brachte. Erste Versuche an Bord des Kreuzers UNDINE im Jahr 1904 verliefen so erfolgreich, dass die Entwicklung mit einem an Bord des Linienschiffs DEUTSCHLAND im Jahre 1908 probeweise eingesetzten Kreiselkompass in einem Langzeitversuch von 4 Wochen fortgesetzt werden konnte; dabei bewies der Kreiselkompass bereits gegenüber dem Magnetkompass seine Überlegenheit. Es wurden aber auch die Grenzen der neuen Navigationshife sichtbar, die bei Ausfall der Stromversorgung wertlos wurde, was Ersatz- oder Notstromsysteme erforderlich machte. Außerdem zeigte sich, dass das Hochfahren und das Einschwingen des Kreiselkompass mehrere – bis zu acht – Stunden beanspruchte.

Als erstes großes Überwasserschiff der Kaiserlichen Marine erhielt der 1909 vom Stapel gelaufene und auch in manch anderer Hinsicht technologisch fortschrittliche Schlachtkreuzer VON DER TANN eine von Anfang an fest installierte Kreiselkompassanlage. Deren Mutterkompass wurde tief unten im Schiffsbereich des Doppelbodens eingebaut und ihre Anzeige wurde bereits elektrisch auf die sog. »Tochterkompasse«, d.h. auf »Tochteranzeigen« (engl. »Repeater«), auf die Brücke übertragen. Eine so

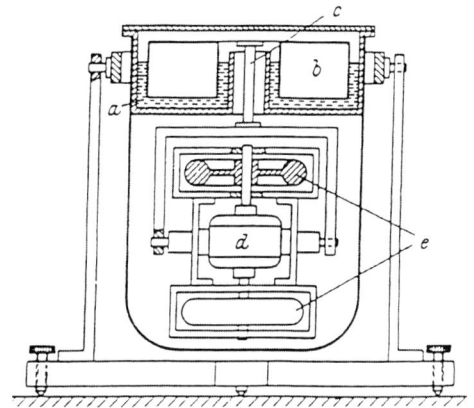

Erstes Kreiselkompaßmodell von H. Anschütz-Kaempfe 1904 (a Wasser, b Schwimmer, c lotrechte Tragachse, d Motor, e Kreisel in lotrechter Richtung geklappt)

Kreiselkompass von Anschütz, 1904 (Deutsches Patentamt)

vorgenommene Aufstellung ist, trotz vieler Verbesserungen, auch heute noch üblich!

Sehr bald begann man auch, die Kreiselwirkung zur elektro-mechanischen Stabilisierung der Bordartillerie (kreiselstabilisierte Systeme) zu nutzen, um so die unvermeidlichen Schiffsbewegungen im Seegang auszugleichen und das Schießen zu präzisieren.

3.5.7 Von der drahtlosen Telegraphie zum Führungs- und Waffeneinsatzsystem

Im Jahre 1896 gelang es Marconi erstmals, über 35 km hinweg drahtlos zu telegraphieren, was bald darauf das lebhafte Interesse der Royal Navy fand, denn damit ging ein lang gehegter Wunsch der Marine in Erfüllung, auch über große Entfernungen verzögerungsfrei zu kommunizieren. Noch im gleichen Jahr gründete Marconi seine Marconi Wireless Telegraph Co. und nur ein Jahr später, im Jahr 1897, begannen auch Prof. Slaby und Graf Arco für die AEG in Deutschland mit ihren Versuchen zur drahtlosen Telegraphie auf dem Turm der Heilandkirche in Sacrow bei Berlin und Potsdam, für die sich auch bald die Kaiserliche Marine interessieren sollte. Dies beruhte nicht zuletzt darauf, dass sich Kaiser Wilhelm II. und Slaby über die Technische Hochschule Charlottenburg gut kannten, an der Slaby Professor für Elektrotechnik war, wo er sich frühzeitig bei Fragen der Elektrifizierung der besonderen Aufmerksamkeit durch Kaiser Wilhelm II. versichern konnte.

Einen wesentlichen Beitrag zur Vergrößerung der Reichweiten in der Funktelegraphie leisteten Prof. Slaby und Graf Arco in Deutschland, indem sie den offenen Schwingkreis mit starker Dämpfung mit dem von Prof. Braun entwickelten koppelten. Dieser besaß einen geschlossenen und damit ungedämpften Schwingkreis, der mit einem großen Kondensator versehen war. Bereits im Jahre 1899 genehmigt Tirpitz erste Versuche an Bord des alten und noch 1867 in Frankreich gebauten Batterieschiffes FRIEDRICH CARL, über die Professor Slaby auf der ersten Hauptversammlung der STG (Schiffbautechnischen Gesellschaft) in Berlin berichten sollte.

In Rußland stattete man bereits einen Kreuzer im Jahr 1897 mit einer Empfängerantenne aus und 1899 erhielt ein russisches Linienschiff sowohl Sender als auch Empfänger, um damit über maximal 72 km mit einer Landstation zu kommunizieren. Die Reichweiten der elektromagnetischen Wellen, wie sie zwischen den Sendern und Empfängern der Funktelegraphie eingesetzt werden, folgen der Erdkrümmung und haben sich wie folgt entwickelt:
- 1906: 1 900 km
- 1910: 3 000 km
- 1914: 8 300 km
- 1918: 20 000 km

Nach einem Umbau im Jahre 1900 erhielten alle vier Linienschiffe der deutschen BRANDENBURG-Klasse, die bereits zwischen 1893 und 1894 in Dienst gestellt worden waren, als erste Einheiten der Kaiserlichen Marine funktelegraphische Einrichtungen. Damit wird das »Gesicht« der Marineschiffe fortan durch die hohen Sende- und Empfangsantennen geprägt. So wie die Telegraphie als externe Kommunikation, so nahm das Telephonwesen ab 1900 als interne Kommunikation ihren Einzug an Bord der Schiffe. Die Bedeutung der Funktelegraphie für die Seefahrt wird aber auch anlässlich der TITANIC-Katastrophe des Jahres 1912 einer breiten Öffentlichkeit offenbart, denn dieser Untergang eines so großen Schiffes hätte ohne den rettenden Einsatz der Funktelegraphie noch weitaus mehr Menschenopfer gefordert.

Mit der erfolgreichen Nutzung elektromagnetischer Wellen für die Funktelegrafie mit Sender und Empfänger für die Nachrichtenübermittlung um 1900 waren auch bald im Labor die Gesetzmäßigkeiten gefunden, nach denen elektromagnetische Wellen durch Metall reflektiert wurden, womit insbesondere die Ortung von Schiffen und – später – Flugzeugen ermöglicht wurde. Mit den so gewonnenen Erkenntnissen konnte kurz vor und dann während des 2. Weltkriegs das Funkmessgerät entwickelt werden, das weltweit unter dem Akronym »Radar« bekannt wurde. Um dem Gegner die Nutzung seiner Ortungs- und Nachrichtenmittel zu verwehren und um deren Strahlung für die eigene Funkaufklärung vermittels Peilens zu nutzen, entwickelten die Marinen Geräte für das, was seit ca. 1960 als elektronische Kriegführung bezeichnet wird. Ebenso wie elektromagnetische Verfahren konnten auch akustische Ortungssysteme (SONAR und ASDIC) entwickelt werden, mit denen aktiv geortet und passiv gepeilt wurde. Von der fortschreitenden Entwicklung bei Ortungs- und Nachrichtenmittel profitierte auf ganz besondere Weise auch die Waffenleitung an Bord der Marineschiffe, die durch zahlreiche und immer schnellere Flugzeuge besonders herausgefordert wurde. Nur wenige Jahre nach dem 2. Weltkrieg wurde es möglich, die bisher verwendeten langsamen Rechenmethoden mit elektromechanischen Rechnern zur Zielerfassung und -auswertung für die Zwecke der Feuerleitung durch digitale Rechenautomaten zu ersetzen. Parallel zur Nachrichten- und Ortungstechnik entwickelte man während des Kalten Krieges in Ost und West Verfahren zur Entschlüsselung von Funksprüchen und mit Beginn der Satellitentechnik auch Satellitenkommunikation und -navigation. An Bord des Marineschiffes zu Beginn des 21. Jahrhunderts sind alle diese Funktionen, zu denen aber auch Navigationsdaten wie Schiffsgeschwindigkeit, Kurs, Wassertiefe, Windgeschwindigkeit etc. gehören, in einem integrierten rechnergestütztem Führungs- und Waffeneinsatzsystem (FüWES – engl. »Combat System«) zusammengefasst, mit dessen Hilfe der Luft und Seeraum überwacht, kontrolliert und dargestellt sowie Bedrohungen aus der Luft und von See her vollautomatisch bekämpft werden können.

3.6 Die Vor-DREADNOUGHT-Epoche

Nach dem Bau ihres ersten Panzerschiffes, der SACHSEN, das gänzlich auf das Segel als Antrieb verzichtete und das richtungsweisend bereits sämtliche Konstruktionselemente des vertikal wie auch des horizontal gepanzerten Kriegsschiffes auswies, stellte die Kaiserliche Marine in den folgenden dreißig Jahren in äußerst kurzen Intervallen 14 neue Schiffsklassen bei Linienschiffen und Großen Kreuzern (»Panzerkreuzer«) in Dienst, wobei durchschnittlich jede Klasse aus vier Einheiten besteht.

Linienschiff HMS TRIUMPH – Vor-DREADNOUGHT-Epoche – torpediert durch U 21 vor den Dardanellen 1915 (Deutsche Verlagsgesellschaft m.b.H., Berlin)

Die Großen Kreuzer, wie die Panzer- oder Schlachtkreuzer offiziell klassifiziert werden, entwickeln sich nach 1875 aus relativ kleinen Schiffen, die von der Kaiserlichen Marine zunächst nur als »Fregatten« oder »gedeckte Korvetten« geführt werden und die dann als eigenständige Schiffsklasse dem Gros der Flotte als Aufklärungsverband vorauseilen sollte. Linienschiffe und Große Kreuzer unterscheiden sich wesentlich nur in der Stärke ihrer Panzerung, beim Kaliber ihrer Bewaffnung und in ihrer Geschwindigkeit, nicht aber in ihrem konstruktiven Aufbau, so dass sie äußerlich kaum voneinander zu unterscheiden sind.

Nach dem 1. Weltkrieg ließ man den Unterschied zwischen Schlachtschiff und Schlachtkreuzer immer mehr fallen und fasste sie zu »Schlachtschiffen« zusammen. Die in rascher Folge gebauten Linienschiffe und Panzerkreuzer unterschieden sich durch ihre fortlaufend verbesserten Eigenschaften bei Panzerung, Bewaffnung, Antriebsleistung, ihren elektrischen Anlagen für Beleuchtung und Arbeitsmaschinen sowie bei ihren schiffsbetriebstechnischen Einrichtungen. Dennoch werden diese Schiffe – und das zeigt, wie dramatisch schnell sich auch damals schon der technische Fortschritt gerade in der Wehrtechnik entwickelte – dem 1906 in Großbritannien in Dienst gestellten Linienschiff DREADNOUGHT und seinen Nach-

Vor-DREADNOUGHT-Epoche: Großer Kreuzer SMS YORCK, 1905. 1914 durch Minentreffer gesunken (Slg. B+V)

folgern hoffnungslos unterlegen sein, weshalb sie auch zuweilen als die Schiffe der Vor-DREADNOUGHT-Epoche klassifiziert werden. Einigendes Merkmal der Schiffe der Vor-DREADNOUGHT-Epoche waren ihre Kolbendampfmaschinen – gewöhnlich Dreifach-Expansionsdampfmaschinen – mit denen sie angetrieben wurden und deren Leistungsvermögen gegenüber den späteren Dampfturbinen deutlich zurückblieb. Die gering zur Verfügung gestellte Leistung dieser Kolbendampfmaschinen führte neben einer verminderten Geschwindigkeit zwangsläufig auch zu Einschränkungen bei Panzerung und Bewaffnung, die in Deutschland bis 1906 erst ein maximales Kaliber von 28 cm erreicht hatten. Ein gravierendes Merkmal der Vor-DREADNOUGHTS war ihre mangelhafte Schwimmfähigkeit und Stabilität im Leckfall (»Leckstabilität«) wegen einer damals noch unzureichenden Unterteilung des Schiffsinneren mit ausreichend viel wasserdichten Quer- und Längsschotten sowie weiterer Einrichtungen zum Querfluten. Dieser Mangel führte zuweilen bei einem einzelnen Torpedo- oder Minentreffer unterhalb der Schwimmwasserlinie bereits zum Totalverlust des Schiffes.

Der schnelle Wechsel der gebauten Schiffsklassen bei Linienschiffen und Panzerkreuzern hatte bereits zu einer raschen Veralterung von einer Klasse zur nächsten geführt. Wie sehr aber die Schiffe der Vor-DREADNOUGHT-Epoche den DREADNOUGHTS unterlegen sein sollten, zeigte sich erst mit unerbittlicher Härte nach dem Ausbruch des 1. Weltkriegs, als es auf Seiten aller kriegführenden Staaten zu tragischen Totalverlusten von Schiffen der technisch hoffnungslos unterlegenen Vor-DREADNOUGHT-Epoche kam.

So gingen bereits am 22.09.1914, wenige Wochen nach Ausbruch des Krieges, innerhalb von weniger als zwei Stunden die drei um 1900 gebauten britischen Panzerkreuzer ABOUKIR, HOGUE und CRESSY durch die Torpedos des deutschen U-Boots U9 verloren, von denen z.T. ein einziger genügte, um eines der drei Schiffe zu versenken.

Auch die Kaiserliche Marine verlor in der Ostsee bereits wenige Wochen nach Kriegsausbruch am 14.11. und am 17.11.1914 die Panzerkreuzer YORCK und FRIEDRICH CARL durch jeweils nur einen einzigen Minentreffer und im Oktober des Jahres 1915

Tabelle 2: Deutsche und britische Totalverluste bei den Großkampfschiffen der Vor-DREADNOUGHT-Epoche im Verlauf des 1. Weltkriegs

Lfd. Nr.	Name	Marine	Versenkng. Ursache	Jahr u. Seegebiet d. Versenkung	Schiffstyp	Stapellf. Jahr	Verdrng. [t]	Länge ü.a. [m]	Max. Gürtel Panzer [mm]	Max. Kaliber [cm]	Anzahl wd. Abt.*)
1	ABOUKIR	RN	U-Boot	1914, Nordsee	Gr. Kreuzer	1900	12.192	134,1	152	2 x 23,4	17
2	HOGUE	RN	U-Boot	1914, Nordsee	Gr. Kreuzer	1900	12.192	134,1	152	2 x 23,4	17
3	CRESSY	RN	U-Boot	1914, Nordsee	Gr. Kreuzer	1900	12.192	134,1	152	2 x 23,4	17
4	TRIUMPH	RN	U-Boot	1915, Dardanellen	Linienschiff	1903	11.989	132,9	178	4 x 25,4	17
5	MAJESTIC	RN	U-Boot	1915, Dardanellen	Linienschiff	1895	15.138	118,9	229	4 x 30,5	16
6	OCEAN	RN	Mine	1915, Dardanellen	Linienschiff	1898	13.158	118,9	152	4 x 30,5	16
7	GOLIATH	RN	Torpedo	1915, Dardanellen	Linienschiff	1898	13.158	118,9	152	4 x 30,5	16
8	FORMIDABLE	RN	U-Boot	1915, Nordsee	Linienschiff	1898	15.240	122,0	229	4 x 30,5	16
9	IRRESISTIBLE	RN	Mine	1915, Dardanellen	Linienschiff	1898	15.240	122,0	229	4 x 30,5	16
10	CORNWALLIS	RN	U-Boot	1917, Mittelmeer	Linienschiff	1901	14.224	123,4	178	4 x 30,5	16
11	RUSSEL	RN	Mine	1916, Mittelmeer	Linienschiff	1901	14.224	123,4	178	4 x 30,5	16
12	HAMPSHIRE	RN	Mine	1916, Nordsee	Gr. Kreuzer	1903	11.024	137,2	152	4 x 19,0	–
13	FRIEDRICH CARL	KM	Mine	1914, Ostsee	Gr. Kreuzer	1902	9.087	120,0	100	4 x 21,0	16
14	PRINZ ADALBERT	KM	U-Boot	1915, Ostsee	Gr. Kreuzer	1902	9.087	120,0	100	4 x 21,0	16
15	YORCK	KM	Mine	1914, Ostsee	Gr. Kreuzer	1904	9.533	123,0	100	4 x 21,0	16
16	SCHARNHORST	KM	30,5 cm SK	1914, Süd-Atlantik	Gr. Kreuzer	1906	11.600	137,0	150	8 x 21,0	17
17	GNEISENAU	KM	30,5 cm SK	1914, Süd-Atlantik	Gr. Kreuzer	1906	11.600	137,0	150	8 x 21,0	17
18	POMMERN	KM	Torpedo	1916, Skagerrak	Linienschiff	1905	13.191	121,5	240	4 x 28,0	15
19	BLACK PRINCE	RN	28,0 cm SK	1916, Skagerrak	Gr. Kreuzer	1904	13.767	146,3	152	6 x 23,4	19
20	WARRIOR	RN	28,0 cm SK	1916, Skagerrak	Gr. Kreuzer	1905	13.767	146,3	152	6 x 23,4	20
21	DEFENCE	RN	28,0 cm SK	1916, Skagerrak	Gr. Kreuzer	1907	14.834	149,3	152	4 x 23,4	20
22	MONMOUTH	RN	21,0 cm SK	1914, Coronel, S-Pazifik	Gr. Kreuzer	1901	9.956	134,1	102	14 x 15,0	–
23	GOOD HOPE	RN	21,0 cm SK	1914, Coronel, S-Pazifik	Gr. Kreuzer	1901	14.325	152,4	152	2 x 23,4	21
24	KING EDWARD VII	RN	Mine	1916, Nordsee	Linienschiff	1904	16.350	129,5	229	4 x 30,5	17
25	DRAKE	RN	U-Boot	1917, Atlantik	Gr. Kreuzer	1901	14.325	152,4	152	2 x 23,4	21
26	BRITANNIA	RN	U-Boot	1918, Nordsee	Linienschiff	1904	16.350	129,5	229	4 x 30,5	17

RN – Royal Navy, KM – Kaiserliche Marine *) nach JANE's Fighting Ships of World

Oben: Vor-DREADNOUGT-Epoche: Großer Kreuzer (Panzerkreuzer) SMS SCHARNHORST. 1914 durch 30,5 cm Granaten versenkt (Slg. B+V)

Links: Vor-DREADNOUGHT-Epoche: Panzerkreuzer HMS CRESSY. 1914 durch Torpedo versenkt (Deutsche Verlagsgesellschaft m.b.H., Berlin)

ging der Panzerkreuzer PRINZ ADALBERT, das Schwesterschiff von FRIEDRICH CARL, durch nur einen Torpedotreffer des englischen U-Bootes E8 verloren. In den Jahren 1914–16 allein verloren Großbritannien und Deutschland zusammen jährlich 7 bis 9 Einheiten der Kategorie Vor-DREAD-NOUGHT. Neben den Torpedo- und Minentreffer waren diese Schiffe, wie sie in Tabelle 1 zusammengestellt sind, aber auch durch die verheerende Sprengkraft der 12-Zoll-Granaten (30,5 cm) gefährdet, wie dies anlässlich der Falkland- und der Skagerrak-

Schlacht tragisch unter Beweis gestellt wurde, als sich auch die Panzerung der Vor-DREADNOUGHTS einfach als zu schwach erwies und auch deren Geschützkaliber nichts gegen die DREADNOUGHTS der jeweiligen Gegner ausrichten konnte. Die Schiffe der Vor- DREADNOUGHT-Epoche waren in jeder Hinsicht den Bedingungen des 1. Weltkriegs nicht mehr gewachsen, obwohl einige zum Zeitpunkt ihres Untergans gerade einmal 8 Jahre alt waren, wie dies 1914 in der Falklandschlacht der Fall war! Die ältesten Schiffe, wie sie in Tabelle 1 zusammengefasst sind, waren zwanzig Jahre alt und wurden somit ein Opfer ihres mangelhaften Unterwasserschutzes – was neben allen anderen Defiziten bei Panzerung, Kaliberstärke und Geschwindigkeit die größte konstruktive Schwäche dieser Schiffe gewesen ist.

3.7 Die Entwicklung des Kleinen Kreuzers

Eine andere Entwicklung nahmen die zunächst als Glattdeckkorvette bezeichneten Einheiten, die ab ca. 1875 der Flotte des Kaiserreiches zugeführt wurden und die, durchaus den Fregatten und Korvetten der Segelschiffsflotten um 1800 vergleichbar, als schnelle Aufklärungsschiffe dem Gros der Flotte vorauseilen sollten. Aus diesem Schiffstyp entwickelte sich sehr rasch der Kleine – später »Leichte« – Kreuzer, der zunächst ungepanzert und weniger als 2.000 t verdrängte und später im 1. Weltkrieg gepanzert 5.500 t Typverdrängung annahm. Um die taktische Verwendung dieser Kreuzer entwickelte sich um 1890 eine international heftig geführte Diskussion, an der sich auch der deutsche Kaiser beteiligte, der zunächst auch für die von dem französischen Admiral AUBE entwickelte Schule – der sog. JEUNE ECOLE – eintrat. Nach dieser sollten zukünftige Kriegsentscheidungen durch den Einsatz von Kreuzern im Handelskrieg sehr viel wirkungsvoller zu erreichen sein, als mit teuren, schweren Linienschiffen, die durch Minen und Torpedos gefährdet sind. Schließlich setzte sich der Staatssekretär im Reichsmarineamt, Admiral TIRPITZ, mit seiner Doktrin durch, die für Deutschland den Bau einer Flotte von Schlachtschiffen forderte. Eine Beschränkung auf den Bau von Kreuzern hätte für Deutschland keinen Sinn gemacht, da die zunächst allein nur für möglich gehaltenen Kriegsgegner Frankreich und Rußland durch Kreuzerkrieg nicht entscheidend hätten geschwächt werden können. Und in einem Krieg gegen England fehlten dem Deutschen Reich die überseeischen Stützpunkte, die allein die Voraussetzung für einen erfolgreichen Kreuzerkrieg waren. Aber auch bei den anderen Seemächten verblieb der Schwerpunkt der Marinerüstung beim Bau von großen Linienschiffen, Panzerkreuzern und Schlachtkreuzern.

3.8 Die Technologie der DREAD-NOUGHT-Epoche von 1906 bis 1941

Entscheidenden Einfluss auf die weitere Entwicklung des gesamten Kriegsschiffbaus nahmen die Erfahrungen, die man aus den sorgfältig analysierten Ergebnissen der Seeschlacht von TSUSHIMA vom 27./28. Mai 1905 im russisch-japanischen Krieg von 1904–1905 gewonnen hatte. Bereits diese Seeschlacht offenbarte schlagartig, welch fataler Verwundbarkeit die Schiffe der Vor-DREADNOUGHT-Epoche durch Torpedos und Minen ausgesetzt waren – eben jener Umstand, dem zehn Jahre später im 1. Weltkrieg die große Zahl tragischer Totalverluste zu schulden war. Diese Seeschlacht bewies außerdem auch, wie sehr die bisherigen Schiffskonstruktionen durch mangelnde Intakt- und Leckstabilität, aber auch durch mangelnden Brandschutz, kurz durch mangelnde Standkraft, gefährdet waren. Als Folge der durchgeführten Analysen sah sich der britische Admiral und ers-

Linienschiff HMS DREADNOUGHT (o. Parks, Brit. Battleships, Seeler Service & Co.)

te Seelord der Admiralität, Sir John Arbuthnot Fisher, Lord of Kilverstone, in seiner Forderung nach einem »all big one calibre ship« bestätigt, das er bereits seit längerem vorbereiten ließ und von dem er zusätzlich forderte, dass es im Vergleich zu anderen Schiffen gleicher Größe mit einer überlegenen Geschwindigkeit ausgestattet sein sollte. Hierfür erhielt das Schiff als weltweit erstes seiner Größe eine Dampfturbinenanlage mit 24.700 PS, die dem Schiff eine Geschwindigkeit von 27,4 kn verlieh. So kam es, dass am 2. Oktober 1905 der Kiel des Schlachtschiffs DREADNOUGHT gestreckt wurde, das am 2. Februar 1906 vom Stapel lief und am 3. Oktober 1906 – also nach einem Jahr und einem Tag nach seiner Kiellegung – bereits seine Probefahrten antrat, um schließlich am 3.12.1906 in Dienst gestellt zu werden. Niemals vorher oder danach ist ein Kriegsschiff dieser Größe in nur so kurzer Zeit gebaut worden. Das Schiff besaß eine Verdrängung von 18.110 ts und unter Verzicht auf die Mittelartillerie bestand seine Bewaffnung aus 10 x 30,5 cm (15 Zoll) sowie 22 Schnellfeuergeschützen mit 7,6 cm (3 Zoll). Die Baukosten der DREADNOUGHT betrugen zu damaliger Zeit 1,8 Mio brit. Pfund, zum Vergleich: die Kosten für den ersten »echten« deutschen Dreadnought, dem großen Kreuzer VON DER TANN, lagen bei 36,5 Mio. Goldmark – entsprechend der alten Pfund-Mark-Relation von 1: 20! Mit den erstmals zu beiden Seiten des Schiffes angeordneten Torpedolängsschotten, die sich zwar nur abschnittsweise über den Bereich der Munitionskammern erstreckten, zollte die Royal Navy den aus der Schlacht von Tsushima gezogenen Erfahrungen Rechnung und leistete damit einen wesentlichen Beitrag zur Erhöhung der Standkraft des Schiffes. Auch, wenn Marineschiffe seit Ende des 2. Weltkrieges nicht mehr gepanzert sind, bleiben die konstruktiven Lehren, die man aus der Seeschlacht von Tsushima in Bezug auf eine erforderliche Erhöhung der Standkraft als Summe von Intakt- und Leckstabilität, Brand- und Splitterschutz, Materialauswahl u.ä. gezogen hat, auch weiterhin fester und unverzichtbarer Bestandteil des Entwurfs von Marineschiffen.

Großbritannien wollte mit dem DREADNOUGHT für längere Zeit seine Überlegenheit in der Seerüstung absichern, tatsächlich wurde mit dem Bau dieses Schiffes jedoch ein internationales maritimes Wettrüsten in Gang gesetzt, das zu immer größeren, schwerer gepanzerten und immer schnelleren Großkampfschiffen führte, deren schwere Bordartillerie fortlaufend größere Kaliber erhielt, die bei Amerikanern, Japanern und Briten gegen Ende des 1. Weltkrieges 40,6 cm (16 Zoll) erreichen sollten. Als einzige Marine entwickelte die japanische ab 1937 sogar das 46,0 cm (20 Zoll) Geschütz, das an Bord des Schlachtschiffes YAMATO und seines Schwesterschiffes MUSASHI zum Einsatz kam.

3.9 Einführung der Dampfturbine in die Marinetechnik

Als antriebstechnische Voraussetzung, um solche gewaltigen Schiffe auf die geforderte Geschwindigkeit zu bringen, deren Verdrängung und Geschwindigkeit innerhalb von dreißig Jahren von knapp 20.000 t und 22,0 Knoten auf 60.000 t und knapp 30,0 Koten anstieg, erwies sich sehr schnell die von dem englischen Ingenieur PARSON entwickelte Dampfturbine als die allein technisch brauchbare Lösung. Der Übergang von der Kolbendampfmaschine zur Dampfturbine hatte sich bereits angekündigt, als PARSONS im Jahre 1897 anlässlich der großen internationalen Flottenparade zu Ehren des 60-jährigen Krönungsjubiläums der Köni-

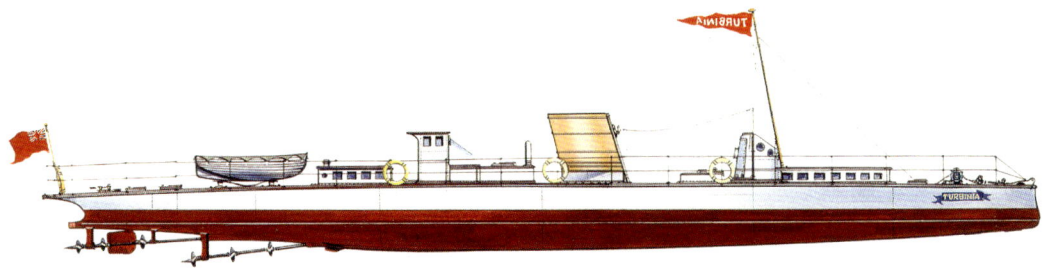

Turbinia, built in 1894 to demonstrate the capability of steam-turbine power. Displacement: 44.5 tons. Length (overall): 103 ft 9 in. Beam: 9 ft. Depth of hull: 7 ft. Draught: 3 ft. Maximum speed: 34.5 knots

Powerplant: Three-stage axial-flow Parsons steam turbine driving two 12 ft 6 in outer shafts and a 14 ft 6 in centre shaft, each with three 18 in diameter, 24 in pitch propellers. Maximum power: 2,000 hp.

Three-drum water-tube coal-fired boiler with double-ended 1,100 sq ft heating surface. Working pressure: 200 lb/sq in (170 lb/sq in at the turbine). Water required at 31 knots: 27,000 lb/hr

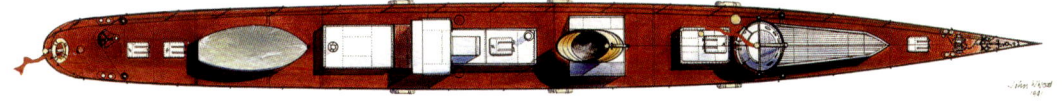

Parsons Versuchsfahrzeug TURBINIA, 1897 (John W. Wood, The Rolls Royce Magazine, 1991)

gin VICTORIA auf der Reede von Spithead bei Portsmouth sein Versuchsboot TUR-BINIA mit 54 t Verdrängung und mit der damals für sensationell hoch gehaltenen Geschwindigkeit von 36,0 Knoten einer internationalen Öffentlichkeit sehr eindrucksvoll vorstellen konnte. Bei dieser Gelegenheit begegneten sich auch PARSON und Prinz Heinrich, der Bruder des deutschen Kaisers und spätere Großadmiral, der sofort das Interesse der Kaiserlichen Marine an der neuen Entwicklung bekundete, was auch bald zum Erwerb von Patentrechten an der neuen Entwicklung durch die deutsche Schiffbauindustrie führte. Alle großen Marinen, namentlich die Kaiserliche Marine, die Royal Navy und die US Navy, führten nun in den nächsten Jahren gleichermaßen umsichtig und sehr systematisch die Dampfturbine als Antriebsanlage an Bord ihrer Schiffe ein. (s. Tabelle 2).

Um möglichst viel über die neue Antriebsanlage zu erfahren, bauten die Marinen Serien von mindestens zwei oder mehr Einheiten, von denen ein Schiff mit einer

Rechts: Kleiner Kreuzer DRESDEN. Turbinenantrieb auf 4 Wellen verteilt (Slg. B+V)

Links: Kleiner Kreuzer DRESDEN, 1907. Erstes Turbinenschiff von Blohm + Voss (Slg. B+V)

Tabelle 3: Die ersten Schiffe mit Dampfturbinenantrieb

Marine	Jahr	Name	Schiffstyp	Δ[t]	P_B [PS]	v [kn]	Bemerkung
RN	1895	TURBINIA	Versuchsboot	54	1.000	35,0	Eigentum von Parson
RN	1899	VIPER	Vers.-Torpedob.	400		36,0	Schwesterschiff COBRA
RN	1902	VELUX	Torpedoboot	406	7.000	27,1	Keine Schwesterschiffe
RN	1903	AMETHYST	Kl. Kreuzer	3.050	12.000	23,4	3 Schwestersch. m. Kolbd
KM	1904	S 125	Torpedoboot	470	5.400	28,8	5 Schwestersch. m .Kolbd
KM	1904	LÜBECK	Kl. Kreuzer	3.265	14.035	23,3	6 Schwestersch. m. Kolbd
RN	1906	DREADNOUGHT	Linienschiff	18.187	24.712	25,0	
USN	1907	CHESTER	Kl. Kreuzer	4.762	16.000	26,5	Parsons-Turbinen
USN	1907	SALEM	Kl. Kreuzer	4.762	16.000	24,3	Curtiss-Turbinen
USN	1908	NORTH DAKOTA	Linienschiff	22.060	25.000	21,0	1 Schwestersch. m. Kolbd.
KM	1909	VON DER TANN	Gr. Kreuzer	21.000	79.000	28,0	Geschw. b. Probefahrt

Erläuterungen: Δ = Deplacement, P_B = Antriebsleistung, v = Geschwindigkeit

Dampfturbinenanlage ausgerüstet wurde und das andere resp. die übrigen mit Kolbendampfmaschinen angetrieben wurden. Interessant ist hier das Beispiel der US Navy (USN), die 1907 eine Serie von drei Kleinen Kreuzern baute, von denen einer (USS CHESTER) mit der Überdruckturbine von PARSONS, ein zweiter (USS SALEM) mit einer Gleichdruckturbine von CURTISS und der dritte wieder mit einer Kolbendampfmaschine angetrieben wurde; somit konnten sowohl die Unterschiede zwischen Überdruck- (»Reaktions- «) und Gegendruck- (»Aktions- «) Turbine als auch zwischen diesen und der Kolbendampfmaschine untersucht werden. Ein sehr prominentes Beispiel hierfür stellt auch der dritte Turbinen-Kreuzer der Kaiserlichen Marine, DRESDEN, dar, dessen Schwesterschiff der nicht minder berühmte Kreuzer EMDEN war, der wiederum mit einer Kolbendampfmaschine ausgestattet wurde.

Die Notwendigkeit zu einer so systematischen und gründlichen Untersuchung des neuartigen Antriebssystems ergab sich aus einer Reihe von Nachteilen, die die Dampfturbine gegenüber der Kolbendampfmaschine auswies. So lag die Turbinendrehzahl weit über der der Kolbendampfmaschine und damit auch weit über der wünschenswerten Propellerdrehzahl. Da Untersetzungsgetriebe für die hohen Antriebsleistungen von Schiffen zu damaliger Zeit nicht existierten, mussten die Turbinendrehzahlen möglichst gering und der Propellerdurchmesser entsprechend klein gewählt werden, was den Wirkungsgrad sowohl dampfseitig als auch am Propeller verringerte. Wegen des kleinen Propellerdurchmessers wiederum musste die gesamte Antriebsleistung bei den Kleinen und Großen Kreuzern von zwei großen auf vier dieser kleinen Propeller verteilt werden, was mehr Raum und Platz beanspruchte und die Anlagen komplexer machte. Ein weiterer Nachteil der Dampfturbine lag darin, dass sie nicht umsteuerbar wie die Kolbendampfmaschine war. Ebenso stieg der spezifische Kraftstoffverbrauch [1 kg Kraftstoff je PS und Stunde] dann an, wenn nicht die volle Leistung abverlangt wurde, d.h. im sog. Teillastbereich, wenn das Schiff nur mittlere und kleine Geschwindigkeiten zu laufen gezwungen ist, wie z.B. bei

Großer Kreuzer (Schlachtkreuzer). VON DER TANN, erstes Großkampfschiff Deutschlands mit Dampfturbinenantrieb. 1911 aus Anlass der Krönung König Georgs V auf Spithead Reede vor Portsmouth (s. das White Ensign im Großtopp) (Slg. B+V)

Marschfahrt und noch kleineren Fahrstufen, was bei einem Marineschiff zum weitaus größten Teil seiner Betriebsstunden der Fall ist. Diese beiden Besonderheiten, die vom gewohnten Verhalten der Kolbendampfmaschine abwichen, führten dazu, dass Schiffe mit Dampfturbinenanlagen stets eine eigene Rückwärtsturbine benötigten und später häufig auch, um Kraftstoff zu sparen, mit einer Marschturbine ausgestattet wurden. Alle diese Nachteile wurden aber dadurch aufgehoben, dass mit der Dampfturbine eine Antriebsanlage zur Verfügung stand, deren Leistung sich fast beliebig steigern ließ, sofern nur Dampf in ausreichend großer Menge, hoher Temperatur und hohen Drucks zur Verfügung stand, was mit den immer leistungsfähiger werdenden Kesseln immer besser möglich wurde.

Obwohl die Kaiserliche Marine fast gleichzeitig mit der Royal Navy den Dampfantrieb entwickelte und ihn schrittweise an Bord von Torpedobooten und Kleinen Kreuzern einführte, stellte sie ihr erstes mit Dampfturbinen angetriebenes Großkampfschiff, den Großen Kreuzer (Schlachtkreuzer) VON DER TANN erst 1911 – also fünf Jahre nach dem DREADNOUGHT – in Dienst. Die insgesamt acht Linienschiffe der NASSAU- und HELGOLAND-Klasse, die zwischen 1909 und 1912 von der Kaiserlichen Marine in Dienst gestellt wurden, galten rüstungspolitisch als DREADNOUGHTS, wenngleich sie noch keinen Dampfturbinenantrieb besaßen. Im Übrigen verfügten sie mit Torpedoschott und ausgedehnter wasserdichter Unterteilung über einen hohen Unterwasserschutz und besaßen so auch die entscheidenden Konstruktionsmerkmale und die Standkraft des DREADNOUGHT. In einem engeren Sinn wird aber erst der 1910 in Dienst gestellte VON DER TANN als der erste deutsche DREADNOUGHT bezeichnet, denn erst dieses Schiff kombinierte die hohe Standkraft mit Unterwasserschutz und Panzerung mit der erstaunlich hohen Geschwindigkeit von 28,0 kn, die ihm die erstmals an Bord eines deutschen Schiffes dieser Größe eingebaute Dampfturbinenanlage mit 79.000 PS ermöglichte. Beim maximalen Kaliber der Schiffsartillerie beschränkte sich die Kaiserliche Marine bei VON DER TANN auch weiterhin mit 28,0 cm, während es die Royal Navy bei HMS DREADNOUGHT bei dem schon seit langem eingeführten 30,5 cm Kaliber beließ.

Im Gegensatz zur Royal Navy und zur US Navy führte die Kaiserliche Marine nach 1900 Ölfeuerung nur bei einem Teil der an Bord ihrer Schiffe eingebauten Kessel ein, weil eine ausreichende Ölversorgung für das Deutsche Reich nicht zu erwarten war! Alle Marinen begannen ab ca. 1908 mit der Ölfeuerung zunächst an Bord von Torpedobooten, um dann ab ca. 1913 auch die Großkampfschiffe damit auszurüsten. Die Vorteile dabei lagen auf der Hand: Man konnte so ganz erheblich Personal einsparen, da die zahlreichen Trimmer und Heizer in den Kohlebunkern und an den Kohlekesseln nicht mehr benötigt wurden und mit ihnen auch deren schwerste körperliche Arbeit fortfiel. Konstruktiv konnte somit erstmals der Doppelboden der Schiffe sinnvoll als Treiböltank genutzt werden!

Rüstungspolitisch heizte der Bau des britischen DREADNOUGHT das Wettrüsten unter allen Seemächten an – also nicht nur zwischen Großbritannien und dem Deutschen Reich – und rüstungstechnisch – wie bereits dargelegt – machte der Bau dieser neuen Schiffe die Linienschiffe und Panzerkreuzer der Vor-DREADNOUGHT-Epoche wertlos und hoffnungslos unterlegen. Ab 1906 wurde die Stärke einer Marine allein an der Zahl ihrer in Dienst gestellten DREADNOUGHTS gemessen. Wenn Großbritannien gehofft hatte, sich mit dem Bau des DREADNOUGHT eine lang andauernde technische und militärische Vorherrschaft auf See verschafft und gesichert zu haben, so trat mit dem nun ausbrechenden Rüstungswettlauf genau

das Gegenteil ein. Nicht nur Deutschland, auch die USA und Japan nahmen, trotz erheblicher finanzieller Belastungen, den Bau von Großkampfschiffen auf! So stellten die USA bis zum Ausbruch des 1. Weltkriegs 9, Deutschland 19 (unter Einschluss der Schiffe der NASSAU und HEGOLAND-Klasse), Japan 6 Großkampfschiffe vom Typ DREADNOUGHT in Dienst. Großbritannien benötigte 30 davon, um »so viele Schiffe wie die beiden nächst stärkeren Flotten zusammen in Dienst zu haben – two power standard«. Dieser Rüstungswettlauf führte aber nicht nur dazu, dass die Zahl der Großkampfschiffe beständig anstieg, auch die Größe der einzelnen Schiffe nach Verdrängung, Antriebsleistung und Bewaffnung wurden immer größer, wie die Schiffe trotz ansteigender Verdrängung auch immer schneller wurden!

3.10 Internationale Marinerüstung nach 1918

Der Rüstungswettlauf beim Bau von Großkampfschiffen hielt auch an, als das Deutsche Reich nach Ende des 1. Weltkriegs besiegt und völlig entwaffnet war und über keinerlei maritime Rüstungskapazität mehr verfügte! Erst das Washingtoner Flotten-Abrüstungsabkommen von 1922, das von den USA, Großbritannien, Japan, Frankreich und Italien unterzeichnet wurde, begrenzte – auf relativ hohem Niveau – sowohl die Zahl der Schlachtschiffe und die der Flugzeugträger, die jeder der Unterzeichnerstaaten in Dienst halten durfte, wie auch deren maximale Verdrängung, die bei Schlachtschiffen auf 35.000 ts und bei Flugzeugträgern auf 27.000 ts festgelegt wurde. Ebenso begrenzte man das max. Kaliber der schweren Artillerie der Schlachtschiffe auf 40,6 cm (16 Zoll) und das von Flugzeugträgern auf 20,3 cm (8

Kategorien	USA	UK	Japan	Frankreich	Italien
Schlachtschiff-Gesamttonnage [ts]	525.000	525.000	315.000	175.000	175.000
Anzahl der Schlachtschiffe je 35.000 ts	15	15	9	5	5
Flugzeugträger-Gesamttonnage [ts]	135.000	135.000	81.000	60.000	60.000
Anzahl der Flugzeugträger je 27.000 ts	5	5	3	2	2

Tabelle 4: Kräfteverhältnis und Tonnagebegrenzung durch das Washingtoner Flottenabrüstungsabkommen von 1922

Zoll). Wenn die Flugzeugträger in das Abrüstungsabkommen aufgenommen wurden, so nur deshalb, weil es sich dabei zu damaliger Zeit um Schlachtschiffe handelte, die – um nicht verschrottet zu werden – zu Flugzeugträgern umgebaut werden durften (s. Tabelle 4).

Wozu das Vereinigte Königreich vor 1914 nicht bereit war, musste es mit dem Washingtoner Abkommen von 1922, auf Grund der mit dem 1. Weltkrieg eingetretenen Machtverschiebungen, akzeptieren und so der US Navy Ebenbürtigkeit mit der Royal Navy einräumen. Den »Two Power Standard« konnte Großbritannien nur noch gegenüber Japan und Frankreich aufrecht erhalten, allerdings um den Preis, dass diesen Vertragspartnern die Möglichkeit eingeräumt werden musste, ihre als solche beklagte »Benachteiligung« bei der Zahl der Schlachtschiffe und Flugzeugträgern mit dem neuen Schiffstyp »Schwerer Kreuzer« zu kompensieren. Mit 10.000 ts Verdrängung und einer maximalen Rohrbewaffnung von acht 20,3 cm Geschützen war der Schwere Kreuzer zwar in seinen Abmessungen streng limitiert, dafür war es aber jeder Signaturmacht des Washingtoner Abkommens freigestellt, beliebig viele Einheiten davon zu bauen. Als »Retortenprodukt« des Washingtoner Vertrages existierte der Schwere Kreuzer aber nur bis zum

Ende des 2. Weltkriegs, um dann wieder zu verschwinden.

Schon bevor das Washingtoner Abrüstungsabkommen im Jahre 1936 auslief und nicht verlängert wurde, hatte das Wettrüsten entwurfstechnisch bei den Schlachtschiffen längst wieder begonnen. Höhepunkt und Ende der Epoche der Großkampfschiffe fallen in Deutschland mit dem Bau der beiden Schlachtschiffe BISMARCK und TIRPITZ zusammen, die mit jeweils 52.000 t Verdrängung, 8 x 38,0 cm Geschützen und mit einer maximalen Geschwindigkeit von 30,0 kn bei einer Antriebsleistung von 150.000 PS die größten der in Europa in Dienst gestellten Kampfschiffe darstellten. Die Schlachtschiffe der US Navy, wie auch jene der Royal Navy, mussten möglichst rasch vom Atlantik in den Pazifik – und umgekehrt – verlegen, d.h. sie mussten den Panama-Kanal passieren, was ihre Schiffsbreite auf »Pan Max Breite« von ca. 34,0 m beschränkte. So besaßen die größten US Schlachtschiffe der MISSOURI-Klasse eine Breite von 34,0 m, während die deutsche Kriegsmarine davon ausgehen konnte, den Kanal ohnehin nicht in Krisen – oder gar in Kriegszeiten – nutzen zu können und somit frei war, die Breite der BISMARCK und TIRPITZ auf 36,0 m zu erhöhen, mit der sie den Panama-Kanal nicht mehr passieren konnten, dafür aber den Vorteil einer ext

Schlachtschiff BISMARCK 1941. Höhepunkt und Ende der DREADNOUGHT- Epoche (Slg. B+V)

rem stabilen Plattform erhielten. Ebenso bauten alle übrigen großen Marinen kurz vor oder nach Ausbruch des 2. Weltkriegs vergleichbare Schlachtschiffe. Obwohl die Marinen anlässlich zahlreicher Seemanöver Erfahrungen mit Flugzeugträgern sammeln konnten, hielten sie am Dogma des Schlachtschiffes als dem »capital ship« – dem Hauptkampfschiff – fest! Sehr bald nach Ausbruch des 2. Weltkriegs sollte sich aber mit der spektakulären Versenkung der BISMARCK, mit dem Luftangriff auf Pearl Harbor, der Versenkung der beiden britischen Schlachtschiffe PRINCE OF WALES und REPULSE vor Singapur sowie schließlich mit der Versenkung der YAMATO durch Trägerflugzeuge die Überlegenheit des Flugzeugträgers fundamental unter Beweis stellen, was schlagartig die 35 Jahre vorher begonnene Epoche des DREADNOUGHTS beendete. Somit vollzog sich während der kurzen Zeit zwischen dem Kriegsausbruch in Europa und dem Angriff auf Pearl Harbor der Wechsel vom Schlachtschiff zum Flugzeugträger als dem Hauptkampfschiff, wie es von da an nur noch die USA, Großbritannien und Frankreich bauen und in Dienst halten konnten. In Verbindung mit seinen bordgestützten und weitreichenden Atomwaffen und seinem Reaktorantrieb, der ihm fast unbeschränkte Reichweite verlieh, hat sich allerdings der Flugzeugträger seit langem schon eine strategische Bedeutung erworben, wie sie das Schlachtschiff nie besaß.

3.11 Dieselmotorentechnik und die Panzerschiffe der DEUTSCHLAND-Klasse

Das Deutsche Reich war an dem Washingtoner Flottenabrüstungsabkommen nicht beteiligt, da die deutsche Flottenrüstung ausschließlich den Bestimmungen des Versailler Vertrages von 1919 unterlag. So hatte dieser Vertrag auch bestimmt, dass alle Neubauten für die Marine ausschließlich auf den beiden in Staatsbesitz befindlichen Werften in Kiel (Deutsche Werke) und in Wilhelmshaven (Kriegsmarinewerft) gebaut werden dürften, um so zu vermeiden, dass Fachwissen zu sehr gestreut wird. Der deutsche Marineschiffbau konnte allerdings für seine Zwecke einen – wenn auch kleinen – Vorteil aus diesem Abkommen für sich ziehen: da sich die Washingtoner Signatarmächte auf die britische »long ton« [ts] mit 1016 kg und auf die sog. »Typverdrängung« als Bemessungsgrundlage bei der Tonnagebestimmung im Rahmen des Vertragswerkes geeinigt hatten. Dabei berechnete sich die »Typ- oder Standardverdrängung« als Summe des Gewichtes des leeren Schiffes zuzüglich von Munition, Proviant und Frischwasser, aber ohne Kraftstoff und ohne Kesselspeisewasser. Gegenüber den bisher in Deutschland gebräuchlichen Definitionen brachte dies einige Erleichterungen bei dem geforderten Nachweis für die zulässige Maximalverdrängung der Schiffstypen, wie sie in Versailles festgelegt wurden:

- Panzerschiffe: 10.000 ts = 10.160 t + Kraftstoff (Dieselantrieb)
- Leichte Kreuzer: 6.000 ts = 6.096 t + Kraftst. und Kesselspeisew.
- Torpedoboote: 800 ts = 813 t + Kraftst. und Kesselspeisew.

Trotz dieser Erleichterungen bei der Berechnungsgrundlage der zulässigen Verdrängung stand der Kriegsschiffbau in Deutschland vor der ungemein schwierigen Aufgabe, ein Panzerschiff, das praktisch dem Schlachtschiff der traditionellen Seemächte gegenüber gestellt wurde, innerhalb dieser so geschaffenen engen Gewichtsgrenzen von 10.000 ts zu entwerfen und zu bauen. Als weltweit erste Marine hatte die Reichsmarine beim Bau ihres ersten Kreuzer-Neubaus nach dem Krieg, dem Leichten Kreuzer EMDEN (II), sehr erfolgreich das Elektroschweißen eingeführt, was gegenüber der Nietung beim Stahlgewicht zu Gewichtsminderungen von bis zu 10 % führt. Um die sehr engen Gewichtsforderungen von Versailles einzuhalten, setzte man in vergrößertem Umfang das Elektroschweißen auch bei allen folgenden Neubauten – also auch bei den noch

zu bauenden Panzerschiffen mit 10.000 ts Verdrängung ein.

Nachdem in den zwanziger Jahren die ehrgeizige Entscheidung getroffen wurde, die Panzerschiffe nicht nur für den Küstenschutz alleine, sondern auch für ozeanische Einsätze zu entwerfen, musste die Reichsmarine neue innovative Wege beschreiten, um ein – dem Kreuzer ähnliches – 10.000 ts Kampfschiff zu bauen. Hierfür entstand im Konstruktionsamt der Reichsmarine die griffige Entwurfsformel, derzufolge das Schiff »schneller als die stärkeren und stärker als die schnelleren« zu sein habe. Als Hauptbewaffnung erhielten diese Schiffe je zwei 28-cm- (11 Zoll) Drillingstürme von Krupp, die erstmals – und auch das war eine der Innovationen – in der Elevation nachgeladen werden konnten. Die bedeutendste Innovation wurde jedoch mit der Wahl einer Dieselmotoren-Antriebsanlage eingeführt, die mit ihrem niedrigen spezifischen Brennstoffverbrauch dem Schiff jene großen Reichweiten ermöglichte, die von der Reichsmarine gefordert wurden, um das Fehlen deutscher Auslandsstützpunkte zu kompensieren. Bereits die Kaiserliche Marine hatte Pläne sehr weit vorangetrieben, zwei Linienschiffe der KÖNIG-Klasse mit je einem MAN-Dieselmotor mit 12.000 PS als Marschantrieb auszurüsten. Wegen unerwarteter Verzögerungen bei der Motorenentwicklung kam es allerdings nicht dazu. Im Verlauf des 1. Weltkriegs hatte natürlich die deutsche Zulieferindustrie und hier in ganz besonderem Maße die MAN in Augsburg bei der Entwicklung, der Konstruktion und dem Bau der Dieselmotoren für die ca. 350 U-Boote, die die Kaiserliche Marine bis 1918 in Dienst gestellt hatte, die weltweit meisten Erfahrungen gesammelt. Schon bevor die Panzerschiffe mit einer Dieselmotoren-Antriebsanlage ausgerüstet wur-den, erhielten bereits die in den Jahren 1927 und 1928 vom Stapel

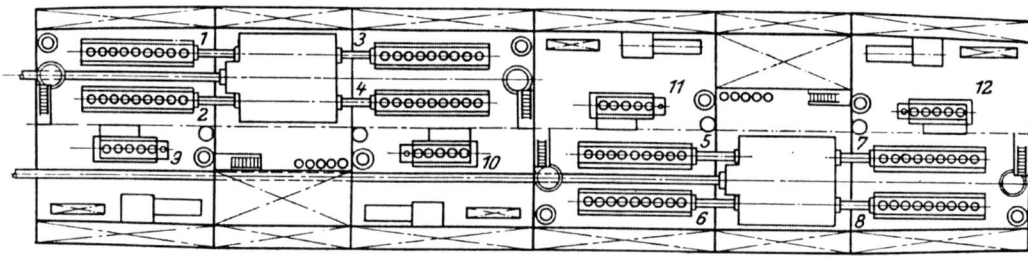

Legende   1 - 8 Antriebsdiesel   9 - 12 E - Diesel

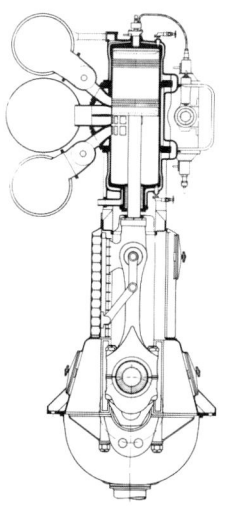

Oben: All-Dieselmotorenanlage an Bord des Panzerschiffs DEUTSCHLAND, 1930 (Deutsche Verlagsgesellschaft mbH, Berlin)

Rechts: Doppelt wirkender Dieselmotor, Panzerschiff DEUTSCHLAND, MAN M9Z 42/58 (Bildarchiv MAN, Augsburg

gelaufenen drei Kreuzer der K-Klasse (KÖNIGSBERG, KARLSRUHE und KÖLN) je zwei MAN Dieselmotoren zu je 1.000 PS als Marschantrieb. Waren die beiden Getriebeturbinen ausgekuppelt, konnte jeder der beiden Marschdiesel über ein Untersetzungsgetriebe mit Flüssigkeitskupplung auf die beiden Antriebswellen der Schiffe geschaltet werden. Die erreichbare Marschgeschwindigkeit betrug dann 10 kn. Auch die folgenden beiden Leichten Kreuzer LEIPZIG und NÜRNBERG übernahmen das Konzept eines kombinierten Dampf- und Dieselantriebs. Da es sich bei diesen beiden 1931 und 1935 in Dienst gestellten Kreuzern um Dreiwellenschiffe handelte, wurde es möglich, ihre Mittelwelle über ein

Sammelgetriebe allein mit vier Dieselmotoren anzutreiben, während die beiden Außenwellen ausschließlich von Getriebeturbinen angetrieben wurden. Somit stand die gesamte an Bord installierte Turbinen- und Dieselmotorenleistung der Antriebsanlage des Schiffes auch für die Höchstgeschwindigkeit zur Verfügung, Damit der Propeller der Mittelwelle allerdings die Leistung der Marschdiesel sowohl bei Marsch- als auch bei Höchstgeschwindigkeit wirtschaftlich in Schub umsetzen kann, erhielt er bereits eine Verstelleinrichtung, die jedoch enttäuschte und wieder gegen einen konventionellen Festpropeller eingetauscht werden musste.

Schließlich stellte die Reichsmarine um 1931 auch noch das Artillerieschulschiff BREMSE in Dienst, das – zwar mit Motoren sehr viel kleinerer Leistung – das Antriebskonzept des ersten Panzerschiffes DEUTSCHLAND vorwegnahm: ein Zweiwellenschiff mit vier Dieselmotoren und einem Getriebe je Welle. Jedes der drei Panzerschiffe verfügte schließlich mit seinen 8 – doppelt wirkenden – Dieselmotoren des Typs M 9Z 42/58 über eine Antriebsleistung von insgesamt 54.000 PS.

Der extrem geringe spezifische Kraftstoffverbrauch in Verbindung mit entsprechend bemessenen Kraftstofftanks ermöglichte den Schiffen bei 13 kn Marschgeschwindigkeit eine Reichweite von 19.200 sm, was 90 % des Erdumfangs (!)

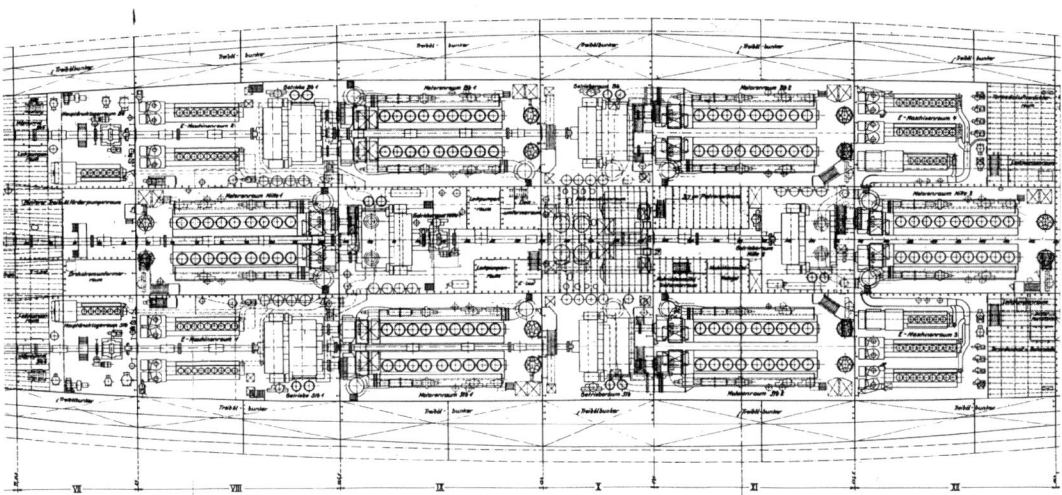

Projektierte Dieselmotoren-Antriebsanlage für das Schlachtschiff H, nach 1939 abgebrochen (Slg. Tamm)

entsprach. Um in den Jahren vor Ausbruch des 2. Weltkriegs das Ausland über den tatsächlichen Kraftstoffverbrauch der Antriebsanlage zu täuschen, liefen die drei Panzerschiffe demonstrativ Häfen an, um zu bunkern, obwohl sie hierzu keine Veranlassung hatten! Die äußerst engen Grenzen, innerhalb derer die Panzerschiffe nur entworfen werden durften, zwangen ihre Konstrukteure fortlaufend dazu, neue innovative Wege zu gehen, die die DEUTSCHLAND-Klasse schließlich zu »einer der besten Leistungen des deutschen Kriegsschiffbaus werden ließ«, so Prof. Dr.-Ing. E. Strohbusch, Ordinarius für Entwerfen von Schiffen an der TU Berlin, 1950 bis 1974.

Die Kriegsmarine nahm das Konzept des Dieselmotorenantriebs wieder auf und plante auch für die Schlachtschiffe des Typs »H« Anlagen mit 12 Motoren zu je 13.500 PS. Nach den Planungen der Kriegsmarine wären auch noch weitere der großen Überwassereinheiten (Panzerschiffe, Kreuzer und Zerstörer) des sog. Z-Plans des Jahres 1939 mit Dieselmotoren ausgerüstet worden, dessen Ausführung mit Ausbruch des Krieges 1939 allerdings gestoppt wurde! Allerdings wurden während des Krieges noch Zerstörer (»Typ 1944«) mit einer Antriebsanlage bestehend aus insgesamt acht Dieselmotoren entwickelt und gebaut, aber nur noch schleppend fertiggestellt. Abschließend lässt sich feststellen, dass die verschiedenen Antriebsanlagen, wie sie von der Reichsmarine realisiert wurden, bereits frühzeitig die große Bedeutung des Dieselmotors für die Marinetechnik eindrucksvoll unter Beweis stellten. Wenn auch heute, viele Jahrzehnte nach dem 2. Weltkrieg, der (schnell laufende) Dieselmotor in der Marinetechnik sowohl als Antriebsmotor wie auch als Energieerzeuger so große Verbreitung gefunden hat, so geht dies nicht zuletzt auf die langjährige Vorarbeit der MAN in Augsburg in enger Zusammenarbeit mit den deutschen Werften zurück!

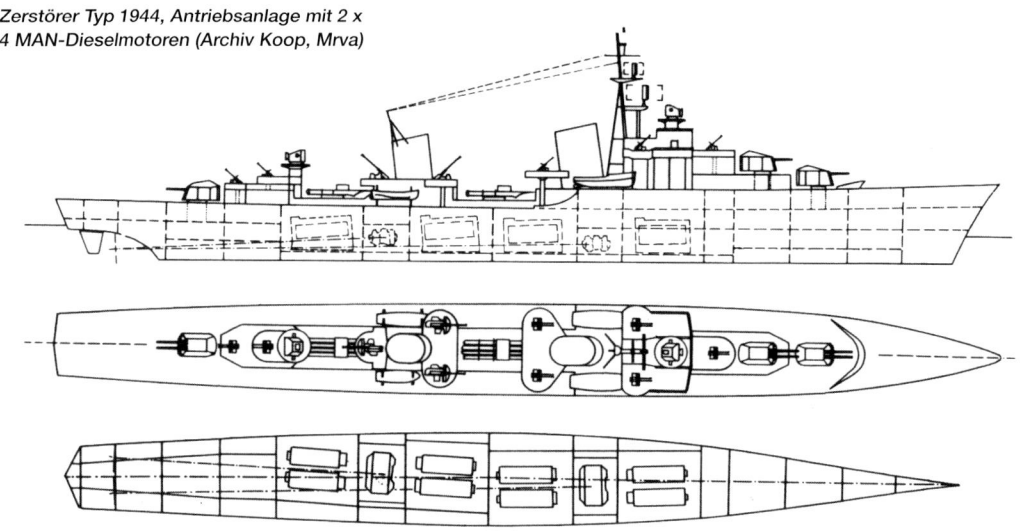

Zerstörer Typ 1944, Antriebsanlage mit 2 x 4 MAN-Dieselmotoren (Archiv Koop, Mrva)

3.11.1 Torpedoboote und Zerstörer

Die unerwartet zutage getretene Überlegenheit des Flugzeugträgers, die das Schlachtschiff innerhalb weniger Monate degradierte, führte in Deutschland zu einem dramatischen zweifachen Paradigmenwechsel: angesichts der großen japanischen Erfolge in der ersten Phase des Pazifikkrieges entschloss sich die deutsche Marineführung im Jahre 1942 kurzfristig zur Fertigstellung des im Jahre 1938 bereits vom Stapel gelaufenen Flugzeugträgers GRAF ZEPPELIN, um der deutschen Flotte eine eigene Luftkomponente zu geben. Wenige Monate später jedoch kam es im Dezember des gleichen Jahres zu einem fatalen Misserfolg großer deutscher Überwasserstreitkräfte am Nordkap bei der Verfolgung eines Geleitzuges in der Barentsee. Das führte dazu, dass A. Hitler die Außerdienststellung der deutschen Schlachtschiffe, Kreuzer sowie den Baustopp an dem Flugzeugträger befahl, worauf der Oberbefehlshaber der Kriegsmarine seinen Abschied nahm und der bisherige OB der U-Boote, Dönitz, dessen Nachfolge antrat. Zwar reaktivierte Dönitz die vorübergehend außer Dienst gestellten großen Schiffe wieder, ließ aber gleichzeitig das Neubauprogramm 1943 ausarbeiten, das als größte Einheiten nur noch den Zerstörer und das Torpedoboot kannte: innerhalb von fünf Jahren sollten folgende Einheiten gebaut werden: 2400 (!) U-Boote, 40 Zerstörer, 60 Torpedoboote, 424 Schnellboote, 500 M-Boote, 480 R-Boote, 175 Sperrbrecher, 2.000 Vorpostenboote, 4.500 Marinefährprähme, 480 Marineleichter und 75 Torpedofangboote. Entsprechend der Kriegslage sah das Neubauprogramm von 1943 demnach den Bau von 480 U-Booten pro Jahr (!) vor, was aber weder für die U-Boote noch für die anderen Bootstypen erreicht werden konnte. Bedeutsam hieran ist rückblickend, dass sich eine deutsche Marineleitung erstmals entschied, sich bei den Überwasser-Streitkräften auf eine Flottenstruktur zu beschränken, wie sie nur noch für die Randmeere benötigt wurde, was die Bundesmarine folgerichtig mit dem Zerstörer als größte Einheit der Flotte nach dem 2. Weltkrieg sofort auch wieder aufnahm und konsequent realisierte.

Die Entwicklung des Torpedobootes geht zurück auf die Zeit um 1880, als mit dem Torpedo als Hauptbewaffnung ein Schiffstyp geschaffen wurde, der diese Waffe schnell und unbemerkt gegen die schwerfällig operierenden Schlachtschiffe ins Ziel brachte, um sodann mit seiner überlegenen Geschwindigkeit von damals bereits fast dreißig Knoten unbemerkt zu entkommen. Zwischen 1882 und 1904 stellte die kaiserliche Marine alleine mehr als 120 Torpedoboote in Dienst, die zunächst weniger als 100 t verdrängten, um schließlich im Jahre 1904 knapp 500 t zu erreichen! Um die gegenüber den wendigen Torpedobooten in der Tat sehr schwerfällig operierenden Schlachtschiffe besser zu schützen, trieb die Royal Navy unter ihrem späteren Ersten Seelord, dem Admiral John A. Fisher, die Entwicklung der von ihm bereits als »Zerstörer« klassifizierten Torpedobootzerstörer voran.

Die Hauptbewaffnung der Torpedoboote und der Zerstörer bestand stets aus Torpedorohren, die bis Ende des 1. Weltkriegs als Einzel- oder Doppelrohre und später in Drillings- oder Vierlingssätzen an Oberdeck Aufstellung fanden. Sofern es deutsche Boote betraf, beschränkte sich bei der Bordartillerie das maximale Kaliber auf 8,8 cm, während es an Bord der britischen Boote 4 Zoll (10,5 cm) betrug. Die Geschwindigkeit der Torpedoboote war von Anfang an, entsprechend ihrer Aufgabenstellung, sehr hoch und lag frühzeitig über 30,0 Knoten (s. HMS VIPER, Tabelle 2). Somit waren die Torpedoboote auch dafür geeignet, früh schon mit Dampfturbinenanlagen ausgerüstet zu werden, deren Leistungen an Bord der Torpedoboote im Jahre 1914 auf 20.000 PS angestiegen waren. Mit durchschnittlich 1.000 t Verdrängung sind britische Torpedoboote im Jahr 1914 etwa doppelt so groß wie die deutschen Boote. Hier muss vermutet werden, dass britische

Boote atlantiktauglich sein mussten, was für deutsche Boote nicht erforderlich wurde, da deren Reichweite ohnehin nur Nord- und Ostsee als Einsatzgebiet zuließ. Die Royal Navy ging daher auch sehr viel früher dazu über, ihre Torpedoboote, die ab 1905 ohnehin bereits mehrheitlich mehr als 200 t verdrängten, als Torpedobootszerstörer zu klassifizieren.

Im Verlauf des 1. Weltkrieges konnte man sehr schnell erkennen, dass das U-Boot weitaus besser geeignet war, mit Torpedos die großen Überwasserschiffe (Linienschiffe und Schlachtkreuzer) zu bekämpfen und zu versenken, als es dem Torpedoboot je möglich gewesen wäre. Somit verlohr das Torpedoboot einen wesentlichen Teil seiner operative Aufgaben, während der Zerstörer um so mehr Bedeutung gewann, weil er bei hoher Seefähigkeit, großer Reichweite und bald mit Wasserbomben bewaffnet, das U-Boot wirkungsvoll bekämpfen konnte. Zusätzlich übernahm der Zerstörer die nicht unbedeutende Aufgabe der Geleitzugsicherung, die während des 1. Weltkriegs als Folge des uneingeschränkten U-Bootskrieges von der RN entwickelt und eingeführt und im 2. Weltkrieg von den Alliierten perfektioniert wurde. Obwohl er für die Aufgaben der U-Jagd und des Geleitschutzes nicht benötigt wurde, blieb der Schwergewichtstorpedo mit 21 Zoll (533 mm) Durchmesser auch noch 10 bis 20 Jahre nach dem 2. Weltkrieg an Bord der Zerstörer, die somit weiterhin eine Option behielten, auch schwere Überwassereinheiten anzugreifen. Hier erhielt auch die fortschreitend stärker werdende Rohrbewaffnung zunehmend militärische Bedeutung und wuchs von anfangs 10,5 cm (4 Zoll) bis auf 15,0 cm (6 Zoll) bei der deutschen Kriegsmarine an. Neben der klassischen Bewaffnung mit Torpedorohren behielten die Zerstörer auch die sehr hohen Geschwindigkeiten

Typschiff USS FLETCHER (D 445), Schwesterschiff der Zerstörer Z 1 bis Z 6 der Bundesmarine (US Naval Institute)

Britische Korvette der FLOWER - Klasse, einlaufend Portsmouth, Januar 1946 (US Naval Institute)

der Torpedoboote über viele Jahre bei: so stellte beispielsweise Italien 1940 Zerstörer mit 43,0 Knoten Geschwindigkeit in Dienst, die deutschen Zerstörer mit Hochdruck-Heißdampftechnik liefen 36 bis 38 Knoten und noch 1951 wurde mit der USS TIMMERMAN in den USA ein Zerstörer mit 40,0 Knoten in Dienst gestellt, der zudem ebenfalls mit einer Hochdruck-Heißdampfanlage ausgerüstet war.

Auch der während des 2. Weltkriegs mit einer Stückzahl von 127 (!) am häufigsten gebaute Flottenzerstörer (DD) vom Typ FLETCHER der US Navy lief maximal 38 Knoten. Diese Zerstörer sollten auch nach dem Krieg für die Bundesrepublik Deutschland eine erhöhte Bedeutung erhalten, als die Bundesmarine sechs Einheiten des Typs FLETCHER in den USA erwarb, um damit den Aufbau einer in Deutschland zu bauenden Zerstörerflotille vorzubereiten!

3.11.2 Korvetten und Fregatten

Der Ausbruch des 2. Weltkrieges mit seiner Intensivierung des U-Bootkrieges brachte einen rapide ansteigenden Bedarf nach U-Jagd-Schiffen, was gleich im Jahre 1940 zum Kauf von 50 amerikanischen Zerstörern durch Großbritannien führte, die seit Ende des 1. Weltkriegs »eingemottet« waren. Gleichzeitig entstanden auf britischen Werften kleine, robuste und denkbar einfach gebaute Geleitfahrzeuge vom Typ FLOWER, ISLE, ALBACORE oder BAR, die als »Korvetten« klassifiziert wurden und in einer Stückzahl von über 180 Einheiten gebaut wurden. Auch die USA bauten nach ihrem Eintritt in den Krieg ca. 500 Zerstörer vom Typ Destroyer Escort, die aber die gleichen Aufgaben übernahmen wie die britischen Korvetten und wie deren Nachfolger, die etwas größeren Fregatten vom Typ BAY, CASTLE, LOCH, BLACK SWAN, HUNT, RIVER und andere, von denen über 250 Einheiten im Krieg gebaut wurden. Während die amerikanischen Destroyer Escort mit einer Geschwindigkeit von 24 Knoten bereits mit Dampfturbinen zu jeweils 12.000 PS angetrieben wurden, bestanden die Antriebsanlagen der meisten britischen Korvetten und Fregatten noch aus einer oder zwei Kolbendampfmaschinen mit Leistungen zwischen 1.600 PS und 2.000 PS bei Schiffsgeschwindigkeiten zwischen 16 und 20 Knoten; lediglich die Fregatten vom Typ HUNT und BLACK SWAN erhielten Dampfturbinenantrieb! Waren die amerikanischen Destroyer Escort mit 5 Zoll Kanonen als größtes Kaliber bewaffnet, so begnügten sich die britischen Korvetten und Fregatten mit 3 oder 4 Zoll Kanonen. Die für die U-Bootbekämpfung wichtigste Waffe der Korvetten und Fregatten war der Wasserbombenwerfer. Allen gemeinsam war, dass sie zur U-Bootortung mit dem akustischen Suchgerät ASDIC (Anti Submarine Detection Investigation Committee) ausgerüstet wurden, dessen Entwicklung bis in die beiden letzten Jahre des 1. Weltkriegs zurückging. In den USA erhielt das ASDIC die auch heute noch übliche Bezeichnung SONAR als Akronym für »Sound Navigation and Ranging«. Neben ASDIC, das allein in der Lage war, das getauchte U-Boot zu entdecken und RADAR, mit dem das aufgetauchte U-Boot oder das Überwasserschiff identifiziert wurde, trat im 2. Weltkrieg bereits die große und wichtige Disziplin der Kryptotechnik, mit der die Funksprüche der U-Boote entschlüsselt wurden, was es den Alliierten erst ermöglichte, ihren See- und Luftstreitkräften jene Operationsgebiete gezielt zuzuweisen, in denen sich die U-Boote aufhielten. Die an Bord der Korvetten und Fregatten eingebauten Wasserbombenwerfer waren auf die Zielzuweisung durch das ASDIC, das das charakteristische PING-Schallsignal unter Wasser aussendet, angewiesen. Als Übungsschiffe und Schulfregatten erhielten gegen Ende der fünfziger Jahre die britischen Korvetten der HUNT- und BLACK SWAN-Klasse für die deutsche Bundesmarine Bedeutung, da mit ihnen der Einsatz der in Deutschland zu bauenden Fregatten der Klasse 120 vorbereitet wurde.

Während des 2. Weltkriegs sind auf Seiten Großbritanniens, das die Hauptlast des U-Bootkrieges im Atlantik zu tragen hatte, 125 Zerstörer, 19 kleiner Zerstörer, 18 Fregatten und 30 Korvetten verloren gegangen. Dem stehen etwas mehr als 800 deutsche U-Boote gegenüber, die fast ausschließlich durch britische und US-amerikanische Luft- und Seestreitkräfte versenkt wurden. Zusammen mit den Torpedobootszerstörern bildete das Torpedoboot den entwicklungstechnischen Ausgangspunkt für Marineeinheiten, die auch heute noch das »Gesicht« moderner Flotten prägen. So lässt sich ohne weiteres eine Genealogie von dem Torpedoboot über den Zerstörer, zum Schnellboot wie auch zur Korvette und schließlich zur Fregatte aufzeigen, wobei ein Wandel bei der maßgeblichen Bewaffnung vom Schwergewichtstorpedo über die Rohrwaffe und Wasserbombenwerfer zum Flugkörper stattgefunden hat. Sofern der Torpedo überhaupt noch an Bord von Zerstörern, Fregatten, Korvetten und Schnellbooten anzutreffen ist, so nur noch als U-Jagd- oder Leichtgewichtstorpedo mit einem Durchmesser von 324 mm (12 ¾ Zoll) und während die Rohrwaffen als komplementäre Bewaffnung anzusehen sind, sind die Flugkörper als Seeziel-, Flugzeug- und Raketenabwehr zur Hauptbewaffnung dieser Schiffstypen aufgestiegen. Berücksichtigt man, dass heutzutage die Klassifizierung der Marineschiffe nicht mehr starren Regeln folgt, so trifft auf Zerstörer, Fregatten und Korvetten das zu, was der Fünf Sterne Admiral (Fleet Admiral) Chester W. Nimitz bereits um 1950 als Chief of Naval Operations (Marine-Oberbefehlshaber) verallgemeinernd über den Zerstörer prophezeit hat (s. Textkasten). Auch die Deutsche Marine hält mit ihren Fregatten der Klassen 122, 123 und 124 Schiffe in Dienst, deren Einsatzprofil exakt durch die Aussage von Nimitz umrissen ist!

Of all the tools the navy will employ to control the seas in any future war, the most useful of the small types of combatant ships, the destroyer, will be sure to be there. Its appearance may be altered and it may even be called by another name, but no type – not even the carrier or the submarine – has such an assured place in future navies.

- Fleet Admiral Chester W. Nimitz -

4. Marine-Überwasserschiffbau in Deutschland ab 1955

Die bedingungslose Kapitulation am 8. Mai 1945, mit der für das Deutsche Reich der 2. Weltkrieg endete und die anschließende Entmilitarisierung ließen eine Wiederbewaffnung Deutschlands für lange Zeit – wenn nicht sogar auf Dauer – unmöglich erscheinen. Nur der alsbald ausbrechende »Kalte Krieg« mit der Berlin-Blockade, der Ablehnung des Marshall-Planes für die Staaten Osteuropas durch J.W. Stalin, der Sowjetisierung Osteuropas und schließlich im Jahre 1951 der Ausbruch des Korea-Krieges, veränderten die Situation von Grund auf und machten – was kurz vorher noch für unvorstellbar gehalten wurde – einen deutschen Wehrbeitrag zur Verteidigung Westeuropas unverzichtbar. Innerhalb weniger Jahre wandelte sich so das Verhältnis der Westdeutschen zu ihren amerikanischen und westeuropäischen Verhandlungspartnern von einem »Feindstaat« zu einem umworbenen Verbündeten. Vor diesem weltpolitischen Hintergrund ist es nur zu verstehen, dass bereits im Oktober 1950 unter strengster Geheimhaltung 15 ehemalige hohe Wehrmachtsoffiziere im Kloster Himrod in der Eifel zusammentra-

ten, um über einen deutschen Wehrbeitrag im Rahmen der europäischen Verteidigungsgemeinschaft EVG zu beraten.

Die Angelegenheiten der Marine wurden hierbei durch die Admirale Gladisch, Ruge und Wagner und die Kapitäne z.S. Schulze-Hinrichs und Zenker vertreten, die bereits in dem von den Amerikanern zusammengestellten Naval Historical Team ihre Kriegserfahrungen systematisch gesammelt und ausgewertet hatten. In diesem Kreis bestand somit eine sehr fundierte Vorstellung von der Struktur eines zukünftigen Beitrags zur seewärtigen Verteidigung Westdeutschlands unter den Bedingungen der Nachkriegszeit. Hierfür fertigte der Admiral Wagner die nach ihm benannte Denkschrift an und legte sie am 14. März 1951 der Regierung in Bonn vor. Bemerkenswert war, dass die in dieser Denkschrift umrissene Struktur einer westdeutschen Marinestreitmacht, wie sie die Offiziere für erforderlich hielten, ziemlich genau dem entsprach, was nur wenig später tatsächlich auch umgesetzt und aufgebaut wurde. Das Konzept dieser Flottenrüstung bestand aus den in Tabelle 5 aufgeführten Einheiten.

Die Struktur dieser Flotte reflektiert sowohl die für die verteidigungspolitische Situation des Jahres 1951 erforderlich gehaltene Streitmacht als auch die Erfahrungen des 2. Weltkriegs, wie sie auf Seiten Deutschlands bereits in der Mitte dieses Krieges gemacht wurden. Hatte doch die Kriegsmarine im Jahre 1943 bereits ihr Neubauprogramm beschlossen, dessen größte Überwasserschiffe Zerstörer mit ca. 3.000 t Verdrängung waren, denen nur noch

Tabelle 5: Flottenstärke der Wagner-Denkschrift, 1951

12 Geleitboote	12 U-Bootjäger
12 Torpedoboote	36 Landungsfahrzeuge
36 Schnellboote	60 Kampfflugzeuge
24 kleine U-Boote	84 Jagdflugzeuge
24 Minensucher	30 Aufklärungsflugzeuge
36 Minenräumboote	30 Hubschrauber
36 Kriegsfischkutter	20.000 Mann

die europäischen Randmeere als Operationsgebiet zugewiesen wurden, während – kriegsbedingt – eine übermäßig große Zahl von U-Booten allein für den ozeanischen Einsatz vorgesehen waren.

Obwohl die Marineeinheiten der Wagner-Denkschrift in eine rein europäische Befehlsstruktur integriert worden wären, hielten Franzosen und Engländer die U-Boote, Torpedoboote und die Kampfflugzeuge zunächst noch für zu kampfstark, um sie in die Obhut deutscher Soldaten zu legen. Nach langer Diskussion einigte man sich auf die erste Stufe einer später noch aufzustockenden Streitmacht ohne U-Boote, Torpedoboote und Kampfflugzeuge. Als im Jahre 1954 die EVG in der französischen Nationalversammlung keine parlamentarische Mehrheit fand, weil diese eine Europäisierung auch der französischen Militärhoheit nicht akzeptierte, musste die Idee einer ausschließlich europäisch strukturierten Verteidigungs-Gemeinschaft aufgegeben werden. Sehr rasch unterzeichneten daraufhin Deutschland und Italien den Brüssler WEU-Vertrag und traten damit der Westeuropäischen Union bei, deren Aufgabe es war, kollektive Selbstverteidigung und die europäische Integration zu fördern. Als Signatarmacht des Brüssler Vertrags trat die Bundesrepublik Deutschland sodann am 9. Mai 1955 der NATO bei, die als Bündnis gleichberechtigter Staaten unter dem Befehl und dem atomaren Schirm der USA steht. Mit der Unterzeichnung des Brüsseler WEU-Vertrages unterschrieb die Bundesrepublik Deutschland eine Reihe rüstungstechnischer Einschränkungen, zu denen der Verzicht auf die militärische Nutzung der Kerntechnik mit Sicherheit die auch heute noch gültige und politisch bedeutendste war! Damit verzichtete die Bundesrepublik Deutschland nicht nur auf Nuklearwaffen, sondern auch auf den Reaktorantrieb an Bord von Schiffen! Als maximale Größe bei der Verdrängung der Überwassereinheiten akzeptierte man 3.000 ts (ts = englische long tons zu 1016 kg) und eine Überwasserverdrängung von 350 ts für die U-Boote. Diese Beschränkungen wurden später für U-Boote auf 450 ts heraufgesetzt, um schließlich im Jahre 1980 gänzlich gestrichen zu werden, so dass die Marine jede beliebige Schiffsgröße sowohl bei Überwasserschiffen als auch bei U-Booten in Dienst stellen konnte! Ebenso wurde es der Werftindustrie erlaubt, jede beliebige Größe eines Marineschiffes zu exportieren, vorausgesetzt, dass sie die Bestimmungen des Kriegswaffen-Kontrollgesetzes beachtet und dafür eine Exportgenehmigung einholt. Für ihre gesamte weitere Entwicklung war es nunmehr entscheidend, dass sich die Marine von Anfang an mit der ausdrücklichen Zustimmung seiner Partner innerhalb von WEU und NATO an auf ein Flottenkonzept (s. Tabelle 5) mit klar definierten operationellen Aufgaben in Nord- und Ostsee vorbereiten konnte, das gegenüber der Wagner-Studie nur unwesentlich modifiziert war und das am 9. Juli 1955 vom Deutschen Bundestag in den Haushaltsplan 1956 eingestellt wurde:

Sobald die Brüsseler Verträge am 9. Mai 1955 unterzeichnet und Westdeutschland in die NATO aufgenommen war, konnten die ersten Soldaten von Heer, Marine und Luftwaffe am 12.11.1955 in der Bonner Ermekeilkaserne ihre Ernennungsurkunden

Tabelle 6: Bauprogramm 1955

12 Zerstörer	2 Minenleger
6 Geleitboote	40 Schnellboote
24 Küsten-Minensuchboote	12 U-Boote
30 schnelle Minensuchboote	11 Tender (für S- und M-Boote)
46 Landungsboote	2 Schulschiffe

Die demontierte Werft von Blohm + Voss zu Anfang der fünfziger Jahre (Slg. B+V)

in Empfang nehmen. Die ersten schwimmenden Einheiten, die daraufhin im Jahre 1956 in Dienst gestellt werden konnten, waren Schnellboote, Minensuchboote und Minenräumboote, die z.T. aus den Beständen der ehemaligen Kriegsmarine stammten, die von den Alliierten 1945 erbeutet worden waren und nun an die Bundesrepublik zurückgegeben wurden. Gleichzeitig stellten diese Schiffstypen den Kern der neuen Flotte dar, deren vorrangige Aufgabe in der Sicherung der Ostseezugänge sowie der Sicherung der angrenzenden Küsten an Nord- und Ostsee bestand. Mit dem Planungsziel von insgesamt zehn Geschwadern begann damit der Aufbau einer der weltweit stärksten Minenkampf- und Schnellbootflotillen.

4.1 Die Situation der deutschen Werften im Jahre 1955

Sofern es die westdeutschen Werften betraf, fiel die Gründungsphase der Bundeswehr und damit auch die der Bundesmarine in eine sehr komplizierte Zeit. Wenn die verantwortlichen Rüstungspolitiker planten, die erfolgreichen Bauwerften der Vorkriegszeit für die Bauvorhaben der Bundesmarine zu gewinnen, so mussten sie es hinnehmen, dass prominente Industrielle wie Rudolf Blohm von der weltbekannten Werft Blohm + Voss in Hamburg und Alfried Krupp als Eigentümer der AG Weser in Bremen und der Seebeckwerft in Bremerhaven, nicht bereit waren, zehn Jahre nach Kriegsende ihre Werftbetriebe in den Dienst der Marine-

Blohm + Voss Ende der fünfziger Jahre (Slg. B+V)

rüstung zu stellen, nachdem sie nur wenige Jahre vorher mit Enteignung, Verhaftung und Produktionsverbot für die Kriegspolitik des nationalsozialistischen Deutschland verantwortlich gemacht worden waren! Andere Werften, wie die Howaldtswerke in Hamburg und Kiel, die Deutsche Werft in Hamburg, der Bremer Vulkan und die Nordseewerke in Emden befanden sich – ausgelöst durch den Krieg in Korea – in einer Phase der Hochkonjunktur mit steigenden Auftragsbeständen für deutsche und internationale Reedereien. Diese zivilen Schiffbauaufträge beanspruchten andere Produktionsabläufe, als sie für komplexe Marineschiffe erforderlich werden. Somit waren diese Werften zunächst nicht daran interessiert, sich am Marineschiffbau zu beteiligen.

Als eine für die Marine glückliche Fügung muss es daher rückblickend angesehen werden, dass sich statt dessen die Stülcken-Werft in Hamburg bereit erklärte, die sechs Geleitboote (Fregatten) und die vier Zerstörer der ersten Ausbaustufe des Marine-Bauprogramms zu bauen. Ferner stellten sich Lürssen, Abeking und Rasmussen (A&R) in Bremen, Kröger in Rendsburg, aber auch Burmester in Burg und Schürenstedt in Bardenfleth in den Dienst der neu geschaffenen Marine, um die dringend benötigten Schnellboote, Minenräum- und Minensuchboote sowie diverse Hilfsschiffe zu bauen.

Die Marinetechnik insgesamt befand sich in dieser Gründungsphase der Bundesmarine noch auf dem Stand, wie er bei

Kriegsende existierte. Sofern es die ersten Einheiten der Bundesmarine betraf, so war deren technischer Standard durch folgende Merkmale gekennzeichnet:

- Holzrümpfe für Schnellboote und Minenräumboote.
- Teilweise noch Kolbendampfmaschinen an Bord der aus Beutebeständen übernommenen alten Minenräumboote der Typen M35, M40 und M45 der ehemaligen Kriegsmarine, die z.T. sogar noch mit Kohle befeuert wurden.
- Dampfturbinenantrieb mit Hochdruck-Heißdampfkesseln an Bord diverser Einheiten, wie sie bereits vor und während des Krieges sowohl in Deutschland als auch bei der Royal Navy und der US Navy mit Dampfdrücken über 20 atü eingeführt wurde.
- Die Waffentechnik beschränkte sich auf größtenteils halbautomatische Rohrwaffen mit den Kalibern 20, 40, 76, 100, 102 und 127 mm und Torpedos, die teilweise sogar noch mit Druckluftmotoren angetrieben wurden und die ebenfalls aus den von den Alliierten nach dem Krieg erbeuteten Beständen der Kriegsmarine stamm-

ten, so der Torpedo vom Typ G7a (G = Schwergewichtstorpedo mit 533 mm = 21 Zoll Durchmesser, 7 = 7 m Länge ü.a., a = Druckluftmotor), aber auch der etwas modernere vom Typ G7e (e = mit Elektro-Batterie-antrieb).
- Die Sensortechnik bestand aus Radar (militärisch und nautisch) sowie aus Sonartechnik (ASDIC).
- Für die Bekämpfung von Seezielen stand der Mittelartillerie (100, 102 und 127 mm) die Feuerleitung mit elektro-mechanischen Systemen zur Verfügung, wie sie bereits während des 2. Weltkrieges bekannt waren. Die Übermittlung von Radardaten an die Waffe erfolgte noch per Sprechfunk unter Einsatz eines Befehlsübermittlers.
- Das Fernmeldewesen bestand zunächst nur aus der Übermittlung von Funksprüchen, wurde aber sehr rasch durch den Einsatz mit Fernschreibern ergänzt. Im Übrigen wurden bei verordneter Funkstille noch sowohl Signalflaggen als auch das Blinken mit Scheinwerfern eingesetzt.

5. Die ersten Zerstörer- und Fregatten-Bauprogramme der Bundesmarine

Wenn auch der Schwerpunkt der Marinerüstung ab 1955 bei einer großen Zahl von Schnellbooten, Minensuch- und Minenräumbooten lag, so standen die im Bauprogramm von 1955 als die größten Einheiten der neuen Marine aufgeführten Zerstörer und Geleitboote, die bald als »Fregatten« bezeichnet wurden, im Mittelpunkt des öffentlichen Interesses – wurden doch diese Schiffe als die eigentliche Referenz für die Leistungsfähigkeit der deutschen Schiffbauindustrie angesehen! Das Bauprogramm 1955 sah 12 Zerstörer und 6 Geleitboote (s. Tabelle 5) vor. Hatte man die 6 Geleitboote, die zunächst noch die Bezeichnung »Geleitboot 55« erhielten, gleich als ganzes Los an die hierfür ausgewählte Werft von H.C. Stülcken und Sohn vergeben, so bestand zunächst die Absicht, das

erste Los von vier Zerstörern an die zum Krupp Konzern gehörende Werft AG Weser in Bremen zu vergeben, um dann sukzessive weitere Baulose in Auftrag zu geben. Wie bereits erwähnt, hatte Alfried Krupp als Eigentümer der AG Weser jedoch verfügt, sich nicht an der Wiederaufrüstung zu beteiligen. Dies führte dazu, dass dann schließlich auch der Bauvertrag für die vier Zerstörer an die Werft H.C. Stülcken und Sohn vergeben wurde, womit diese Werft zum alleinigen Auftragnehmer für die zehn größten Kampfschiffe der Bundesmarine aufstieg.

Der deutsche Marineschiffbau dieser frühen Jahre war verständlicherweise noch stark durch die Erfahrungen des 2. Weltkriegs geprägt, was sich in der Architektur der Aufbauten des Zerstörers

Klasse 101, D 182, Zerstörer SCHLESWIG-HOLSTEIN (Slg. B+V)

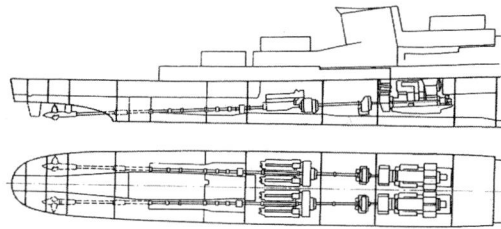

CODAG-Antriebsanlage der Fregatte Klasse 120, KÖLN-Klasse (Slg. STG)

1955, später Klasse 101, niederschlug, mit seiner starken Artilleriebewaffnung und den charakteristischen Torpedorohren mittschiffs, zwischen den beiden Schornsteinen. Doch obwohl den verantwortlichen Ingenieuren auf den Werften infolge der Nachkriegszeit 10 Jahre Entwurfserfahrung im Marineschiffbau fehlten, unterschied sich die Qualität ihrer Konstruktionen, die sie nach 1955 vorlegten, nicht von denen anderer, die zur gleichen Zeit auf Werften außerhalb von Deutschland in Europa oder den USA gebaut wurden. Allerdings traten Verzögerungen bei der Koordination jener Geräte auf, die von sehr unterschiedlichen Herstellern des In- und Auslandes geliefert und daher erst an Bord »kompatibel« gemacht wurden. Aus diesen Erfahrungen lernte man schnell und entwickelte hierfür die Fähigkeit zur Systemintegration, was die Marinewerften im Laufe der Jahre zu ihrer »Kernkompetenz« machten. Die Entwürfe von Zerstörern der späten 50er Jahre zeichneten sich durch folgende technische Komponenten aus:

- Hochdruck-Heißdampftechnik, WAHODAG Getr.-Turb., (64 atü, 460 °C)
- Heizöl F 82
- Festpropeller, D = 3,5 m°, 3 Flügel
  ▸ Drehzahl = 350 min-1
- Rohrwaffen
  ▸ vollautomatisch
  ▸ halbautomatisch

- Schwergewichtstorpedo, (533 mm°)
  ▸ erst Druckluftmotor, dann
  ▸ Elektromotor (Batterie)
- Beschränkter Standard bei der Unterbringung
  ▸ Unterkünfte, max. 30 Mann
  ▸ Zwei Hauptverkehrswege auf dem Hauptdeck
- Ortungs- und Navigationsanlagen
  ▸ Rundsuchradar
  ▸ Navigationsradar
- Feuerleitung
  ▸ Feuerleitradar für die 100 mm Rohrwaffen
- Externe Kommunikation
  ▸ Funkspruch und Fernschreiber
- Offene Brücke
- Aufbauten aus Aluminium, wegen Stabilität, Gewichtsbeschränkung durch den WEU-Vertrag

Technologisch wurden dagegen mit den Geleitbooten 55 gleich zwei Entwicklungsschritte auf einmal vollzogen. Die sechs Fregatten der Klasse 120, wie die Geleitboote auf Dauer klassifiziert wurden, waren neben den britischen Zerstören der COUNTY-Klasse die ersten Marineschiffe, deren Antriebsanlage bereits mit Gasturbinen ausgestattet wurden. Der weitere Innovationssprung bestand darin, dass ihre Antriebsanlage sogar als CODAG- (Combined Diesel and Gas) Anlage ausgeführt war, mit der es möglich wurde, zum Erreichen der Maximalgeschwindigkeit die Gasturbine über ein Sammelgetriebe auf den laufenden Dieselmotor zuzuschalten. Allerdings dauerte damals das hierfür erforderliche Synchronisieren der Drehzahlen unverhältnismäßig lang. Erst 40 Jahre später konnten die geeigneten getriebetechnischen Lösungen bereitgestellt werden, mit denen das Synchronisieren komplexer CODAG-Getriebe in militärisch-taktisch vertretbarer Zeit möglich wurde.

Fregatte KÖLN der Klasse 120 in See (Slg. TKMS)

Tabelle 7: Zerstörer Klasse 101 und Fregatte Klasse 120

Hauptabmessungen, Leistungsdaten, Bewaffnung (Stand 1961)		
Komponente	Zerstörer Klasse 101	Fregatte Klasse 120
Verdrängung ts	3.340	2.090
Länge i.d.CWL m	128,0	105,0
Breite m	13,4	10,5
Tiefgang m	4,00	3,40
Antriebsanlage	Hochdruckheißdampf	CODAG
Hauptantrieb PS	68.000	36.000
Marschantrieb PS	–	12.000
Höchstgeschwindigkeit kn	35,0	30,0
Marschgeschwindigkeit kn	–	24,0
Propeller	2 x Festprop./Zeise	2 x VPP/Escher Wyss (1 Sch.) KaMeWa (5 Schiffe)
E- Anlagen (Dieselgeneratoren)	6 x 950 PS/750 kVA 2 x 600 PS/450 kVA	6 x 550 PS/450 kVA
Rohrwaffen	4 x 10,0 cm, 8 x 4,0 cm	2 x 10,0 cm, 6 x 4,0 cm
U-Jagd – Torpedorohre	5 x 533 mm	4 x 533 mm
U-Jagd – Raketenwerfer	8 x 375 mm (Bofors)	8 x 375 mm (Bofors)
Seeraumüberwachungsradar	LW 03 (HSA)	DA 02 (HSA)
Feuerleitradar	4 x M4 (HSA)	3 x M4 (HSA)
Navigationsradar	1 x	1 x
Sonargerät	1 x	1 x
Feuerleitrechner	mechanisch-analog	mechanisch-analog
Besatzung	284	210

Flugkörper (Fla) - Korvette, Entwurf von B+V 1964 (Bild: Jochen Sachse)

Mit der CODAG-Antriebsanlage an Bord der Fregatte der Klasse 120 nahm aber auch noch eine weitere technologische Innovation ihren Einzug in die Marinetechnik auf: Gasturbinen und die neuen schnell laufenden Dieselmotoren können nicht mehr umgesteuert werden, d.h. für die Rückwärtsfahrt können sie ihre Drehrichtung nicht mehr umkehren. Da Schaltgetriebe für die hohen Antriebsleistungen nicht zur Verfügung stehen, führte kein Weg am Einbau von Verstellpropellern vorbei, die zudem neben der Rückwärtsfahrt das stufenlose Fahren des Schiffes auch bei kleinen und kleinsten Geschwindigkeiten möglich machen. In Deutschland sind Verstellpropeller eine Entwicklung, die bereits kurz nach der Wende vom 19. zum 20. Jahrhundert eingesetzt hatte, als die Firma Zeise in Hamburg mechanische, d.h. noch von Hand verstellbare Propelleranlagen mit Leistungen bis hin zu 1.000 PS baute, so z.B. im Jahre 1912 für ein russisches U-Boot. In den dreißiger Jahren rüstete die Reichsmarine ihre damals mit kombinierten Dampf- und Motorenanlagen angetriebenen 3-Wellen-Kreuzer LEIPZIG und NÜRN-

BERG mit sog. Zweistellungspropeller aus, mit denen die Propellersteigung der Mittelwelle den jeweiligen Antriebsmodus – Dampf oder Dampf + Motor – angepasst werden konnte.

Von insgesamt 6 Fregatten der Klasse 120 erhielten fünf Einheiten Verstellpropeller von KaMeWa in Kristinenhamn in Schweden, und ein Schiff – die BRAUNSCHWEIG – zwei Verstellpropeller von Escher Wyss in Ravensburg. Mit den zwei Verstellpropelleranlagen für die Fregatte BRAUNSCHWEIG begann die sehr erfolgreiche Entwicklung, Konstruktion und Fertigung der Verstellpropeller von Escher Wyss für die Marine und die Handelsschiffahrt. Neben einer wirtschaftlichen Umsetzung von Drehleistung in Schubleistung durch den Verstellpropeller gewinnen seit langem die Forderungen nach Geräuscharmut immer mehr an Bedeutung. Damit sind die Untersuchungen über Kavitation und Vibration eng verbunden, was dazu führte, dass sich im Verlauf der Jahre die Zahl der Flügel von Fregattenpropeller von 3 auf 5 und schließlich versuchsweise sogar auf 7 erhöht hat, die Flügel selbst mit Rücklage (Skew back)

Verdrängung:	4.000 t	Antriebsleistung (ges.):	63.000 PS
Länge ü.a.:	134,0 m	Geschwindigkeit (max.):	30,0 kn
Breite ü.a.:	14,0 m	Reichweite:	5.200 sm, 18,0 kn
Tiefgang:	4,0 m	Bewaffnung:	1 x Tartar, FK SM 1A
Antriebsanlage:	CODOG		4 x 76 mm L / 62 OTO-Melara
	4 x GT, 2 x DM		4 x TR 533 mm
E-Werke:	8 x 450 kVA	FüWES:	SATIR

Tabelle 8: Klasse 121, Hauptabmessungen, Leistungsdaten u. Bewaffnung

ausgestattet wurden und die Methoden zur Geräuschminderung mit Hilfe von Luftausblasesystemen an der Flügeleintrittskante perfektioniert wurden. Insgesamt hat die Firma Escher Wyss seit 1956 für die Deutsche Marine, für ausländische Marinen, wie auch für den Bundesgrenzschutz, die Küstenwachen und andere Behörden mehr als 600 Verstellpropeller gebaut.

5.1 Das Fregattenprojekt Klasse 121

Bereits Anfang der sechziger Jahre (1962) stellte die Deutsche Marine (damals »Bundesmarine«) im Auftrag der NATO Überlegungen zu einer neuen Klasse von Kampfbooten an, deren Größe zunächst zwischen Fregatte und Schnellboot liegen sollte und die als »Großes Kampfboot« (Klasse 130) klassifiziert wurden. Ein Bauprogramm, das ursprünglich aus 40 (!) Einheiten bestehen sollte, wurde zunächst auf 20 und schließlich auf 10 Einheiten reduziert, die man für erforderlich hielt. Nachdem sich sehr schnell herausgestellt hatte, dass sich die ausgewählte Bewaffnung, Sensorik und Ausrüstung etc. auf diesem Boot nicht unterbringen ließ, traf der öffentliche Auftraggeber (ÖAG) die Entscheidung, statt eines großen Kampfbootes, eine Korvette zu projektieren. Hierzu erstellten die Werften Blohm + Voss und H.C. Stülcken zwischen 1963 und 1964 verschiedene Entwürfe, von denen schließlich 1964 die Flugabwehr-(Fla) Korvette von Blohm + Voss mit 22,5 kn durch den Inspekteur der Marine ausgewählt wurde, die von vier Dieselmotoren mit insgesamt 10.000 PS angetrieben und die ausschließlich mit Rohrwaffen bestückt werden sollten. Mit Rücksicht auf die inzwischen gestiegene Bedrohung aus der Luft musste jedoch das Konzept einer nur mit Rohrwaffen ausgerüsteten »Fla-Korvette« verworfen und durch ein zusätzlich mit

Fregatte Klasse 121, Projektstand 1970 (Slg. TKMS)

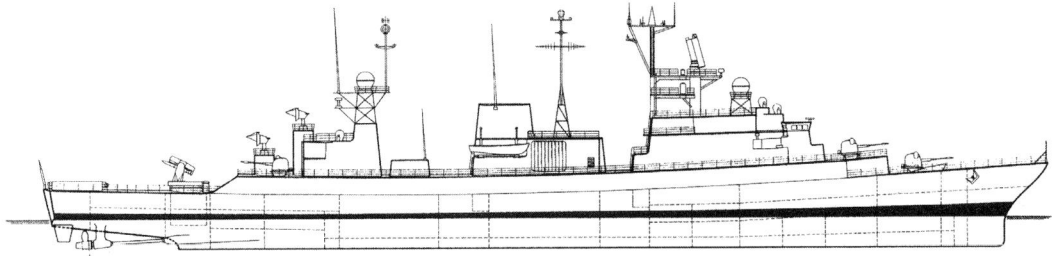

Flugkörpern (FK) bewaffnetes Schiff ersetzt werden.

Auch hierfür arbeitete die Industrie verschiedene Entwürfe mit Verdrängungen zwischen 1340 und 1530 t und Geschwindigkeiten von 24 bis 33 Knoten aus, die mit 40 mm-Rohrwaffen und mit dem TARTAR-Flugkörpersystem (FK) zur Flugabwehr ausgerüstet wurden. Da diesen Entwürfen jedoch die inzwischen für erforderlich gehaltenen U-Jagd-Torpedos und ein Sonargerät fehlten, wurde auch dieses Projekt einer Flugabwehr-Korvette wieder verworfen. Wegen Haushaltskürzungen im Jahre 1964 entschied man über den Entwurf von Schiffen, die zusätzlich auch noch die Funktionen anderer Schiffe übernehmen sollten, so entstanden Entwürfe für eine weitere Fla-Korvette mit 2.100 bis 2.500 t, die Geschwindigkeiten von 22 bis 32 kn erreichen sollten. Als Bewaffnung wählte man wiederum das TARTAR-FK-Waffensystem aus den USA, ferner 8 x 40 mm Flak in Zwillingslafetten, wie auch U-Jagd und 4 x UTR als U-Boot-Abwehrsystem. Aber auch diesem Entwurf blieb die Realisierung versagt! Nach wiederholter Diskussion unterschiedlicher Alternativen fiel die Entscheidung zugunsten einer FK-Fregatte, die zuweilen auch als Fregatte 70 und schließlich als Klasse 121 bezeichnet wurde, deren Hauptabmessungen, Leistungsdaten und Bewaffnung in Tabelle 6 zusammengestellt sind.

Als bemerkenswert an diesem Entwurf ist der Umstand zu sehen, dass hier wieder die Gasturbine als Antrieb für die Höchstgeschwindigkeit und bereits das automatische digitale Datenverarbeitungssystem SATIR (System zur Auswertung taktischer Informationen auf Raketenzerstörern) vorgesehen wurde, das man in dieser Zeit gerade in Deutschland entwickelte. Zunächst war der Bau von vier Einheiten geplant. Zwar genehmigte der Haushaltsausschuss

1969 diese vier Einheiten, aber weitere Untersuchungen stellten jedoch sehr bald einen Preisanstieg auf 350 Mio. DM in Aussicht, was dazu führte, dass der Bundesfinanzminister das Projekt fallen ließ. Auch die Marine selbst hatte inzwischen erkannt, dass diese Schiffe für die Ostsee zu groß waren und für den wünschenswerten Einsatz in der Nordsee und im Atlantik fehlten ihnen der Bordhubschrauber. Somit kam das Projekt der Klasse 121 im Jahre 1971 zu einem Abschluss und wurde damit endgültig eingestellt.

Die facettenreiche Entwicklungsgeschichte des Projektes Klasse 121, die hier nur in groben Zügen beschrieben werden konnte und die ein Bild davon gibt, wie schnell sich die Entscheidungsgrundlagen damals änderten, ist aber auch kennzeichnend für eine Zeit des Wandels, in dem sich die Marinetechnik in der Zeit zwischen 1960 und 1970 befand. So fiel die Entscheidung, das Schiff auch mit einem Starter für Flugkörper auszurüsten, in jene Phase der Projektbearbeitung, als die sowjetische Marine ihre Schiffe verstärkt mit Raketen bewaffnete. Die vermehrte Einführung von bordgestützten Flugkörpern wurde noch zusätzlich beschleunigt, als es im Jahre 1967 sowjetischen Schnellbooten der OSA-Klasse unter ägyptischer Flagge gelang, den israelischen Zerstörer EILAT (ehemals HMS ZEALUS, Baujahr 1944) mit Seeziel-FK des Typs STYX zu versenken. So gehörten aber auch neben den Flugkörpern die großen Zentralrechner mit ihrer digitalen Software für das Führungs- und Waffeneinsatzsystem (FüWES) wie auch der Bordhubschrauber für die U-Jagd und ebenso die Gasturbine, mit der die personalintensiven Dampfantriebe abgelöst wurden, zu den neuen Komponenten, die in der Marinetechnik den technischen Umbruch bestimmten. Im Ergebnis führten die verschiedenen Entwicklungsschritte des

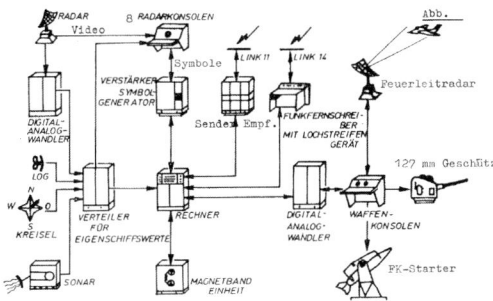

Funktionsschaubild des FüWES SATIR mit sog. »Punkt-zu-Punkt-Verbindung«, erstmalig an Bord der Klasse 103 implementiert (Slg. B+V)

Zerstörer, Klasse 103, ROMMEL (D 187) (Slg. Deutsches Marine Institut)

Projektes Klasse 121 im Jahre 1966 zu der Vergabe eines Bauauftrages über drei Zerstörer vom Typ CHARLES F. ADAMS in den USA bei Bath Iron Works zu einem Kaufpreis von damals 43,8 Mill. US Dollar je Schiff und schließlich im Jahre 1977 zum Bauauftrag über zunächst sechs Fregatten der Klasse 122.

5.2 Die Zerstörer der Klasse 103 (CHARLES F. ADAMS)

Für die Beschaffung der Zerstörer des Typs CHARLES F. ADAMS, die von der Bundesmarine als Klasse 103 klassifiziert wurden, waren unterschiedliche Motive maßgeblich. Zunächst waren volkswirtschaftliche und bündnispolitische Überlegungen ausschlaggebend, um das bestehende Zahlungsdefizit zwischen der Bundesrepublik Deutschland und den USA auszugleichen, um damit das Geld, das die US-amerikanischen Streitkräfte in Deutschland ausgaben, wieder als Kaufpreis für die zu akquirierenden Schiffe in den USA zu investieren. Ferner konnte die deutsche Bundesmarine damit einen seit langem eingeführten Schiffstyp mit erprobten Geräten zu einem festen Preis und zu festen Lieferbedingungen erwerben. Allerdings blieb unter diesen Bedingungen kaum

Spielraum für spezifische Wünsche der Bundesmarine, die mit dem Typ CHARLES F. ADAMS z.B. ein Schiff ohne Doppelboden in Dienst stellte, was einen radikalen Bruch mit den Konstruktionsprinzipien des deutschen Marineschiffbaus bedeutete. Nur in sehr beschränktem Umfang konnten Änderungswünsche der Bundesmarine berücksichtigt werden. Hierzu gehörten etwas verbesserte Mannschaftsunterkünfte, eine Bilgenwasserentölungsanlage und schließlich eine konstruktiv und baulich aufwendige Verlegung des Kielsonars in den Bug (Bugsonar) des Schiffes.

Maßgeblich für die Bundesmarine war es, dass sie mit dem Erwerb der drei Zerstörer erstmals Schiffe mit FK-Bewaffnung in Dienst stellen konnte, für deren gesamtes Waffensystem sie das FüWES mit der Software SATIR (System zur Auswertung taktischer Informationen auf Raketenzerstörern) entwickelt hatte. Mit SATIR gelang es der Bundesmarine als weltweit erster Marine, ein Rechnerprogramm (Software) für das Waffen- und Führungseinsatzsystem (FüWES) und damit für die Waffenleitung zu entwickeln, das auf einem Zentralrechner implementiert wurde, dessen Abmessungen so beschaffen waren, dass er an Bord eines Zerstörers eingebaut werden konnte. Dabei bediente man sich damals noch eines Verteilungsnetzes mit der sog. »Punkt-zu-Punkt-Verbindung«, bei der die Sensoren und die Waffen einzeln (»Punkt zu Punkt«) mit dem Rechner verknüpft werden. Das Konzept eines Verteilungsnetzes mit Punkt-zu-Punkt-Verbindung sollte fast 30 Jahre lang Standard des FüWES an Bord der Zerstörer, Fregatten und Schnellboote der Bundesmarine bleiben. Die Leistungsfähigkeit der an Bord deutscher Marineschiffe eingesetzten Führungs- und Waffeneinsatzsysteme wurde im Laufe der Jahre seit Einführung von SATIR fortlaufend durch mannigfaltige technische Verbesserungen bei Soft- und Hardware erhöht. Seit Ende der achtziger Jahre erhielt FüWES durch sog. LINK-Verfahren (LINK 11 und LINK 16) eine weitere und im wahrsten Sinne des Wortes weitreichende Verbesserung, mit der zwischen Rechnern, die sich an Bord der Schiffe, an Bord von Fluzeugen oder in Bodenstationen befinden, Lage- und Zieldaten im HF-Bereich unter Echtzeitbedingungen ausgetauscht und übertragen werden. FüWES mit SATIR und später mit LINK 11 gaben dem Überwasserschiff gegenüber Flugkörpern und Flugzeugen mit Überschallgeschwindigkeit jene Überlegenheit zurück, die sie sonst verloren hätten.

Zerstörer vom Typ CHARLES F. ADAMS verfügten über ein Magazin, das 40 TARTAR Mk 41-Flugkörper aufnahm. Trotz dieser hochmodernen elektronisch gesteuerten FK-Bewaffnung blieben die Schiffe des Typs CHARLES F. ADAMS mit ihrer Hochdruck-Heißdampf-Dampfanlage mit Dampfdrücken von 84,4 bar einer bereits zu damaliger Zeit veralteten Antriebstechnik verbunden, die nur wenige Jahre später durch die Gasturbine abgelöst wurde. Schon 1969, als die Schiffe vom Typ CHARLES F. ADAMS von der deutschen Bundesmarine in Dienst gestellt wurden, hatte nicht nur die Bundesmarine selbst mit dem CODAG-Antrieb ihrer Klasse 120, sondern auch die sowjetische Marine ab 1963 mit ihren Zerstörern der KASHIN-Klasse, die als erste sogar über eine COGAG – also über eine reine Gasturbinen-Anlage verfügte, umfangreiche Erfahrungen sammeln konnten. Auch die Royal Navy hatte 1966 mit ihren Zerstörern der COUNTY-Klasse ihre ersten Schiffe mit COSAG-Antrieb – also der Kombination von Dampf- und Gasturbinenantrieb – in Dienst gestellt. Ein weiterer Nachteil, der die Zerstörer des Typs CHARLES F. ADAMS sehr bald unmodern werden ließ, bestand in dem fehlenden Bordhubschrauber, der wenig später für Zerstörer und Fregatten obligatorisch wurde. So hatte die Royal Navy schon im Jahre 1960 mit dem Typ 12 (HMS ROTHESAY) die erste Fregatte mit einem Bordhubschrauber in Dienst gestellt und die sowjetische Marine folgte bald. So nimmt es nicht Wunder, dass mit den Planungen für das Projekt der Klasse 122 die Zeit gekommen war, um für die deutsche Bundesmarine eine Fregatte zu planen und zu projektieren, die sowohl über FK als auch über kombinierten Dieselmotoren- und Gasturbinenantrieb als auch erstmals über eine Hubschrauber-Komponente verfügte.

5.3 Die Fregatten der Klasse 122

Die vorbereitenden Arbeiten an dem Bauprogramm für die zunächst zwölf geplanten Fregatten der Klasse 122, mit denen sowohl die sechs Zerstörer der FLETCHER-Klasse als auch die sechs Fregatten der Klasse 120 ersetzt werden sollten, begannen in der Mitte des Jahres 1972 mit der Klärung grundsätzlicher Fragen über die Art der Kampfmittel, wie sie für den Einsatz in der Nordsee benötigt wurden. Das Ergebnis dieser Überlegungen und Analysen führte zu dem Konzept, mit dem weit mehr als

Komponente	BREMEN	KORTENAER
Hauptantriebsanlage	CODOG	COGOG
Gasturbinen	2 x GE LM 2500, 51 MW (US)	2 x RR Olympus TM 3B (UK)
Marschantrieb	2 x MTU 20 V 956 TB 92 (D)	2 x RR Tyne RM 1C (UK)
Getriebe	BHS Getriebe, Sonthofen (D)	Royal Schelde (NL)
Propeller	Escher Wyss (D)	Lips (NL)
Flossenstabilisierung	HDW – FK 20G (5,6 m²) (D)	Brown Brothers/UK
Nahbereichswaffe	2 x RAM (D/USA)	2 x Goalkeeper (NL)
FüWES	SATIR (D)	SEWACO (NL)
Rechner	AN/UYK – 43,Univac (C)	HSA, SMR 4 (NL)
Feuerleitradar	WM 25 / STIR (NL)	3 x STIR (NL)
Seeüberwachungsradar	DASA TRS-3D/32 (D)	LW 08 (NL)
Navigationsradar	SMA 3 RM 20	1 x ZW 06
Sonargerät	DSQS – 21, Krupp Atlas (D)	SQS 505 (Westingh.) (C)
Besatzungsunterkünfte	225 Mann	200 Mann (176 n. Automt.)

Tabelle 9: Klasse 122 und S-Fregatte, unterschiedliche Komponenten

bisher der Einsatz der zu projektierenden Fregatte im Verbund mit See- und Luftstreitkräften sowie landgestützten Kommandozentralen erreicht werden sollte. Mit diesem Konzept werden Einsätze des Schiffes in Friedenszeiten mit friedenssichernden sowie mit Konflikt verhindernden Missionen, mit Einsätzen in Spannungszeiten bis hin zu Einsätzen in bewaffneten Konflikten möglich gemacht. Somit bestand bald Klarheit darüber, dass es sich bei dem zukünftigen Waffensystem um eine Mehrzweckfregatte handeln sollte, die mit einer starken Hubschrauberkomponente, d.h. mit zwei Hubschraubern für die U-Jagd auszurüsten war, von denen der eine mit einem sog. Dipping Sonar das Auffinden und der andere mit einem 324 mm° Leichtgewichtstorpedo die Bekämpfung des U-Bootes zu übernehmen hatte. Neben den Fragen, wie die taktischen Aufgaben durch den neuen Fregattentyp zu lösen sind, waren sowohl rüstungs- als auch bündnispolitische Überlegungen zu bedenken. Eine hierfür einberufene Studiengrup-

Fregatte Klasse 122, (F 211) KÖLN, im Nord-Ostsee Kanal (Slg. B+V)

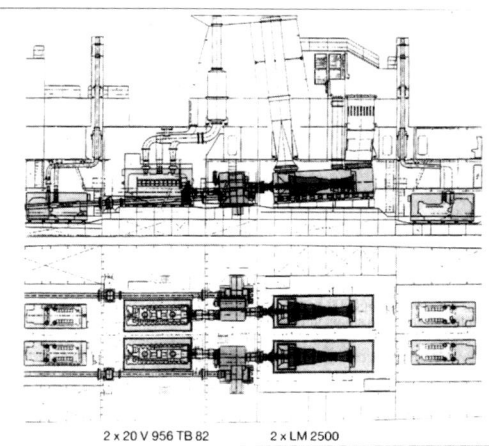

2 x 20 V 956 TB 82   2 x LM 2500

Klasse 122, Haupt- und Hilfsmaschinenräume mit senk-
rechter und separater Abgasführung hinter den E-Dieseln
(Bremer Vulkan)

pe, in der militärische und technisch-wirt-schaftliche Fachleute zusammenarbeiteten, empfahl – was für viele Jahre Grundsatz im Beschaffungswesen der Marine bleiben sollte – nur bereits verfügbares und insbesondere erprobtes Gerät zu berücksichtigen, um so das technische Risiko zu minimieren. So kam es im Jahre 1974 zur Taktischen Forderung für eine Mehrzweckfregatte mit einer starken ASW (Anti Submarine Warfare) Komponente mit zwei bordgestützten Hubschraubern sowie mit FK-Bewaffnung.

Die taktische Forderung enthielt aber auch die maßgebliche Empfehlung, bei der Planung, der Konstruktion und dem Bau der Schiffe nicht nur technische, sondern auch bündnispolitische und wirtschaftliche Überlegungen zu berücksichtigen und somit nach NATO-Partnern zu suchen, die in dem gemeinsamen Einsatzgebiet Nordsee gleiche Aufgaben zu erfüllen hatten. So übernahm die Bundesmarine die naheliegende Idee, fast gleichzeitig mit der niederländischen Marine und in Abstimmung mit ihr ein Schiffbauprogramm aufzulegen. Diese hatte mit ihrer »Standard«- oder »S«-Fregatte bereits einen hierfür geeigneten Schiffstyp

entwickelt, dessen Linien, d.h. dessen Rumpfform, sich auf den britischen Entwurf der Fregatte LEANDER zurückführen ließen. Den Linien der LEANDER, die sich seit 1961 im Einsatz befand, wurden besonders gute Seegangseigenschaften attestiert, so wie sie für die U-Jagd erforderlich sind. Dabei hatte sich die niederländische Marine sowohl von dem zwischenzeitlich angedachten langen als auch dem kurzen Backdeck, wie es für die LEANDER charakteristisch ist, verabschiedet und sich mit Rücksicht auf dessen verbesserte Festigkeit für ein Schiff mit durchgehendem Hauptdeck (»Glattdecker«) entschieden. Als Fregatten mit starker ASW-Komponente wurde von der Klasse 122 und der S-Fregatte gefordert, dass sie auch noch bei schwerer See U-Jagd-Aufgaben ausführen konnten. Hierfür war der erfolgreiche Sonareinsatz eine wesentliche Voraussetzung, was nur dann möglich ist, wenn der Sonardom bei Seegang möglichst lange getaucht bleibt; mit den Schiffslinien der britischen LEANDER hatte man hierfür ein bewährtes Konzept übernommen. Einen Beweis für hervorragende Seefähigkeit und solide Bauweise lieferte das Typschiff der Klasse 122, die BREMEN, während einer Probefahrt in der 48. Kalenderwoche, d.h. im Dezember des Jahres 1981, mit Windgeschwindigkeiten von 160 km/h und signifikanten Wellenhöhen von 10,0 m, die das Schiff ohne ernsthafte Beschädigung überstand!

Neben den Hauptabmessungen, Raumaufteilung und ihrer charakteristischen Gliederung der Aufbauten in drei Inseln (»Drei-Insel-Schiff«) etc. sind sich die Klasse 122 und die S-Fregatte in fast allen Äußerlichkeiten gleich oder sehr ähnlich.

Charakteristisch für beide ist z.B. die separate senkrechte Abgasführung aus den E-Werken. Mit ihren Komponenten im Bereich Antrieb, E-Versorgung, Schiffshilfsanlagen, Waffen und Sensoren unterscheiden sich die S-Fregatte und die Klasse 122 erheblich voneinander, wie dies mit der Geräteauswahl der Tabelle 9, die nicht den Anspruch auf Vollständigkeit erhebt, dokumentiert ist.

Mit dem Bau der Klasse 122 übernahm die Bundesmarine erstmals eine Fregatte mit CODOG-Antrieb, d.h. mit kombiniertem Diesel- oder Gasturbinenantrieb, mit zwei Dieselmotoren des Typs MTU 20V 956 TB 92 sowie erstmals zwei Gasturbinen von General Electric in den USA des Typs LM 2500. Diese Gasturbine, dessen Konstruktion von den Flugtriebwerken TF 39 und CF 6 von GE abgeleitet war, wurde innerhalb kürzester Zeit eines der weltweit erfolgreichsten Schiffsantriebs-Aggregate (engl. Prime Mover), von denen GE im Jahre 1980 bereits 321 Stück an elf verschiedene Marinen geliefert hatte. Der durchschlagende Erfolg, den die Gasturbine seit Mitte der sechziger Jahre für sich beanspruchen konnte, beruhte damals, wie auch dreißig Jahre später, in seiner ungemein großen Leistungskonzentration bei extrem geringem Gewicht, das im Fall der LM 2500 bei 4,7 t liegt; ein mittelschnell laufender Dieselmotor mit 400 U/min, der allein eine vergleichbare Leistung von ca. 20.000 kW lieferte, verfügt über ein Gewicht von 290 t!

Die Leistung der Gasturbine vom Typ LM 2500, wie sie für die Klasse 122 ausgewählt wurde, betrug 22.000 kW. Anders als dies noch bei dem Bauprogramm der Klasse 120 der Fall war, erhielt Escher Wyss 1977 den Auftrag zum Bau der insgesamt zwölf Propelleranlagen für die sechs Schiffe des ersten Loses und später auch noch für die vier Anlagen der zwei Nachfolgeschiffe der Klasse 122. Von dem Propeller wird verlangt, die von der Gasturbine gelieferte Drehleistung in möglichst hohe Schubleistung umzuwandeln, wozu ihn allein ein hoher Wirkungsgrad befähigt. Ferner wird von dem Propeller eines Marineschiffes

Fregatte, Klasse 120, dreiflügeliger Verstellpropeller mit symmetrischen Flügelblättern, 1960
(Bildarchiv Escher Wyss GmbH, Ravensburg)

Siebenflügeliger Verstellpropeller mit unsymmetrischen Flügelblättern mit Rücklage (skew back), versuchsweise an Bord der Klasse 122 eingebaut
(Bildarchiv Escher Wyss GmbH, Ravensburg)

erwartet, dass er geräusch- und vibrationsarm sowie möglichst lange kavitationsfrei bleibt. Um diese Forderungen, die ständig verschärft wurden, zu erfüllen, veränderten sich Entwurf und Erscheinungsbild der Propeller entscheidend: so setzte man bei der Klasse 122 die Zahl Propellerflügel von drei symmetrischen auf fünf unsymmetrische sichelförmige, d.h. mit »Rücklage« (engl. »skew back«) herauf. Beide Maßnahmen

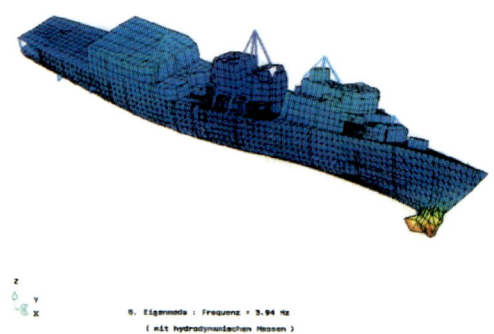

Klasse 122, erster umfassender Einsatz der Methode der Finiten Elementen (FEM) zur Berechnung von örtlichen Spannungen und Deformationen von Marineschiffen (Ingenieur Gemeinschaft Nord)

dienten der Klasse 122 dazu, die Druckimpulse des Propellers und damit die Geräuschabstrahlung zu verringern und das Kavitationsverhalten zu verbessern.

Welche Bedeutung die Deutsche Marine dem Geräuschverhalten gibt, beweist der Umstand, dass sie im Rahmen eines Forschungsvorhabens ein Schiff der Klasse 122 versuchsweise mit zwei siebenflügeligen Propellern der Firma Escher Wyss ausrüsten ließ, um damit die Geräuscharmut noch weiter zu steigern. Es ist das besondere Verdienst der Firma Escher Wyss, die es mit ihrem patentierten Konstruktionsprinzip der sog. »Zapfenlagerung« ermöglichte, die sieben Flügelblätter in der Propellernabe an das Hydrauliksystem der Verstelleinrichtung anzuschließen. Der Zukunft muss es überlassen bleiben, ob diese äußerst ehrgeizigen siebenflügeligen Konstruktionen zukünftig Eingang in den Fregatten- und Marineschiffbau finden.

Erstmalig wurden die Fregatten der Klasse 122 auch mit einer Flossenstabilisierungsanlage wie auch mit einem sog. Dauerschutz-Klima-System (DSK) mit ABC-Schutzeinrichtungen ausgerüstet, das seit Mitte der sechziger Jahre vorbereitet und ab Mitte der siebziger Jahre für alle

deutschen Überwasserschiffe obligatorisch wurde. Mit einer solchen Anlage wird ein großer Bereich des Schiffes, die sog. »Zitadelle«, mit ca. 5 mbar Überdruck gegenüber dem barometrischen Druck komplett luftdicht abgeschlossen, so dass im Fall von Leckage Luft aus- aber keine kontaminierte Luft eintreten kann! Nicht nur Hubschrauber, sondern auch weitere innovative Komponenten waren erstmalig auf einem in Deutschland zu bauenden Marineschiff zu integrieren: so erhielt der neue Schiffstyp sowohl Seeziel-FK vom Typ HARPOON als auch Luftabwehr-FK vom Typ NATO SEA SPARROW und – später als ursprünglich geplant – ab 1993 das Abwehrsystem RAM als »Nächstbereichswaffe«, das FK mit FK bekämpft! Als FüWES entschied man sich wieder für das SATIR-System mit einem Zentralrechner, das sich bereits an Bord der drei in den USA gebauten Zerstörer der Klasse 103 bewährt hatte.

Ein weiterer innovativer Aspekt war der erstmalige umfassende Einsatz von Rechnerprogrammen für die globale und örtliche Festigkeitsberechnung des Schiffskörpers und seiner Aufbauten nach der »Finite Elemente Methode« (FEM). Diese Methoden, mit denen man insbesondere die örtliche Festigkeit der Schiffskörper und ihrer Aufbauten sehr viel genauer berechnen kann, als dies früher möglich war, trugen wesentlich dazu bei, Stahlgewicht einzusparen, was für die Klasse 122 nicht zuletzt deshalb von Bedeutung war, als bis 1981 für Fregatten noch die von der WEU beschlossene Größenbeschränkung des Standard-Deplacements von 3.000 t galt. Bei dem Standard-Deplacement handelt es sich um das Gewicht des voll ausgerüsteten Schiffes in englischen tons – mit 1 ton = 1.016 kg – ohne den gesamten Kraftstoffvorrat des Schiffes.

Im Jahre 1975 wurden die damals fünf großen westdeutschen Werften (TNSW, BV,

AGW, B+V, HDW) aufgefordert, sich um die sog. »Definition« des Bauprogramms zu bewerben. Nach Auswertung aller eingereichten Angebote, die neben einer technischen Beschreibung auch sehr präzise Angaben über die organisatorischen, personellen und infrastrukturellen Voraussetzungen der Anbieter auch Angaben über deren Erfahrung und Managementplanung enthielten, wurden sowohl die Bremer Vulkan AG als auch die Blohm + Voss AG als geeignet angesehen, die Definition im Wettbewerb auszuarbeiten. Einer Auflage des Deutschen Bundestages folgend wurden unter der Führung jeweils einer der beiden ausgewählten Werften zwei Gruppen gebildet, die die Definitionsphase bearbeiteten. Zum Bau des zunächst auf sechs Fregatten begrenzten Programms wurden aber wieder alle fünf Werften aufgefordert, ein eigenes Preisangebot auszuarbeiten. Der MTG in Hamburg fiel dabei die Aufgabe zu, Verfahren zu ermitteln, mit denen die angebotenen Preise überschaubar und vergleichbar zu machen waren.

Nach gründlicher Auswertung der Definitionsarbeiten und der Preisangebote wurde mit einem Kabinettsbeschluss vom 15. Juni 1975 der Bremer Vulkan als Generalunternehmer für das Bauprogramm Klasse 122 ausgewählt. Das erste Schiff der Klasse 122 wurde am 27. September 1979 auf den Namen BREMEN getauft, womit die gesamte Schiffsklasse zuweilen auch als BREMEN-Klasse bezeichnet wird. Mit der Wahl des Bremer Vulkan zum Generalunternehmer war allerdings die Auflage verbunden, auch die übrigen vier Großwerften an dem Bauprogramm als Unterauftragnehmer zu beteiligen. Am 21.11.1977 wurde der Vertrag in Bonn zwischen dem BWB und Bremer Vulkan formell abgeschlossen und unterzeichnet.

Am 06.12.1985 vergab das BWB den Auftrag für den Bau von zwei weiteren Einheiten der Klasse 122, so dass schließlich von den ursprünglich zwölf geplanten Fregatten nur noch acht Einheiten gebaut wurden. Von diesen acht Schiffen des Programms bauten der Bremer Vulkan, die Thyssen Nordseewerke (TNSW) sowie die Blohm + Voss AG je zwei und die HDW, wie auch die AG Weser je eines der Schiffe. Für den Bau der zwei Einheiten des Programms, die die Bremer Vulkan AG selbst baute sowie für die witterungsunabhängige Ausrüstung aller acht Einheiten mit Waffen und Sensoren erstellte das Unternehmen ein überdachtes Trockendock, das sich seit 1997 im Besitz der Lürssen GmbH befindet. Das Bauprogramm, das mit der Indienststellung des achten Schiffes – der LÜBECK – im Jahre 1990 abgeschlossen wurde, demonstrierte aber auch eindrucksvoll, wie schwer – beinahe unmöglich – es ist, die gegensätzlichen wirtschaftlichen, technologischen und industriepolitischen Interessen der beteiligten NATO-Partner so zu vereinbaren, dass der gewünschte Erfolg der Kostendämpfung bei der Beschaffung von militärischem Großgerät zu erreichen ist. Bei gleichen Hauptabmessungen und großer Ähnlichkeit bei den Aufbauten, kurz bei fast gleicher äußerlichen Erscheinung, bei gleichen Aufgaben und bei gleichem Einsatzgebiet von deutscher F 122 und niederländischer »S-Fregatte« unterscheiden sich die beiden Fregatten dennoch in fast allen ihren preisbestimmenden Komponenten, wie dies mit der Tabelle 7 gezeigt wird. Bei späteren Bauprogrammen hat man aus diesen Erfahrungen die geeigneten Schlüsse gezogen und von vornherein nur noch die gemeinsame Entwicklung von Komponenten – nicht aber von Schiffstypen – geplant. Die Fregatten der Klasse 122 haben sowohl in den Jahren des Kalten Krieges als auch danach bei zahlreichen Einsätzen im Auftrag von supranationalen Organisationen äußerst wertvolle Dienste geleistet,

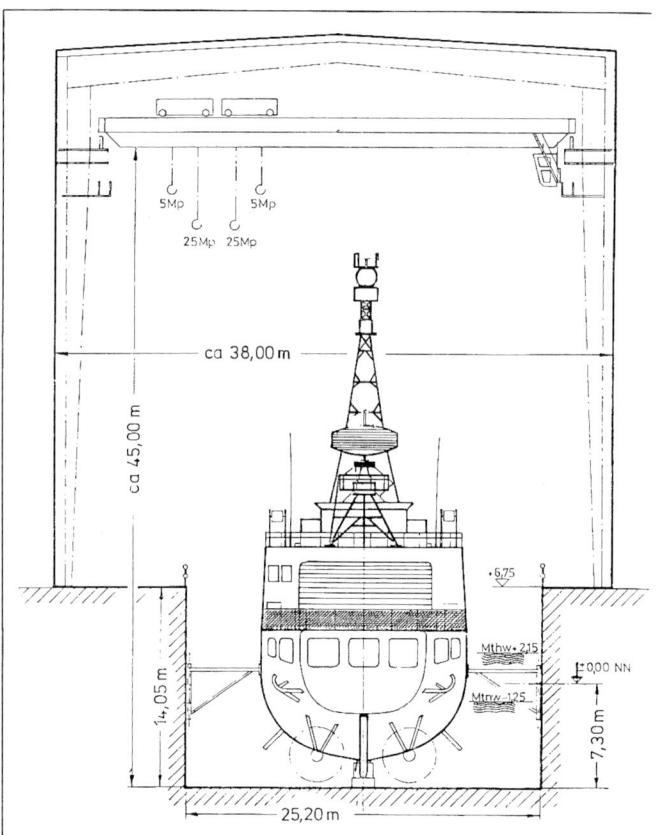

Bremer Vulkan, ~ 1980, Fregatte Klasse 122 im überdachten Baudock (Trockendock) (Bremer Vulkan)

die sie zu den sog. »Arbeitspferden« der Flotte machten.

Seit 2003 werden beim BWB und der Industrie Vorbereitungen getroffen, die acht Einheiten der Klasse 122 ab 2012 durch die Fregatten der Klasse 125 zu ersetzen.

6. Das MEKO-Konzept von Blohm + Voss

Noch viele Jahre nach dem 2. Weltkrieg wurden Waffen und Sensoren einzeln mit der Stahlkonstruktion eines Marineschiffes verbunden und die peripheren Geräte, die zu ihrem Betrieb erforderlich waren, wurden je »nach Örtlichkeit« eingebaut. Während der sechziger Jahre machte man mit den Zerstörern der Klasse 101 und den Fregatten der Klasse 120 die Erfahrung, dass dieser herkömmliche Einbau von Waffen und Sensoren in die Schiffskonstruktion zu sehr personalintensiven und zeitraubenden Wartungs- und Instandsetzungsarbeiten führte. Es wurde insbesondere erkennbar,

dass die so vorgenommene konventionelle Bauweise während der Lebensdauer von Marineschiffen zu Instandhaltungskosten führte, die in ihrer Summe teilweise sogar höher lagen, als die Neubaukosten für die Schiffe selbst. Da vorhersehbar war, dass die sog. »Packungsdichte« der Kampfschiffe zukünftig nicht geringer, sondern noch dichter werden würde, entschloß sich die Werft Blohm + Voss in Hamburg 1971 die drängenden Probleme kostengünstiger Bauweise, zeitsparender Wartung und der raschen Reparatur, resp. des unverzüglichen Geräteaustauschs an Bord moderner

Das MEKO-Konzept von Blohm + Voss, 1977, Explosionsbild (Slg. B+V)

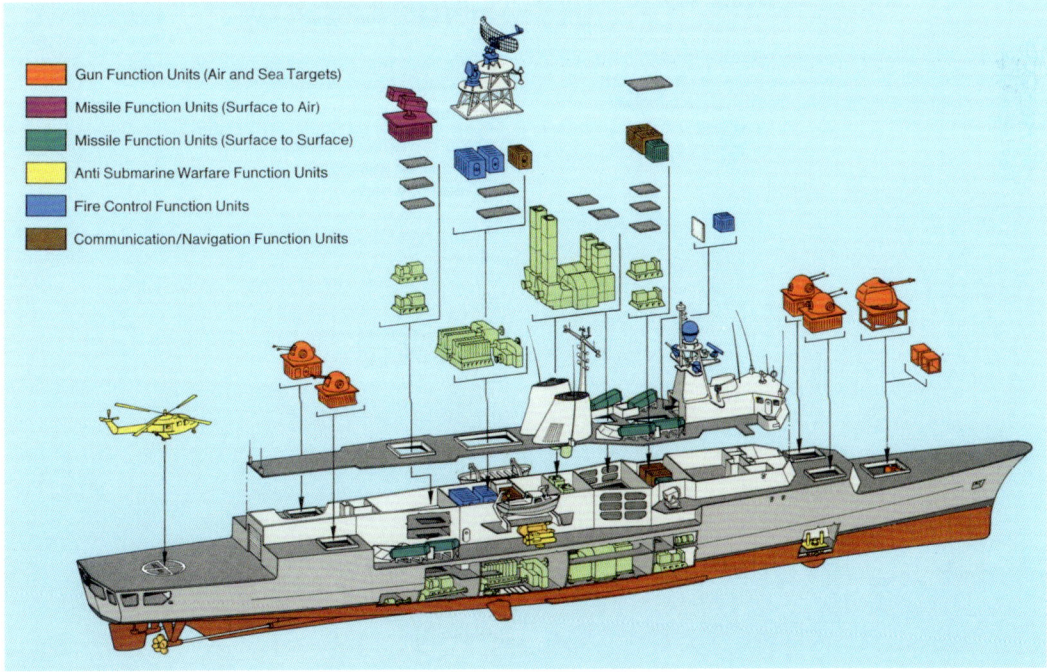

*MEKO-Waffencontainer
mit US-amerikanischer
5-Zoll-Rohrwaffe MK 45
MOD 1 von FMC Corp.
(Slg. B+V)*

und komplexer Kriegsschiffe von Grund auf zu überdenken. Dabei standen folgende Entwicklungsziele im Mittelpunkt:

1. Installation moderner Waffen- und Elektronikanlagen mit solchen Methoden, mit denen sowohl die Bauzeiten als auch die Kosten für den Neubau verringert werden konnten.
2. Die Flexibilität des Entwurfs so zu gestalten, dass mit ein- und derselben Konstruktion unterschiedliche technische und operationelle Forderungen erfüllt werden können.
3. Durch eine Verringerung der Werft- oder Arsenalliegezeiten sowohl die Kosten für Wartung, Instandhaltung, Reparatur, Umbau und Modernisierung

(sog. »Life Cycle Costs«) zu verringern als auch die Verfügbarkeit der Schiffe zu vergrößern.

Wie auch in anderen Bereichen der Technik, insbesondere der elektronischen Industrie, zeigte sich, dass diese Forderungen am besten mit der Modularisierung der betroffenen Komponenten zu erfüllen waren. Durch den Zusammenschluss von Waffe, resp. Sensor, mit einem standardisierten Container, in dem sämtliche Geräte zum Betrieb der Waffe oder des Sensors zusammengefasst sind, ließ sich eine autarke Funktionseinheit – oder ein »Modul« – schaffen. Sobald die Module über Schnittstellen an das Betriebssystem des Schiffes

Das MEKO-Konzept von Blohm + Voss

angeschlossen sind, um so mit Energie, Kühlung, Lüftung und Daten versorgt zu werden, sind sie voll funktionstüchtig und einsatzbereit. Voraussetzung für die so beschriebene »Integration« der Funktionseinheiten ist eine Schiffskonstruktion – auch Plattform genannt – die über ebenso standardisierte Öffnungen verfügt, die diese Module aufnehmen. Die so geschaffenen Öffnungen dienen sodann bei der Instandsetzung, Wartung oder bei der Reparatur nach einem Schadensfall auch als Ein- und Ausbauweg für die unterhalb der Decksöffnungen angeordneten Geräte. Für dieses Konstruktionsprinzip bürgerte sich sehr rasch die Bezeichnung MEKO-Konzept ein, wobei MEKO als Akronym für »Mehrzweck-Kombination« verwendet wird.

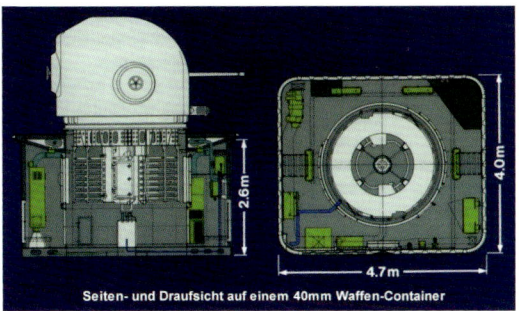

Abmessungen, Waffencontainer mit 40 mm-Luftabwehr-Kanone (Slg. B+V)

6.1 Die Funktionseinheiten (Module)

Waffen- und Elektronikmodule unterscheiden sich in ihrem konstruktiven Aufbau: ein Waffenmodul besteht aus der Waffe selbst, die auf einem Deckel montiert ist, der gleichzeitig deren Fundament bildet und unter dem der Container hängt, der die Geräte-Peripherie der Waffe aufnimmt. Die Abmessungen der Deckel sowie der Waffencontainer sind so abgestuft, dass jeweils die Länge des kleineren der Breite des größeren Deckels oder Moduls entspricht; somit verfügt das große Modul über eine Länge von 4,7 und über eine Breite von 4,1 m und das kleinere über eine Länge von 4,1 m und eine Breite von 3,5 m und einer frei wählbaren Höhe. Ganz anders verhält es sich mit den Elektronikmodulen, für die eine Standardbreite von 2,40 m und eine Höhe von ebenfalls 2,40 m gewählt wurde und deren Länge auf wählbare Größen von 3,0; 3,6; 4.2 und 4,8 m abgestuft ist. Im Gegensatz zu den »hart« eingebauten

Waffencontainern erhalten die Elektronik-Container an ihrer Unterseite elastische Schwingmetalle (Schockdämpfer), die sie schwingungstechnisch vom Schiff entkoppeln und so vermeiden, dass die im Container aufgestellten Geräte einzeln elastisch und schocksicher gelagert werden müssten! Elektronik-Container finden in den Zwischen- oder auch in den Aufbaudecks ihre Aufstellung, wobei der mit ihnen verbundene Sensor selbst zuweilen in einer Entfernung von einem oder – vereinzelt auch – mehreren Decks angeordnet sein kann.

Im Zuge seiner Entwicklung führte das MEKO-Konzept zu Modulen sehr unterschiedlicher konstruktiver Ausführung. So entstanden bald nach den Containern auch einfache Rahmengestelle, die zur Aufnahme eines 5-Zoll-Geschützturms (z.B. von OTO-Melara) geeignet sind. Eine wichtige Rolle in dem MEKO-Konzept übernehmen auch die in ihren Abmessungen standardisierten Paletten, die auf Schwingmetalle gesetzt, als schocksichere Böden und zur Aufnahme von Bedienkonsolen sowohl in der OPZ als auch im Maschinenkontrollraum (MKR) oder auf der Brücke Verwendung finden.

Eine weitere Ergänzung des modularen Konzeptes stellt das von B+V erstmals für die argentinische Fregatte MEKO 360 H2 entwickelte Mastmodul dar, bei dem das Magazin für den AAW-FK-Starter vom Typ

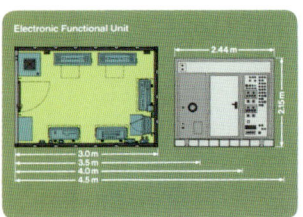

Abmessungen, Elektronikcontainer (Slg. B+V)

ren Lösungen für ein Mastmodul diente das gemeinsame Fundament von zwei Radargeräten (Feuerleitung und Überwachung) zur Aufnahme der Elektronik-Container für diese beiden Sensoren, wie beispielsweise an Bord der Klasse 123.

Schließlich werden MEKO-Schiffe mit sog. LÜFE's (Lüftung-Funktionseinheiten) ausgerüstet, die jeweils mit einer Klima- und Lüftungsanlage ausgestattet sind, die dann die gesamte Schiffsabteilung, in der sie aufgestellt sind, über vertikal verlaufende Schächte klimatechnisch versorgen. Dabei werden diese LÜFE's, analog zu den W+E-Containern, über standardisierte Schnittstellen mit elektrischer Energie, mit Wasser und mit Daten versorgt.

6.2 Das MEKO-Schiff

Das MEKO-Konzept erfordert ein Schiff, das an Oberdeck über so dimensionierte Decksöffnungen verfügt, die die Waffenmodule aufnehmen und durch die hindurch die Elektronikmodule in die unteren Decks geführt werden können. Diese Decksöffnungen werden mit Süllen ausreichend ausgesteift, um so die durch die Öffnung selbst geschwächte Festigkeit des Decks wieder zu kompensieren. Mit einer Reihe konstruktiver Detaillösungen konnte sichergestellt werden, dass die Waffe mit ihrem Deckel als Fundament und mit Hilfe von Epoxyharz als Vergussmasse mit hoher Einbaugenauigkeit zum Schiffs-Referenzsystem ausgerichtet und so an das Süll der Decksöffnung angeschlossen wird, dass die Verbindung sowohl wasserdicht bleibt als auch elastische Schwingungen dämpft, wenn – wie im Fall einer Rohrwaffe – Dauerfeuer geschossen wird. Die Dämpfung durch die Vergussmasse stellt aber auch sicher, dass bei einem solchen Dauerfeuer die Treffergenauigkeit nicht leidet, weil die

Bordmontage eines Mastmoduls als eigenständige Funktionseinheit

ASPIDE in das gemeinsame Fundament des Mastes für das Überwachungsradar DA 08 sowie für das Feuerleitradargerät STIR integriert wird. Die Peripherie für die beiden Sensoren STIR und DA 08 ist in zwei Elektronik-Containern untergebracht, die sich bei dieser Lösung in den Decks unterhalb des Mastmoduls befinden. Bei späte-

unvermeidbaren elastischen Deformationen in der Fundamentierung durch jeden vorangegangenen Schuhs zum Zeitpunkt des folgenden wieder auf Null abgeklungen sind. Hierzu wurden am Anfang der Entwicklung umfangreiche Untersuchungen und Messungen auf dem Erprobungsgelände der Bundeswehr in Meppen sowie 1974 an Bord des Zerstörers Z 4 mit einem 76 mm Geschütz von OTO-Melara durchgeführt.

Das MEKO-Konzept führt zu einer Schiffskonstruktion, die in einem besonders hohen Maße auf die logistischen Forderungen der modernen Marinen Rücksicht nimmt. Neben dem wesentlichen Baustein

einer autarken Funktionseinheit (Modul) gehört hierzu auch die Forderung nach ausreichend bemessenen Ein- und Ausbauwegen, durch die sowohl die Funktionseinheiten selbst als auch die tief im Innern des Schiffes gelegenen vielfältigen Geräte und Ausrüstungsgegenstände transportiert werden können, um anschließend gewartet, repariert, ausgetauscht oder modernisiert zu werden. Mit den Decksöffnungen zur Aufnahme von Funktionseinheiten sind die Ausbauwege im Gesamtentwurf fixiert. Somit sind die Geräte, Komponenten, Aggregate, Bauteile etc. der Antriebsanlagen, der E-Versorgung und der Schiffsbetriebs-

Zerstörer Z 4 (ehemals USS CLAXTON) mit erstem Waffencontainer und einer 3-Zoll-Kanone von OTO Melara zur Borderprobung (Slg. B+V)

Das MEKO-Schiff mit seinen standardisierten Decksöffnungen zur Aufnahme der Waffencontainer (Funktionseinheiten) (Slg. B+V)

das MEKO-Schiff zur Standard-Plattform, das dann die Vorteile der Modularisierung uneingeschränkt nutzen kann.

Mit diesen wenigen Hinweisen soll deutlich gemacht werden, wie sehr die Forderungen nach Senkung der Kosten für die Instandhaltung und Modernisierung den Gesamtentwurf und die Stahlkonstruktion der MEKO-Schiffe beherrschen und damit das MEKO-Konzept begründen. Der größte Teil der Geräte, insbesondere bei Waffen und Sensoren, die heutzutage in die Schiffe eingebaut werden, sind mit elektronischen Bausteinen, d.h. mit Chips ausgestattet, die nach dem MOORESCHEN Gesetz – so genannt nach dem Gründer von der Firma Intel – ihre Speicherkapazität alle zwei Jahre verdoppeln. Mithin erklärt dies die durchschnittliche Lebensdauer einer Gerätegeneration bei den Komponenten von Waffen und Elektronik von nur drei Jahren.

Das MEKO-Konzept bietet u.a. den großen Vorteil, den Fertigungsprozess des komplexen Marineschiffes dadurch zu entzerren, dass die sensiblen feinmechanischen Waffen und Sensoren beim Gerätehersteller mit ihren Containern zu Funktionseinheiten zusammengebaut werden, während die Stahlkonstruktion des Schiffes zeitlich parallel dazu auf der Werft gefertigt wird, ohne dass dabei eine gegenseitige Behinderung entstehen kann. Sind Waffen und Sensoren zu Funktionseinheiten zusammengebaut, so sind sie betriebsbereit und können beim Hersteller den notwendigen Erprobungen (»Factory Acceptance Test«) in Ausführlichkeit unterzogen werden.

Die so geprüften Funktionseinheiten können dann – müssen aber nicht – als Ganzes, d.h. ohne vorherige Demontage, zu einem geeigneten Zeitpunkt zur Schiffswerft überführt und in das MEKO-Schiff eingebaut werden. Der so organisierte Ablauf der Bordmontage von Waffen und Elektronikausrüstung, wie er durch das

technik in den Schiffsräumen konsequent und sinnfällig so anzuordnen, dass sie die durch die Decksöffnungen geschaffenen Ein- und Ausbauwege auch optimal nutzen können. Da sämtliche Waffen- und Elektronik-Container ausschließlich vertikale Ausbauwege benötigen, wird die Geometrie der Stahlkonstruktion auch hierauf ausgerichtet. Dies führt zu strikter Gliederung der Stahlkonstruktion in definierte rasterförmige, d.h. orthogonal zueinander stehende senkrechte Ebenen, in denen allein nur die tragenden Schiffsverbände, wie durchlaufende Längsträger und quer dazu stehende Rahmenverbände angeordnet werden dürfen, um so von vornherein sicherzustellen, dass die freien Ausbauwege Teil der Stahlkonstruktion bleiben. Durch eine so beschaffene Stahlkonstruktion wird

Das MEKO-Konzept von Blohm + Voss

MEKO-Konzept ermöglicht wird, erlaubt es, dass beispielsweise alle 30 Funktionseinheiten, wie sie an Bord einer Fregatte vom Typ MEKO 200 benötigt werden, in nur 15 Arbeitstagen in das Schiff eingebaut und betriebsfertig angeschlossen werden konnten. Neben der Verringerung der Bauzeit trägt die örtlich separate und zeitlich parallele Fertigung von Schiff und Funktionseinheiten zu einer Qualitätssteigerung bei, weil die sonst bei konventioneller Bauweise übliche Überschneidung von Geräteeinbau mit sog. »heißen« Arbeiten am Schiff selbst, d.h. von Schweiß- und Brennarbeiten vermieden wird. Seit der Auftragserteilung für das erste MEKO-Schiff im Jahre 1977, der Fregatte NNS ARADU für die nigerianische Marine, hat Blohm + Voss bis 2006 in den eigenen Werkstätten insgesamt 1.400 Module, d.h. Container, Rahmengestelle, Paletten, LÜFE's und Mastmodule, gebaut.

6.3 Feuerleitung, Standard-Netzarchitektur und Intelligente Funktionseinheiten IFE's

Mit der Einführung der Turmgeschütze an Bord der Kriegsschiffe, die sich drehen ließen, über große horizontale und vertikale Bestreichungswinkel verfügten und sich so – unabhängig vom Kurs des Schiffes – auf das Ziel ausrichten konnten, ergab sich die Notwendigkeit, eine Feuerleitung an Bord der Schiffe einzuführen, mit der das wirkungsvolle Bekämpfen von gegnerischen Zielen organisiert werden konnte. Mit fortschreitender Technik konnte man durch Kombination von Befehlsübermittlern mit dem Kreiselkompass, verschiedenen Logs sowie mit optischen, elektrischen und feinmechanischen Mess- und Rechengeräten bis in die Zeit des 2. Weltkriegs die Feuerleitung fortlaufend verbessern und perfek-

Das Datenverteilungsnetz mit der festprogrammierten Standardschnittstelle mit dem deutsch-englischen Akronym MICE (= Multi Interface Computer Einheit) sowie dem »Daten Informations Link« (DIAL) (Slg. B+V)

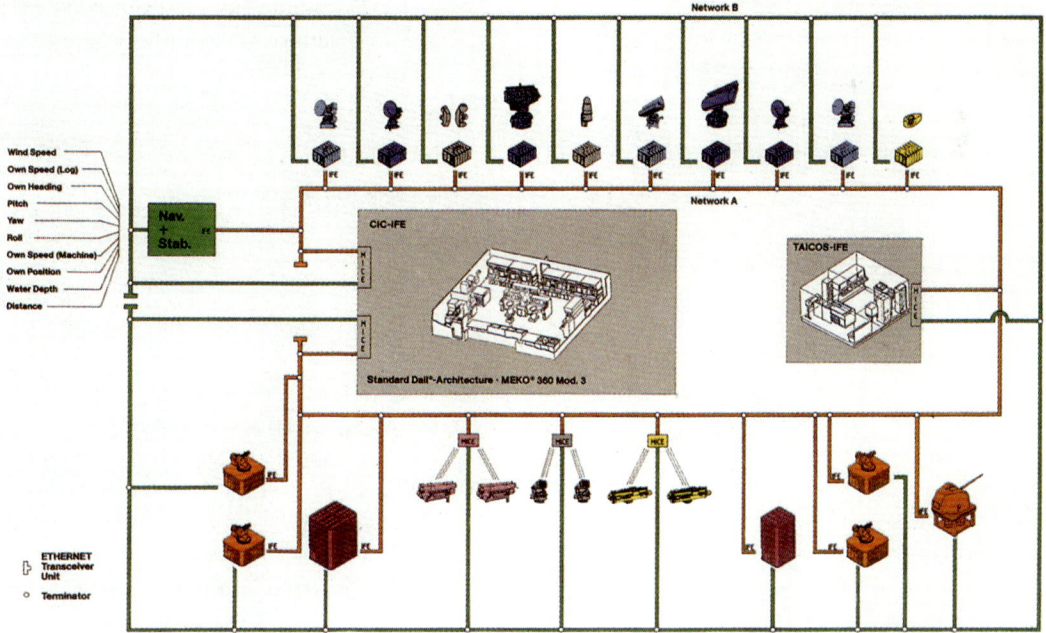

tionieren. Mit immer schnelleren Flugzeugen, deren Anzahl bereits im 2. Weltkrieg beständig wuchs, stieg auch die Bedrohung aus der Luft, die zu immer kürzeren Reaktionszeiten führte und was zunächst den Übergang der Feuerleitung von elektromechanischer zu analoger Technik erforderlich machte. Aber auch die analogen Rechner blieben eine Übergangslösung und es gehört zu den Verdiensten der US Navy, dass sie erstmals im Jahre 1955 mit den zu dieser Zeit verfügbaren digitalen Rechnern begann, die Datenflut, die mit Hilfe der Radargeräte gewonnen wurde, für die Zwecke der Feuerleitung zu verarbeiten. Hierfür hatte die US Navy das Führungssystem und die hierfür erforderliche Software, d.h. das Rechenprogramm NTDS, das Naval Tactical Data System, entwickelt. Auf dem NTDS aufbauend schuf man bei der Bundesmarine in der Mitte der sechziger Jahre das bereits vorgestellte SATIR-System, das an Bord von Zerstörern der Klasse 103 und den Fregatten der Klasse 122 sowie der Klasse 123 zum Einsatz kam!

Vor diesem Hintergrund lag es nahe, die Funktionseinheiten informationstechnisch für die Zwecke der Feuerleitung in das Datenverteilungskonzept des Führungssystems zu integrieren, das zu Anfang der Entwicklung noch aus Punkt-zu-Punkt-Verbindungen bestand. Analog zu der mechanischen Verknüpfung von Standard-Containern mit einer Standard-Plattform wurde eine ebenso standardisierte Datenverteilung entwickelt, die jede denkbare Gerätekombination digital einbindet und verbindet, um so die Vorteile der Modularisierung voll nutzen zu können. Um Kabellängen und die Zahl der Verzweigungspunkte zu verringern, wählte man ein ETHERNET-Verteilungsnetz, das die Funktionseinheiten über ihre Standardschnittstellen miteinander verbindet.

Hiermit beschritt Blohm + Voss einen Weg, der bei der Punkt-zu-Punkt-Verbin-

dung des SATIR-Systems begann und nach ca. 25 Jahren zu einer modernen Bus-Architektur mit Glasfaserkabel und »Realtime-Bedingungen« führte, wie sie an Bord der Fregatten der Klasse 124 integriert sind.

Wesentliches Merkmal des Datenverteilungsnetzes wurde die fest programmierbare Standardschnittstelle, die damals als MICE = Multi Interface Computer Einheit bezeichnet wurde, mit der jede Funktionseinheit ausgerüstet wurde und die ihr eine eigene Intelligenz verlieh, weshalb sie fortan auch als IFE, als Intelligente Funktionseinheit bezeichnet wird. Damit wird digital die gewünschte Kompatibilität der verschiedenen Geräte verschiedener Hersteller ermöglicht. Über Analog-Digital-(AD-) Wandler, wird es möglich, auch analoge Hardware einzubinden. Mit ihrem eigenen – zunächst nur – fest programmierbaren Prozessor macht die MICE einen ersten Schritt auf dem Weg zur Einführung dezentraler Rechenkapazität an Bord von Überwasser-Marineschiffen.

Der digitale Datentransfer zwischen den Geräten, d.h. zwischen deren Schnittstellen, den MICE'n, wird über das DAIL, das »Daten Informations Link«-System, organisiert. Dabei wird die Verbindung (engl. »Link«) durch zwei lokale Netzwerke (LAN = Local Area Network) vom Typ ETHERNET IEEE 802 (= Institute of Electrical and Electronic Engineers, Arbeitsgruppe 802) vorgenommen. Die beiden ETHERNET-Netzwerke A und B sind redundant und somit kann im Schadensfall ein Netz die Funktion des anderen übernehmen; die Netze bestanden anfangs aus Koaxialkabel, die aber an Bord der neueren Schiffe durch Glasfaserkabel ersetzt werden:

Netzwerk A transferiert die Daten zwischen den Ein- und Ausgabe-MICE'n der OPZ, deren Rechner sowie den Sensoren.

Netzwerk B verteilt über seine MICE sämtliche sog. »Navigationsdaten«, die über die Kreisel, das Geschwindigkeitslog, das Windanenometer, den Autopiloten, das Echolog, den Chronometer (Borduhr), den Magnetkompass etc. gewonnen werden, an die in der OPZ untergebrachten Rechnerkonsolen sowie an die Waffen und Sensoren.

Mit der MICE-DAIL-Netzwerk-Architektur für die Datenverteilung des FüWES, die Blohm + Voss in ihre Exportfregatten für Portugal, Griechenland, Neuseeland und Australien implementierte, gelang es erstmals, sich von der traditionellen Punkt-zu-Punkt-Verbindung zu lösen und diese durch einen Datenbus zu ersetzen. Im Fall der Fregatte für Griechenland hatte man auch bereits den Zentralrechner durch einen zweiten – redundanten – Rechner ergänzt. Damit gelang es, die für Marineschiffe entscheidende Redundanz auch bei den überlebenswichtigen Datenverteilungssystemen schrittweise vorzubereiten und einzuführen. Durch die gleichzeitige Verwendung des Koaxialkabels in Verbindung mit ETHERNET IEEE 802 erreichte man schließlich Datenübertragungsraten unter Echtzeitbedingungen!

Nicht zuletzt auch zur Erhöhung ihrer Standkraft verfügen moderne MEKO-Fregatten, zu denen auch die Schiffe der Klasse 124 gehören, über mehrere redundante Netze, mit denen sowohl die an Bord benötigten Radar-, TV-, Video- und Bildinformationen zur Verfügung gestellt werden. Moderne Führungssysteme schließen Netze ein, mit denen Informationen aus den Bereichen Navigation, Kommunikation, Waffenleitung bis hin zu Logistik und Administration übermittelt werden; aber auch das IMCS (Integrated Monitoring and Control System) für die Haupt- und Hilfsmaschinenanlagen sowie für die Schiffsbetriebstechnik an Bord der Klasse 124 verfügen über ein solches Datennetz für deren Überwachung, Kontrolle und Steuerung.

Montage des Multifunktionsradars APAR (Active Phased Array Radar) als eigenes Modul (Slg. B+V)

Als Ergebnis einer 25-jährigen Entwicklung, die mit dem MEKO-Konzept ihren Anfang nahm, wurde es Blohm + Voss schließlich möglich, der Deutschen Marine das FüWES der Klasse 124 als integriertes Informations- und Führungssystem zu liefern, das über ein redundantes ATM (Asynchronous Transfer Mode) Netzwerk mit Echtzeit-Qualitäten verfügt, welches sämtliche Komponenten eines modernen Waffensystems über einen Datenbus zusammenführt. Dieses ATM-Netzwerk der Klasse 124, für das EADS – gemeinsam mit Thales und Atlas-Elektronik – die operationelle Programmsoftware CDS (Combat Direction System) entwickelt und implementiert hat, verteilt sich auf ein redundantes Daten-Bus-System sowie auf das Bild-Übertragungsnetz CATV (Community Antenna Television). Die beiden Daten-Bus-Systeme sind aus den Netzwerken A und B der Exportfregatten von Blohm + Voss hervorgegangen. Die Verknüpfungspunkte zwischen den beiden Netzen und den Effektoren, Sensoren sowie den Rechnerkonsolen (MFC – Multifunction Console) sind die BIU's – die Bus Interface Units –, die als eine leistungsfähigere – weil nicht mehr nur festprogrammierbare – Weiterentwicklung aus der MICE hervorgegangen ist. Das CATV sammelt die Videos der Radar-, Fernseh- oder IR- Sensoren und verteilt sie auf die Monitore der Multifunktions-Konsolen in der OPZ.

Die leistungsfähige Übertragungstechnik unter Echtzeit-Bedingung, wie sie das Netzwerk des FüWES an Bord der Klasse 124 in Verbindung mit den 17 dezentral aufgestellten Rechnern in der OPZ möglich macht, führt zu einem bisher nicht gekannten Höchstmaß an Kampfkraft, Flexibilität und Zuverlässigkeit. Damit sind die Voraussetzungen geschaffen, um in Verbindung mit dem an Bord der Klasse 124 installierten Multifunktionsradar APAR (Active Phased Array), in einer Entfernung von 400 km etwa 1.000 Luftziele zu erfassen, von denen eine große Zahl von Zielen gleichzeitig im Umkreis von 100 km bekämpft werden könne. Mit APAR hat die europäische marinetechnische Industrie eine wettbewerbsfähige Alternative zu dem US-amerikanischen Multifunktionsradar AEGIS geschaffen.

6.4 Weiterentwicklungen des MEKO-Konzeptes

Mit der fortlaufenden Entwicklung unterschiedlicher Konstruktionen von Funktionseinheiten war Blohm + Voss auch vor die Aufgabe gestellt, die auf dem internationalen Markt verfügbaren Waffen und Sensoren daraufhin zu untersuchen, ob und wie weit sie für die Modularisierung im Sinne des MEKO-Konzeptes geeignet waren. Die überaus große Flexibilität des MEKO-Konzeptes, wie auch die leistungsfähigen Schnittstellen MICE und BIU, machten es möglich, sehr unterschiedliche Kombinationen von Waffen, Sensoren und Rechnern kompatibel zu machen und an Bord von MEKO-Schiffen, zu einem Gesamtsystem zu integrieren.

Herkunftsländer dieser Geräte sind: USA, Italien, Frankreich, Großbritannien, Niederlande, Kanada, Schweiz, Schweden und Deutschland. Eine besondere Anpassung wurde dabei zwischen dem US-amerikanischen Ship System Engineering Standards (SSES) und den MEKO-Standards für Integration der Kanister für senkrecht startende FK vorgenommen, die sich über zwei oder drei Decks erstrecken können. Dabei sind die Kanisterquerschnitte und -längen, wie sie an Bord der MEKO-Schiffe verwendet werden, denen der US-Navy gleichgestellt und auf die Abmessungen der Decksöffnungen von MEKO-Schiffen ausgelegt.

6.4.1 Abteilungsautarkie

Konventionelle Entwürfe von Marineschiffe »leiden« darunter, dass ihre Versorgungsstränge, wie sie für Klima-, Lüftung-, Energie- und Datenverteilungssysteme sowie für Seewasser-, Sprüh- und Feuerlöschsysteme benötigt werden, durch die wasserdichten Querschotte der Stahlkonstruktion des Schiffes geführt werden müssen. Für die Schiffssicherung ist es aber erforderlich, die Zahl der Durchbrüche durch diese wasserdichten Querschotte so gering wie möglich zu gestalten. Ringleitungen, wie sie im Fall des Seewasser-Feuerlöschsystems anzutreffen sind, ebenso aber auch die durch die Schotten geführten Klima- und Lüftungskanäle sind anfällig gegen Trefferwirkungen. Um für diesen Komplex der Schiffssicherung eine Lösung zu finden,

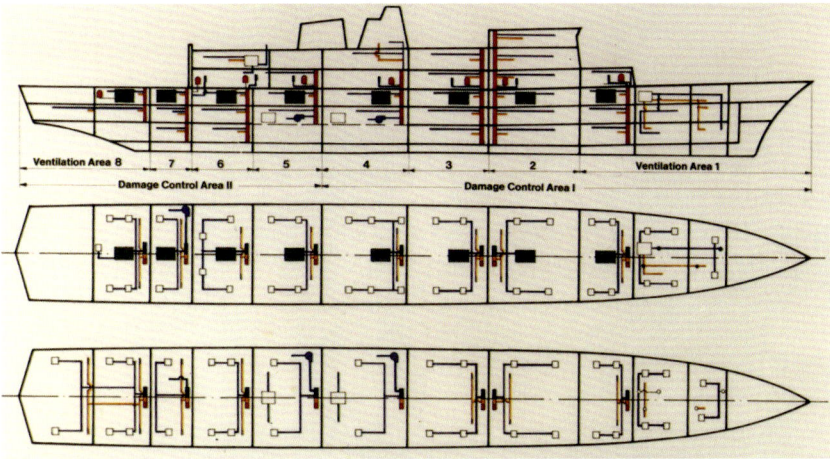

entwickelte man bei B+V in Verbindung mit der Modularisierung das Konzept der sog. Abteilungsautarkie, mit dem für verschiedene Bereiche der Schiffsbetriebstechnik von einer zentralen auf eine dezentrale Versorgung umgeschaltet wurde. Abteilungsautarkie leistet auch einen ganz wesentlichen Beitrag zur Erhöhung der Standkraft, die dem Schiff die Fähigkeit verleiht, auch nach schweren Beschädigungen schwimm- und kampffähig zu bleiben.

Die konventionelle zentrale Klimatisierung und Belüftung der Marineschiffe mit horizontal verlegten Lüftungsschächten führen insbesondere im Brandfall zur Ausbreitung von Brandgasen, die dazu beitragen, dass sich Sekundärbrände und dichter Qualm ausbreiten, die die Schiffssicherungstrupps gefährden und behindern.

Bei der anschließenden Brandbekämpfung entstehen durch das Löschwasser insbesondere an hochwertigen Elektronikgeräten Schäden, die – umgekehrt – auch auftreten, wenn nach dem Abschalten der Lüftung, die Geräte wegen mangelnder Kühlung ausfallen. Mithin war ein Lüftungssystem gefordert, das die Nachteile der konventionellen Lüftungstechnik vermied und mit dem es möglich wurde, einen ausgebrochenen Brand auf eine Abteilung zu beschränken. Hierfür wurde die Umstellung des Klima- und Lüftungssystems von einer horizontalen auf eine vertikale Führung der Lüftungsschächte erforderlich, die auch das bei der Deutschen Marine eingeführte Dauerschutz-Klima System (DSK) einbezog, das den ABC-Schutz in der Zitadelle des Schiffes gewährleistet. Eine so vorgenommene Umstellung vermied nicht nur die Ausbreitung der Brände und der schädlichen Gase auf mehrere Abteilungen, sondern vermied zugleich die Ausbreitung von Leckwasser durch die Schottdurchbrüche in benachbarte Abteilungen. Konstruktiv ließ sich dieses abteilungsautarke Lüftungskonzept mit den bei B+V entwickelten Lüftungs-Funktionseinheiten umsetzen, die leicht zugänglich ein Deck unterhalb des Hauptdecks angeordnet werden.

Diese Funktionseinheiten, auch LÜFE's genannt, mit den Abmessungen 3,6 x 2,4 x 2,15 m nehmen sämtliche Geräte auf, die für die Lüftung, Klimatisierung und den ABC-Schutz benötigt werden. Über einen vertikal verlaufenden Versorgungskanal, dessen Querschnitt mehrfach unterteilt ist, versorgt jede LÜFE ihre Abteilung mit Zuluft, Umluft, Frischluft sowie mit Kalt- und Warmluft. Bei dem Versorgungskanal handelt es sich um einen Kanal mit Standardquerschnitt, in dem die aufgezählten Versorgungsstränge gebündelt sind. Die LÜFE's lassen sich ohne weiteres durch die Decksöffnungen für die Waffencontainer oder durch hierfür vorgesehene Montageöffnungen ein- und ausbauen. Zusammenfassend lassen sich die folgenden Vorteile des abteilungsautarken modularen Lüftungssystems aufzählen:

- Minimierte Rauchgasausbreitung im Schadensfall, schnelle Rauchgasbeseitigung mit LÜFE's, die auch umschaltbar sind und Rauchgase absaugen und abführen.
- Unbeschädigte Abteilungen werden nicht in Mitleidenschaft gezogen.
- Keine Schottdurchführungen und damit mehr Sicherheit im Leckfall
- Einfache Koordinierung nur in einer Abteilung
- Kleine Querschnitte, da der Bedarf an Luft nur für eine Abteilung benötigt wird
- Standardisierter Containerraum mit

standardisiertem Kanalverlauf je Abteilung
- Sämtliche Vorteile der Modularisierung/Containerisierung, wie sie auch für Waffen und Sensoren gelten.

Analog zu den Klima-, Lüftungs- und DSK-Systemen verfügen die neueren MEKO-Schiffe über:
- Seewasser-, Feuerlösch-, Berieselungs- und Sprüheinrichtungen mit abteilungsautarken vertikal verlegten Rohrleitungssystemen, von denen jedes über einen Seekasten pro Abteilung mit Seewasser versorgt wird. Solange sich das Schiff auf Friedensmarsch befindet, sind die Abteilungen über eine längsschiff laufende Leitung miteinander verbunden und stehen dann unter gleichem Druck.
- Abteilungsbezogenes Energie- und Datenverteilungssystem. Sinngemäß lassen sich die Überlegungen zur Abteilungsautarkie, wie sie für Lüftungskanäle und Seewasserleitungen angestellt wurden, auch erfolgreich auf Energie- und Datenkabel übertragen. Zur Vermeidung von Trefferschäden wird jeweils an BB und StB eine Hauptkabelbahn über der Doppelbodendecke verlegt, die mit Hilfe von wasser-, gas- und druckdichten sowie feuerfesten Spannrahmen durch die Abteilungsschotte geführt werden. Diese beiden Hauptkabelbahnen erhalten eine lösbare Splitter- und Feuerschutzabdeckung. Über vertikal verlegte Leitungen erhält jede Abteilung ihre eigene Verteilergruppe, die aus der Hauptkabelbahn gespeist wird. Die Verteilergruppen erhalten ein Feld, das zur Aufnahme einer intelligenten Datenbusstation geeignet ist und von dem aus Steuerung und Überwachung von Datenbussystemen vorgenommen werden können.

6.5 Abschließende Bewertung und Kommentierung des MEKO-Konzeptes

Die erfolgreiche und fortlaufende Entwicklung des MEKO-Konzeptes über drei Jahrzehnte hinweg wurde von zahlreichen Patentanmeldungen begleitet, von denen die ersten bereits um das Jahr 1974 erteilt wurden. Bis 1979 waren es 13 Länder, darunter die USA und Großbritannien, in denen für das MEKO-Konzept Patente und Markenzeichen eingetragen waren. Zum besseren Schutz des geistigen Eigentums und zur Sicherung der Arbeitsplätze in Deutschland wurden diese Patente und Markenzeichen sowohl beim deutschen als auch beim europäischen Patentamt beantragt. Seit der Erteilung dieser z.T. sehr frühen Patentanmeldungen und seit der Ablieferung der ersten MEKO-Fregatte im Jahre 1982 hat Blohm + Voss bis zum Jahr 2006 mehr als insgesamt 1.400 Waffencontainer, Elektronikcontainer, Mastmodule, Paletten und LÜFE's gefertigt und an Bord von 58 Fregatten und Korvetten eingebaut. Mit den Patenten, die fortlaufend die Modularisierung und hier insbesondere die Entwicklung in Richtung »intelligente Funktionseinheit« (IFE) mit standardisierten Schnittstellen dokumentierten, wurde das solide Fundament für eine nunmehr international anerkannte Technologie in der Marinetechnik gelegt.

Bis zum Jahr 2006 haben zehn Marinen aus fünf Kontinenten, darunter die Deutsche, sowie weitere drei NATO-Marinen das MEKO-Konzept von Blohm + Voss eingeführt. Dabei waren es die Vorteile, die das Konzept beim Neubau der MEKO-Schiffe mit reduzierter Bauzeit mit damit verknüpftem Preisvorteil sowie verbesserter Qualität möglich machten, die die Marinen überzeugten. Darüber hinaus konnte das MEKO-Konzept seinem Anspruch gerecht werden und unter Beweis stellen, Wartung, Instandsetzung, Reparatur, Umbau und Modernisierung von Waffen, Sensoren und Rechnern erheblich zu erleichtern, zu vereinfachen und damit preisgünstiger zu gestalten als dies an Bord konventionell gebauter Schiffe möglich wäre. Vereinzelt haben Marinen, die bei Blohm + Voss MEKO-Schiffe akquiriert hatten, vertraglich auch vereinbart, dass der Austausch ausgewählter modularisierter Waffen und Sensoren anläßlich von Prüfung und Nachweise vor Ablieferung der Schiffe unter den Bedingungen, wie sie im Depot der Marine anzutreffen sind, überprüft und nachgewiesen wird. Mithin verringern sich die Lebenserhaltungskosten (engl. »Life Cycle Costs«) im Verlauf der auf über dreißig Jahre verlängerten Indiensthaltung von modernen Marineschiffen drastisch.

Es ist das Verdienst von Blohm + Voss, die Idee eines modularen Konstruktionsprinzips, die zwar auch von einigen Marinen

Referenzliste der bei Blohm + Voss bzw. weltweit in Lizenz gebauten oder noch in Bau befindlichen MEKO-Schiffe (Stand 2008)

Navy	Ships at B+V	Ger. partner yrd.	Ships abroad	Σ
Nigeria	1			1
Argentina	4		6	10
Turkey, Track I	1	1	2	4
Turkey, Track II	2		2	4
Portugal	1	2		3
Greece	1		3	4
Australia			8	8
New Zealand			2	2
Germany class 123	1	3		4
Germany class 124	1	2		3
Germany class 130	2	3		5
South Africa	2	2		4
Malaysia			6	6
Poland (negotiated)			2	2
Σ	16	13	31	60

diskutiert, aber nur selten realisiert wurde, vollständig in die Tat umgesetzt zu haben. So hat die Royal Navy CELLULARITY vorgeschlagen, mit der die Zugänglichkeit der Abteilungen nach bestimmten Standards gewährleistet wird, um so den Ein- und Ausbau von Geräten zu sichern. Gleichzeitig wurden Mindest-Raumabmessungen definiert und festgelegt, nach denen die Räume ausgelegt werden.

Die US Navy hat mit ihrem SSES (Ship Standard Engineering System) ein dem MEKO-Konzept vergleichbares Konstruktionsprinzip entwickelt, das allerdings deutlich größere Funktionseinheiten vorsieht. Lediglich die kleinsten der US-amerikanischen Module sind auf die Abmessungen der MEKO-Waffencontainer abgestellt. Hierzu haben B+V und Nav-Sea der US Navy eine Vereinbarung getroffen, mit der für ausgewählte Waffen, z.B. Vertical Launch Systeme, die erforderliche Kompatibilität gewährleistet wird. Die US Navy hat zwar bisher ihr SSES nicht umgesetzt und nicht eingeführt, bezeichnet aber Modularität als eines der wünschenswerten innovativen Attribute ihrer zukünftigen Neubauten, wie sie beispielsweise in dem Projekt des Zerstörers DDG 1000 (ehemals DDX) berücksichtigt werden könnte.

Dem B+V-System am nächsten kommt das dänische STANFLEX, bei dem die Waffen ebenfalls containerisiert und über Schnittstellen an das Versorgungssystem des Schiffes angeschlossen werden. Durch die Bereitstellung unterschiedlich ausgerüsteter Container soll der rasche Wechsel des Schiffes für verschiedene Einsatzaufgaben vom Kampfeinsatz bis hin zum Umweltschutz möglich gemacht werden. Mit Abmessungen von 3,0 x 3,5 x 2,5 m unterscheiden sich jedoch die dänischen Container von jenen des MEKO-Konzeptes. Die Königlich Dänische Marine hat mehrere ihrer Schiffe mit STANFLEX ausgerüstet.

Modularisierung von Blohm + Voss mit ihrem längst nicht ausgeschöpften Entwicklungspotential ist zu einem typischen Attribut des modernen Marineschiffbaus geworden! Dies hat die vier NATO-Marinen sowie die übrigen sechs Marinen in Südamerika, Australien, Afrika und Asien überzeugt, das modulare MEKO-Konzept von Blohm + Voss für ihre Fregatten und Korvetten zu übernehmen. Nach einer erfolgreichen Einführung des MEKO-Konzeptes im Verlauf von dreißig Jahren, besteht alle Veranlassung, das Potential der Modularisierung in Verbindung mit den großen Möglichkeiten, wie sie die Informationstechnik bietet, auch in Zukunft zu nutzen, um damit sowohl einen Beitrag zur Standortsicherung der deutschen marinetechnischen Industrie als auch zur Stärkung der deutschen und europäischen Sicherheitspolitik zu leisten.

7. MEKO-Fregatten für den Export

Abgesehen von dem US-amerikanischen und dem vormals sowjetischen Marineschiffbau, die ihre Leistungsfähigkeit bisher auch ohne wesentliche Exportaufträge sicherten, ist der europäische Marineschiffbau seit jeher auf den Export angewiesen, um seine Kapazitäten auszulasten und sie so für den eigenen Bedarf vorhalten zu können. Hier muss allerdings angemerkt werden, dass inzwischen auch die Russische Föderation mit ihren Staatswerften alle Anstrengungen unternimmt, ebenfalls Exportaufträge für U-Boote, Zerstörer und Fregatten zu akquirieren. Insbesondere sind aber auch französische und britische Werften, trotz intensiver Inanspruchnahme durch die eigenen Marinen, darauf angewiesen, für den Export zu bauen, wobei sie durch ihre Regierungen tatkräftig ermuntert und unterstützt werden. Erste deutsche Exportaufträge gehen zurück auf die sechziger Jahre, als Rheinstahl Nordseewerke in Emden insgesamt 15 U-Boote des Typs 207 (KOBBEN) an Norwegen und B+V zwischen 1969 und 1970 drei Korvetten an Portugal lieferte. In dieser Frühzeit des deutschen Marineschiffsexports fällt auch der Bau von zwei 20.000 t Tankern für die indische Marine beim Bremer Vulkan, deren erster 1967 und deren zweiter 1976 ausgeliefert wurden. Der Export von Marineschiffen durch die deutschen Werften stützte sich im Wesentlichen ab auf U-Boote, Fregatten und Schnellboote sowie vereinzelt auf Minenkampfboote. Mit dem Bau dieser Schiffstypen erwarben sich die daran beteiligten Werften zuweilen die Marktführerschaft im internationalen Wettbewerb!

Gesamtansicht MEKO 360 H1, für die Nigerian Navy (NN), 1977 (Slg. B+V)

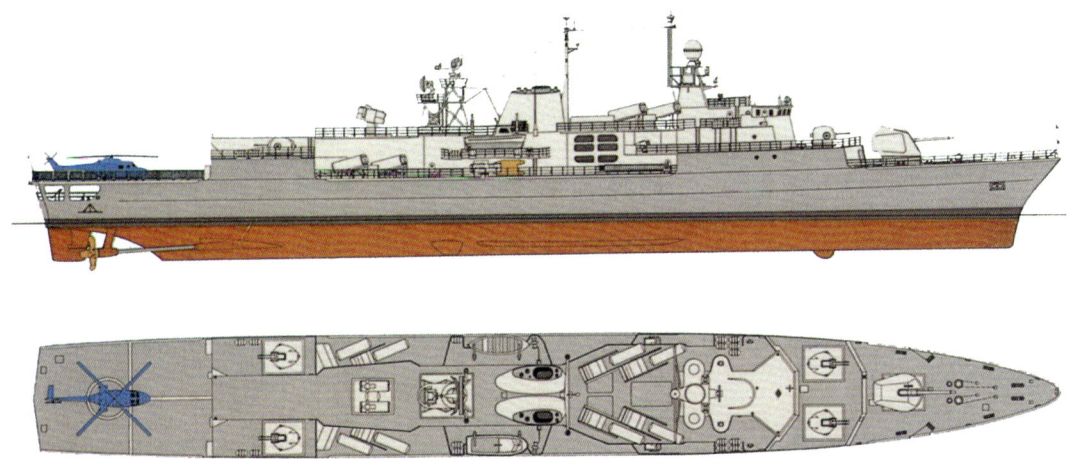

MEKO 360 H1 (NN) während der Probefahrt (Slg. B+V)

7.1 Fregatten des Typs MEKO 360

Mit der Unterzeichnung eines Bauvertrages zwischen Regierungsvertretern der Republik Nigeria und der Blohm + Voss AG zum Bau einer Mehrzweckfregatte (Multi Purpose Frigate) vom Typ MEKO 360 H1 im Dezember des Jahres 1977, realisiert die Werft erstmalig das MEKO-Konzept und leitet damit eine Reihe von Exportaufträgen ein, mit denen sich die Modularisierung einen festen Platz in der Marinetechnik erwerben sollte. So unterzeichnete Blohm + Voss schon ein Jahr später, am 11. Dezember 1979, einen Vertrag mit der Armada Argentina zum Bau von vier Schiffen des Typs MEKO 360 H2, die sich in Bewaffnung und Antrieb von der MEKO H1 nicht unwesentlich unterscheiden sollten. Insgesamt sind in den Jahren zwischen 1979 und 2006 weltweit 58 MEKO-Schiffe, d.h. Fregatten und Korvetten, bei Blohm + Voss, seinen deutschen Konsortialpartnern sowie bei den Lizenznehmern außerhalb Deutschlands gebaut resp. in Auftrag genommen worden. Diese 58 Schiffe lassen sich auf die nachstehend genannten Typen modularisierter Schiffe, verteilen:

Fregatten:		Korvetten:	
MEKO 360 -	5	MEKO 140 -	6
MEKO 200 -	29	MEKO 100 -	8
Klasse 123 -	4	Klasse 130 -	5
Klasse 124 -	3		

Zur Erfüllung der ihr von der Politik gestellten Aufgaben im südlichen Atlantik entschied sich die nigerianische Marine für den von Blohm + Voss entwickelten Typ MEKO 360 H1, womit eine Fregatte von ca. 3.600 t Verdrängung mit einem Bordhubschrauber (H1) gekennzeichnet wird. Dieser Schiffstyp zählt zu einer Art »Mehrzweckfregatte«, wie er häufig – insbesondere von Marinen außerhalb der NATO – akquiriert wird, die so ausgewogen bewaffnet sind, dass sie Bedrohungen sowohl aus der Luft als auch von U-Booten wie auch von Überwasserstreitkräften bekämpfen können. Fregatten vom Typ MEKO 360 sind mit einem Waffen- und Führungseinsatzsystem ausgestattet, bei dem Sensoren, Waffen und der Zentral-

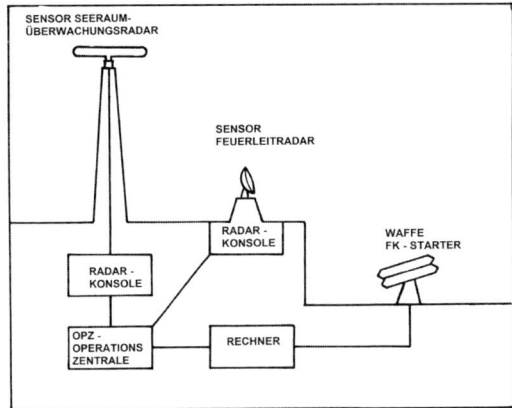

Sensor, Waffe, Rechner-Prinzip der Punkt-zu-Punk-Verbindung, um 1970 (Slg. B+V)

rechner noch mit Punkt-zu-Punkt-Verbindungen verknüpft werden. Der Zentralrechner verteilt die mit der Programm-Software SEWACO (Sensor Weapon Control) der Firma Signaal in den Niederlanden aufbereiteten Daten an die Konsolen in der OPZ, von wo aus der Waffeneinsatz gesteuert, kontrolliert und schließlich ausgelöst wird.

Die Luftabwehr der MEKO 360 H1 übernimmt zum einen der Lenkwaffenstarter vom Typ ALBATROS, dessen Flugkörper vom Typ ASPIDE von dem Weitbereichsradar DA 08 erfasst und von dem Beleuchtungsradar vom Typ STIR gesteuert und schließlich in das Ziel geführt werden; zum anderen verfügt das Schiff über eine ungewöhnlich starke Rohrbewaffnung, bestehend aus einem 5-Zoll-Geschütz von OTO-Melara und vier 40-mm-Zwillingskanonen vom Typ Breda, die von dem Feuerleitradar Typ WM 25 oder optional von den zwei optisch-elektronischen Zielverfolgungs-Kameras des Typs LIOD (Lightweight Optronic Director) gesteuert werden. Diese ungewöhnlich starke Rohrbewaffnung ist eine Besonderheit der Fregatten vom Typ MEKO 360, die sich an Bord der folgenden MEKO-Typen nicht wiederholen sollten. Die Seezielbekämpfung erfolgt mit den 8

an Oberdeck angeordneten Startern, die Flugkörper vom Typ OTOMAT verschießen, die mit einem eigenen zielsuchenden Radarsuchkopf ausgestattet sind und über eine Reichweite von ca. 100 km verfügen. Schließlich werden Seeziele mit der bereits genannten 5-Zoll-Kanone der Firma OTO-Melara bekämpft. Für die U-Boot-Bekämpfung verfügt die MEKO 360 über insgesamt 6 U-Abwehr-Torpedorohre mit einem Durchmesser von 324 mm, die in zwei Drillingssätzen auf Oberdeck angeordnet und in der Lage sind, den US-amerikanischen Torpedo vom Typ Mk 44 oder Mark 46 abzufeuern. Das an Bord der MEKO 360 eingebaute Kiel-Sonargerät vom Typ KAE 80 stellt der U-Jagd-Bedienkonsole in der OPZ die Zieldaten zur Verfügung. Der an Bord stationierte U-Jagd-Hubschrauber vom Typ Navy Lynx der britischen Firma Westland ist ebenfalls mit den Leichtgewichts-Torpedos Mk. 44 oder Mk 46 bewaffnet.

7.2 Entwurfsmerkmale der MEKO-Schiffe und moderner Fregatten und Korvetten

Neben der Modularisierung erfüllen MEKO-Fregatten und -Korvetten im Bereich ihrer Schiffstechnik grundsätzliche Standards, die sich einerseits aus den Bauvorschriften ergeben, nach denen Marineschiffe gebaut werden, und andererseits erfüllen sie auch solche Standards, die sich aus dem Stand der Technik ergeben, dem zeitgenössische Marineschiffe genügen müssen. Die Fregatte Typ MEKO H1, die als NNS REPUBLIC vom Stapel lief und als NNS ARADU in Dienst gestellt wurde, war das erste echte Kampfschiff, das nach dem 2. Weltkrieg bei Blohm + Voss entworfen, konstruiert und gebaut wurde. Somit war es für ihre Bauwerft auch ein Meilenstein mit einer ganzen Reihe innovativer Merkmale:

- Die MEKO 360 H1 war weltweit das erste modularisierte Marineschiff.
- Das Schiff erhielt Seeziel- und Luftzielraketen, womit das Schiff zur ersten Lenkwaffenfregatte wurde, die Blohm + Voss auslieferte.
- Mit dem Hubschrauberlandedeck und dem davor angeordneten Hangar für Wartung, Betankung und Unterbringung eines Bordhubschraubers ist die MEKO 360 H1 der erste Neubau eines Marineschiffes von Blohm + Voss mit einer eigenständigen Luftkomponente, die sowohl von dem Schiff startet als auch dort wieder landet.
- Die nigerianische Fregatte ist das erste mit Gasturbinen angetriebene Schiff, das von Blohm + Voss entworfen und gebaut wurde.

Neben diesen sehr markanten Entwurfsmerkmalen, mit denen sich die MEKO 360 von den bisher bei B+V gebauten Marineschiffen abhob, verfügen MEKO-Schiffe über Komponenten, die damals wie auch heute noch zum Stand der Plattform-, Sensor- und Waffentechnik gehören und die auch zukünftig den Standard moderner Fregatten und Korvetten prägen werden

und sich somit an Bord der im Folgenden diskutierten Schiffe immer wiederholen werden:

- Weil sich dies seit langem bewährt hat, werden Marineschiffe in Deutschland und somit auch die MEKO-Schiffe von Blohm + Voss in dem bekannten Längsspantensystem gebaut, mit dem es möglich wird, bei einem relativen Minimum an Stahlgewicht ein Maximum an Festigkeit zu erzielen. Dabei wird fast immer höherfester Schiffbaustahl – Grad DH – mit einer Zugfestigkeit von $\sigma_F = 355$ N/mm² und einem E-Modul von $2{,}05 \cdot 10^5$ N/mm² verarbeitet. Die nach deutschen Bauvorschriften BV 1040-1 gebauten Schiffe erhalten üblicherweise einen Doppelboden, dessen Länge sich über ca. 90 % des gesamten Schiffsbodens erstreckt. Die Zahl der wasserdichten Querschotte, mit denen ein Schiff einerseits die erforderliche Steifigkeit erhält, richtet sich andererseits nach den Bestimmungen der Leckstabilität, wie sie in der deutschen Stabilitätsvorschrift BV 1033 niedergelegt ist. Auch ausländische Marinen, die ihre Schiffe auf deutschen Werften bauen lassen, entscheiden

MEKO 360 H1 (NN), CODOG-Hauptantriebsanlagen und E-Werke (Slg. B+V)

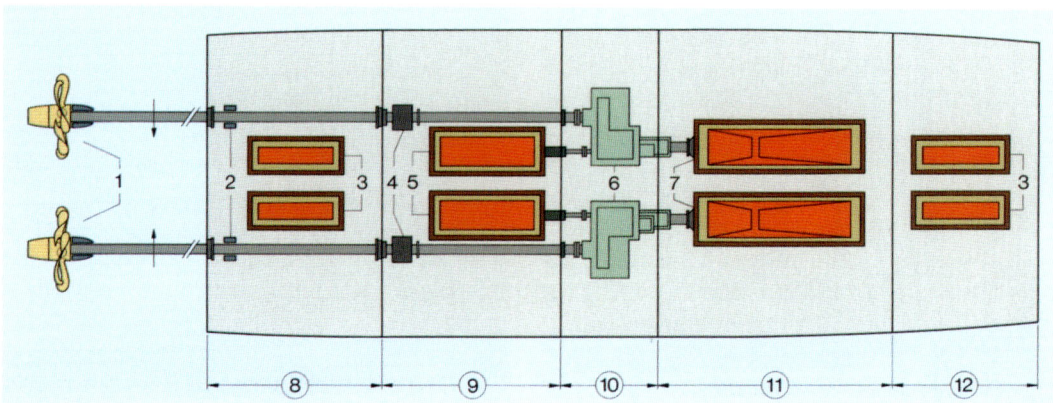

MEKO-Fregatten für den Export

sich meistens für die Anwendung der deutschen Bauvorschriften.

- Zur Unterbringung ihrer kombinierten Antriebsanlagen erhalten Fregatten eine bewährte Raumaufteilung mit einem vorderen Gasturbinenraum und einem hinteren Dieselmotorenraum. Jeweils vor dem Gasturbinenraum und hinter dem Dieselmotorenraum befindet sich ein E-Werk mit jeweils zwei Dieselgeneratoren. Diese Anordnung bleibt auch erhalten, wenn ein anderer Typ von Primärenergie-Erzeuger gewählt wird. Jedes E-Werk erhält seine eigene Schalttafel, von der aus die gesamte Verteilung der elektrischen Energie für das Schiff vorgenommen wird, wobei mit den insgesamt vier Dieselgeneratoren 100%ige Redundanz bei der E-Versorgung gegeben ist, d.h. mit zwei der insgesamt vier Dieselgeneratoren lassen sich 100 % des E-Verbrauchs der vollen Kampfbereitschaft decken. Die beiden anderen Generatorsätze bestreiten somit eine Reservekapazität von ebenfalls 100 % für den Schadensfall. Jedes Marineschiff verfügt über einen Notdieselgenerator, der oberhalb des Hauptdecks Ausstellung findet, um so gegen Überflutung im Leckfall abgesichert zu sein.
- Mit den Antriebsdieselmotoren vom Typ MTU 20 V 956 TB92 mit jeweils 4.070 kW und mit Gasturbinen vom Typ GE LM 2500 mit jeweils 18.970 kW erhält die MEKO 360 H1 Antriebsaggregate, wie sie auf zahlreichen weiteren zeitgenössischen Fregatten anzutreffen sind. Gleiches gilt für die Verstellpropeller, die an Bord aller zeitgenössischen Marineschiffe mit kombinierten Antriebsanlagen zu finden sind, die an Bord der nigerianischen MEKO 360 von KaMeWa (heute Rolls Royce) in Schweden und an Bord der

argentinischen von Escher Wyss in Ravensburg geliefert wurden.

- Zeitgenössische Fregatten und Korvetten verfügen über Räume, die unverzichtbarer Bestandteil der gesamten Befehlsstruktur sind, mit der das Schiff nautisch, militärisch und technisch geführt wird. Diese Räume, die sich auch an Bord anderer Schiffsklassen wiederholen, sind obligatorisch und übernehmen die Funktion von sog. »Nervenzentren« des modernen Marineschiffes:

Brücke mit sämtlichen nautischen und einem Großteil der Fernmeldeeinrichtungen sowie mit Teilen der Maschinensteuerung (integrierte Brücke).

OPZ Operationszentrale mit vollständiger Lagebilddarstellung mit den durch das FÜWES zur Verfügung gestellten Angaben zur Vorbereitung und Durchführung des Waffeneinsatzes.

Funkraum zum Empfang und zur Übermittlung von Nachrichten sowie zur Auswertung der Funkaufklärung häufig mit Kryptoraum zum Ent- und Verschlüsseln von Nachrichten.

MKR Maschinenkontrollraum mit einer E-Schalttafel und Konsolen zur Ergebnisdarstellung der digitalen und/oder analogen Überwachungs- und Steuerungssoftware für Antrieb, E-Erzeugung, Schiffshilfsbetrieb und Schiffssicherungszentrale.

- Seitdem Flossen-Stabilisierungssysteme um das Jahr 1935 erstmals in Großbritannien (Brown Brothers) entwickelt und an Bord von kleineren Begleitfahrzeugen und Zerstörern von damals weniger als 1.500 t Verdrängung erfolgreich eingesetzt wurden, sind aktive Flossenanlagen an Bord der Fregatten nun schon seit langem obligatorisch. Gewöhnlich ist mit der Anlage eine Reduzierung der Schiffs-Rollamplituden um 90 % üblich und erreichbar. Die Stabilisatoren an Bord der MEKO 360 H1sind noch von der damaligen AEG geliefert worden.

- Moderne Marineschiffe müssen darauf vorbereitet sein, atomar-, bakteriell- und chemisch kontaminierte Seegebiete zu durchkreuzen. Um hierfür geeignet zu sein, werden die Aufbauten sowie die Unterkünfte und Betriebsräume unterhalb des Hauptdecks zu einer luftdicht schließbaren »Zitadelle« zusammengefasst, die nur über Luftschleusen zu betreten und zu verlassen ist. Bei ABC-Verschluss wird der Luftdruck innerhalb der Zitadelle bei ca. 5 mbar über dem atmosphärischen Druck gehalten, so dass im Fall einer Leckage keine kontaminierte Luft eintreten und nur saubere Luft austreten kann. Zusätzlich werden MEKO-Fregatten mit Düsen ausgestattet, mit denen die Aufbauten und Decks mit Seewasser besprüht und somit »dekontaminiert« werden, sobald das Schiff durch ABC-verseuchte Seen-

gebiete gelaufen ist. Gleichzeitig wird dieses Sprühsystem auch eingesetzt, um damit die IR-Signatur zu verringern, wenn sich die Aufbauten durch zu viel Sonneneinstrahlung aufgeheizt haben.

- Zur Bekämpfung von Feuer und von Wassereinbrüchen im Schadensfall werden Marineschiffe wie Fregatten in zwei Schiffssicherungs-Bereiche eingeteilt, die durch ein feuerfestes Querschott mit einer Isolierung nach IMCO A60-Standard getrennt sind. Aus der Schiffs-Sicherungszentrale, die mit einem der beiden E-Werkszentralen (Schalttafelräume) zusammengelegt ist, und über einen Schiffssicherungsstand in jedem der beiden Bereiche werden Feuerbekämpfung und Lecksicherung mit Feuerlösch- und Lenzpumpen organisiert und durchgeführt.

- Moderne Fregatten und Korvetten verfügen über eine Anlage zur Seeversorgung (engl. RAS-Replenishment at Sea), die gewöhnlich mittschiffs auf dem ersten Aufbaudeck angeordnet ist, um dort sowohl trockene – wie z.B. Proviant und Munition – als auch flüssige Güter – das ist gewöhnlich Kraftstoff – und um Personen zu übernehmen oder auch an andere begleitende Schiffe abzugeben.

MEKO 360 H1 (NN), Zitadelle mit Luftschleusen und ihrem vorderen und hinteren ABC-Sicherheits-Bereich (Slg. B+V)

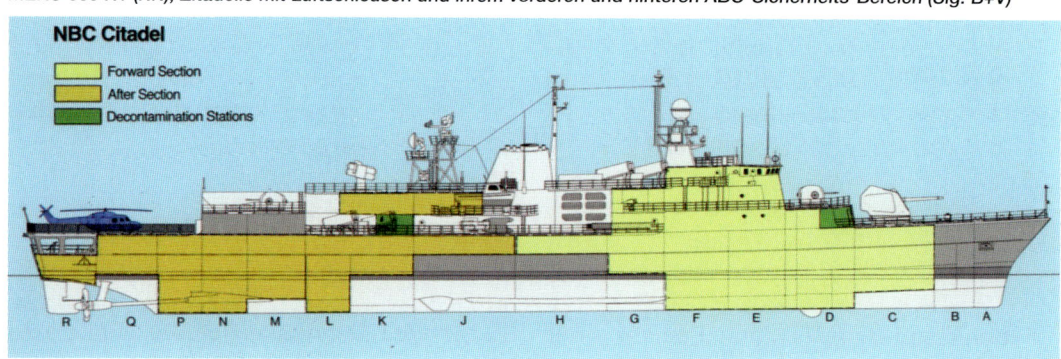

- Fortlaufend steigende militärische und technische Bedeutung erhielt das gesamte Waffensystem an Bord von Marineschiffen, das sich heute aus folgenden Komponenten zusammensetzt:
  ▸ den Waffen
  ▸ den Sensoren
  ▸ den Waffenleitgeräten
  ▸ den Waffenkonsolen i.d. OPZ
  ▸ dem oder den Rechner(n)
  ▸ dem Netz
  ▸ der Software

Diese Komponenten müssen für eine Befehls- und Einsatzstruktur miteinander verknüpft werden, um so den Waffeneinsatz vorzubereiten, auszulösen, zu kontrollieren und zu bewerten. Bevor die digitale Rechnertechnik an Bord der Marineschiffe einzog, beschränkte sich diese Befehls- und Übertragungsstruktur auf akustische Befehlsübermittlung mit elektromechanischer Feuerleitung. Später folgten analoge Systeme und seit Einführung digitaler Rechnertechnik wird diese Befehls- und Datenübertragung mit dem sog. Waffen- und Führungseinsatzsystem (FÜWES) ermöglicht. Dabei hat sich die Qualität der Netze mit immer schnelleren Daten-Übertragungsraten fortlaufend verbessert, so dass heute der automatische Waffeneinsatz unter sog. Echtzeitbedingungen, d.h. ohne zeitliche Übertragungsverluste erfolgt. Neben einem automatischen Verfahren verfügt jedes System aber über den manuellen Waffeneinsatz, den die Schiffsführung wahlweise anordnet.

Mit dem Bau der ersten Mehrzweckfregatte vom Typ MEKO 360 H1 für die Nigerian Navy (NN) begann die erfolgreiche Umsetzung des MEKO-Konzeptes zunächst für den Export von Marineschiffen und schließlich auch für den Bedarf der deutschen Marine. Bereits ein Jahr nach der Auftragserteilung durch die nigerianische Marine unterzeichneten am 11. Dezember 1978 der Vorstandsvorsitzende der Blohm + Voss AG und hohe Regierungsvertreter Argentiniens ein umfangreiches Vertragswerk zum Bau von sechs Fregatten des Typs MEKO 360 H2, von denen zwei Einheiten in Hamburg und vier Einheiten in Argentinien als Lizenzbauten gefertigt werden sollten. Mit diesem Vertrag wurde auch noch der Bau von 20 kleinen Patrouillenboote für die argentinische Zollverwaltung PNA (Prefectura Naval Argentina) vereinbart, die sämtlich bei Blohm + Voss in Hamburg zu bauen waren. Sofern es die Fregatten betraf, wurde dieser Vertrag jedoch am 2. Oktober 1980 so verändert, dass schließlich vier Fregatten des Typs MEKO 360 H2 ausschließlich in Hamburg und nunmehr sechs Korvetten des Typs MEKO 140 mit dem Engineering und mit Materialpaketen von Blohm + Voss auf der argentinischen AFNE Werft in Rio Santiago gebaut wurden. Der Auftragswert des gesamten Vertragswerkes belief sich auf über 2 Milliarden DM und gehörte somit zu dem größten in der Geschichte von Blohm + Voss abgeschlossenen Bauvertrag.

Die Fregatte MEKO 360 H1 für die NN und die vier Einheiten der MEKO 360 H2, die übrigens von der Armada Argentina (ARA) als »Zerstörer« (span. »Destructores«) klassifiziert werden, sind in ihrem äußeren Erscheinungsbild fast identisch und verfügen auch über einige gleichartige Komponenten; insbesondere ist beiden Schiffstypen die gleiche sehr starke Rohrbewaffnung zu eigen, die an Bord dieser Schiffe aus der 5-Zoll-Kanone von OTO-Melara und den vier 40-mm-Zwillings-Luftabwehrgeschützen von Breda besteht. Gemeinsam ist beiden Schiffstypen auch das Luftabwehr-Lenkwaffensystem mit dem

Starter vom Typ ALBATROS und den Raketen ASPIDE. Neben weiteren Komponenten ist beispielsweise auch das SIMPLEX-Flossen-Stabilisierungssystem von Blohm + Voss an Bord von beiden Schiffstypen zu finden!

Als Unterscheidungsmerkmal zwischen den beiden Schiffstypen dient die Zahl der an Bord untergebrachten Hubschrauber: mit »H1« für einen an Bord der nigerianischen und mit »H2« für zwei an Bord der argentinischen Fregatte stationierten Hubschrauber, jeweils vom Typ Sea Lynx. Aber auch mit ihren Antriebsanlagen unterscheiden sich die beiden Fregattentypen: durch eine CODOG-Anlage an Bord der nigerianischen MEKO 360 H1 und eine COGOG-Anlage an Bord der argentinischen MEKO 360 H2, dabei ergab es sich, dass beide Schiffe als Hauptantriebsaggregat jeweils mit Gasturbinen des Typs Olympus RR TM 3B ausgerüstet wurden. Nur bei den Marschantrieben unterscheidet sich die nigerianische Fregatte mit ihren zwei MTU 20 V 956 TB92 von den argentinischen Fregatten mit ihren jeweils zwei Gasturbinen des Typs RR TM 3B (Tyne).

Die Wahl der COGOG-Antriebsanlage für die argentinischen Fregatten wurde auf Grund von logistischen Überlegungen getroffen: zu Anfang der siebziger Jahre hatte die ARA zwei Zerstörer des Typs D 42 (Typschiff HMS SHEFFIELD) in Großbritannien beschafft, wobei der erste bei Vickers in Großbritannien gebaut und am 24.10.78 als HERCULES abgeliefert und der zweite in Lizenz auf der AFNE Werft in Rio Santiago von 1971 bis 1981 gebaut und als SANTISSIMA TRINIDAD in Dienst gestellt wurde. Diese beiden Zerstörer, wie auch alle übrigen Einheiten dieser Klasse für die Royal Navy, erhielten eine COGOG-Antriebsanlage mit zwei Gasturbinen des Typs RR TM 3B-Olympus für die Höchstgeschwindigkeit und zwei kleine Gasturbinen des Typs RR RM 1C - Tyne für die Marschgeschwindigkeit. Die argentinische Armada hatte somit ein begründetes Interesse daran, die Logistik bei Ersatzteilhaltung, der Dokumentation und beim Training für die Antriebsanlagen sowohl für ihre beiden Zerstörer des Typs D 42 als auch für die zu beschaffenden Fregatten des Typs MEKO 360 H2 zu vereinheitlichen.

MEKO 360, Antriebsalternativen: NN-CODOG-, ARA-COGOG-Anlage (Slg. B+V)

Anlagenkomponente	MEKO 360 H1	MEKO 360 H2
Bordhubschrauber	1 x LYNX, Westland (UK)	2 x LYNX, Westland (UK)
SSM-Seezielraketen	8 x OTOMAT, OTO-Melara (I)	8 x MM 40, Aerospeciale (F)
SAM-Magazin	NEIN	für 16 Raketen
Überwachungsradar	Plessy AWS-5 (UK)	HSA-DA-08 (NL)
Navigationsradar	1 x Decca 1226	1 x HSA ZW-06, 1 x Decca 1226 61226
Optron. Feuerleitung	2 x LIOD	2 x LIROD
Antriebsanlage	CODOG	COGOG
Maschinensteuerung	VOSPER-THORNEYCROFT	HAWKER/SIDDELEY
Marschantriebsanlage	2 x MTU 20 V 956 TB 92 (D)	2 x RR RM 1C, Tyne (UK)
Untersetzungsgetriebe	MAAG, DTA 240 (CH)	David Brown (UK)
Flossen-Stabilisierng.	AEG/Denny Brown (D,UK)	AEG/HDW (D)
Verstellpropeller	KaMeWa (S)	Escher Wyss (D)

Tabelle 10: MEKO 360 H1 und- H2, unterschiedliche Anlagenkomponenten

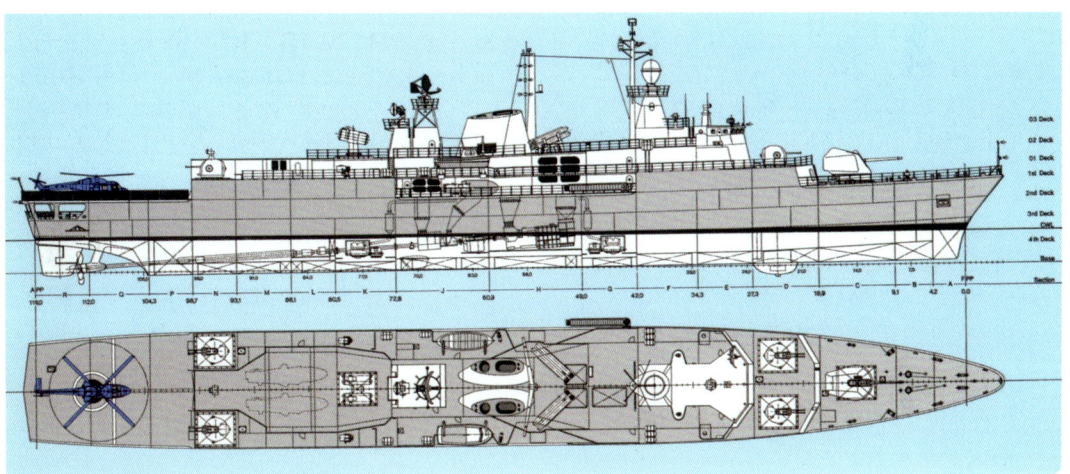

Skizze des Generalplans der MEKO 360 H2 für die Armada Argentina (ARA) (Slg. B+V)

Daher wurde es mit Blick auf die »logistische Kette« zwingend, die MEKO-Fregatten für Argentinien mit der gleichen COGOG-Anlage auszurüsten, die bereits an Bord der beiden ARA - Zerstörer vom Typ D 42 installiert war. Somit wurden auch die vier Fregatten des Typs MEKO 360 H2 mit einer Maschinenüberwachungs- und Maschinensteuerungsanlage von HAWKER SIDDELEY in Großbritannien ausgerüstet (s. Tab. 10). Einige der wesentlichen Unterschiede, wie sie zwischen der argentinischen MEKO 360 H2 und der nigerianischen MEKO 360 H1 bestehen, sind in der Tabelle 10 zusammengestellt.

Marine- oder Kriegsschiffe werden in Dienst gestellt, um dem Land, dessen Flagge sie führen, in Friedens-, Spannungs- und

Links: MEKO 360 H2, Probefahrt 1983. ARA ALMIRANTE BROWN (10), ARA LA ARGENTUNA (11) (Slg. B+V)

Kriegszeiten zu dienen und um es zu schützen und zu verteidigen. Wenn der Kriegsfall gänzlich ausgeschlossen bleibt, so kann diese als die beste Rendite der Politik und damit auch der rüstungspolitischen Investition angesehen werden, die ja schließlich zum Bau des Schiffes geführt hatte. Der Zweck der Kriegsverhinderung hat sich für die Staaten, die MEKO-Schiffe beschafft haben, fast durchweg erfüllt, so dass sich die Schiffe ausschließlich in friedenssichernden Missionen und bei der Krisenbewältigung zu bewähren hatten. Missionen dieser Art werden häufig mit Manövern, die unter multinationaler Beteiligung zustande kommen, vorbereitet. So haben die vier Fregatten des Typs MEKO 360 2H der Armada Argentina an den jährlichen Seemanövern UNITAS teilgenommen, an denen neben den Marinen aus der EU auch regelmäßig Flottenverbände aus den USA, Brasiliens und Argentiniens teilnehmen. Ebenso beteiligten sich die argentinischen MEKO-Fregatten zusammen mit brasilianischen Einheiten an dem binationalen Manöver FRATERNO oder zusammen mit Marineeinheiten Südafrikas an dem Seemanöver ATLASUR. Diese – meist kombinierten – See-Luftmanöver sind deshalb so wichtig, weil sie die Teilnehmer sehr genau über den derzeitigen Ausbildungsstand ihrer Bordbesatzung informieren und es erlauben, Rückschlüsse auf die technische Qualität der beteiligten Schiffe sowie deren militärischer Einsatzbereitschaft zu ziehen. Zunehmend Einfluss nimmt auf die Rüstungspolitik ihrer Mitgliedstaaten auch die Organisation des Gemeinsamen Marktes des Südens, MERCOSUR, in dem sich die Länder Brasilien, Argentinien, Uruguay, Venezuela zusammengeschlossen haben.

Aus politisch nahe liegenden Überlegungen besteht der Wunsch, die Marinerüstungen innerhalb dieser südamerikanischen Wirtschaftsgemeinschaft kompatibel zu machen und zu einer Vereinheitlichung zu kommen. Somit gehen auch Überlegungen dieser Art ein in die Planungen für Modernisierungen, wie sie der ständige technologische Wandel des beginnenden 21. Jahrhunderts mit sich bringt. Nach den Planungen der argentinischen Armada werden die Modernisierungen an den MEKO-Fregatten, die als Rückrat der Flotte gelten, in drei Schritten vollzogen.

1. Schiffstechnik mit Hangar sowie Antrieb und E-Erzeugung mit diversen Hilfssystemen.
2. Sensorik, Kommunikation und Feuerleitung.
3. Waffensysteme.

7.3 Die Fregatten des Typs MEKO 200

Bereits zu Anfang der achtziger Jahre entstanden bei der damaligen Blohm + Voss AG erste Entwürfe für einen Fregattentyp, für den als Einsatzgebiet zunächst das Mittelmeer vorgesehen war. Mit Rücksicht auf die eher nur begrenzten Einsatzbedingungen im Mittelmeer hielt man eine Verdrängung um 2.000 t für angemessen, weshalb dieser Schiffstyp bald als MEKO 200 »klassifiziert« wurde, aber auch, um eine signifikante Größenminderung gegenüber den Fregatten des Typs MEKO 360 herauszustellen. Trotz dieser Beschränkung auf ein kleineres und geschütztes Seegebiet und trotz einer gegenüber der MEKO 360 verringerten Verdrängung entsprach auch der Typ MEKO 200 mit seinen Eigenschaf-

MEKO 200 TN, TRACK I, TCG YAVUZ, Probefahrt 1987 (Slg. B+V)

ten der Kategorie A der deutschen Stabilitätsvorschrift BV 1033 für den weltweiten Einsatz, so wie ihn die ersten Betreiberländer Türkei, Portugal und Griechenland als NATO-Mitgliedsstaaten im Einsatz für das Bündnis reklamieren müssen! Daher entwickelte sich die Entwurfsarbeit an diesem Fregattentyp auch sehr rasch so, dass deren durchschnittliche Größe schließlich bei 3.000 t lag und die Länge der Schiffe vergrößerte sich von 111,00 m (bei Türkei, TRACK I) auf bis zu 121,0 m (bei Südafrika, A 200 SAN). Diese Größensteigerung, die immer noch unterhalb der Abmessungen der MEKO 360 blieb, wurde notwendig, als Australien, Neuseeland und Südafrika als Kunden auftraten, deren heimatliche Seegebiete am Pazifik, dem Indischen Ozean und dem Südatlantik liegen.

Für die sechs Länder, die den Fregattentyp MEKO 200 erwarben, wurden insgesamt 29 Einheiten in sieben verschiedenen Versionen ausgeführt, gebaut und geliefert:

- Türkei, MEKO 200 TN TRACK I, 4 Einheiten, Baubeginn 1984
- Türkei, MEKO 200 TN TRACK II A, 2 Einheiten, Baubeginn 1993
- Türkei, MEKO 200 TN TRACK II B, 2 Einheiten, Baubeginn 1995
- Portugal, MEKO 200 PN, 3 Einheiten, Baubeginn 1988
- Griechenland, MEKO 200 HN, 4 Einheiten, Baubeginn 1990
- Australien, MEKO 200 ANZ, 8 Einheiten, Baubeginn 1993
- Neuseeland, MEKO 200 ANZ, 2 Einheiten, Baubeginn 1993
- Südafrika, MEKO A 200 SAN, 4 Einheiten, Baubeginn 2001

Auch wenn die einzelnen Marinen Fregatten des Typs MEKO 200 in Auftrag gaben, die sich in ihrem Antrieb und ihrer waffentechnischen Ausrüstung unterschieden, so zählen dennoch alle zu den sog. Mehr-

zweck-Kampfschiffen, deren Bewaffnung und Sensorik so ausgewogen zusammen gestellt sind, dass sie gleichermaßen Luft-, See- und Unterwasserziele wirkungsvoll bekämpfen können.

Vertragspartner für die auftraggebenden Marinen war stets das GFC – das German Frigate Consortium – an dem unter der Federführung von B+V, die Werft HDW in Kiel und die Handelshäuser TRT (Thyssen Rheinstahltechnik) in Düsseldorf und Ferrostaal in Essen beteiligt waren. Ausgenommen die portugiesische Marine, schlossen alle übrigen Marinen, resp. deren Verteidigungsministerien oder Beschaffungsbehörden, Bauverträge ab, die Lizenzverträge zum Nachbau der MEKO 200 Fregatten auf eigenen Werften einschlossen, wobei technische Assistenz (»engineering«) und sog. »Materialpakete« von deutschen Unterlieferanten sowie von dem Fregattenkonsortium selbst beigestellt bzw. geliefert wurden. Sofern es sich um NATO-Marinen handelte, wurden die Fregatten MEKO 200 auch mit Komponenten ausgerüstet, die als NATO-Hilfe von den USA und anderen Bündnispartnern geliefert wurden. Gemeinsam mit den parallel dazu geschlossenen Off-Set-Verträgen haben diese Bauverträge in Verbindung mit dem Technologietransfer dazu beigetragen, dass die Vertragspartner von Blohm + Voss mit den Schiffen nicht nur modernes Verteidigungsgerät erwarben, sondern gleichzeitig die Basis ihrer Industrie im Bereich Hochtechnologie erheblich erweiterten und modernisierten.

Der bereits beschriebene systematische Ausbau des MEKO-Konzeptes, mit der schrittweisen Einführung digitaler Schnittstellen in den Funktionseinheiten (Modulen) unter Verwendung der Netzwerkarchitektur MICE-DAIL als Datenbus, vollzog sich ausschließlich an Bord der verschiedenen Fregatten des Typs MEKO 200! Am vorläufigen Ende dieser Entwicklung konnte Blohm +

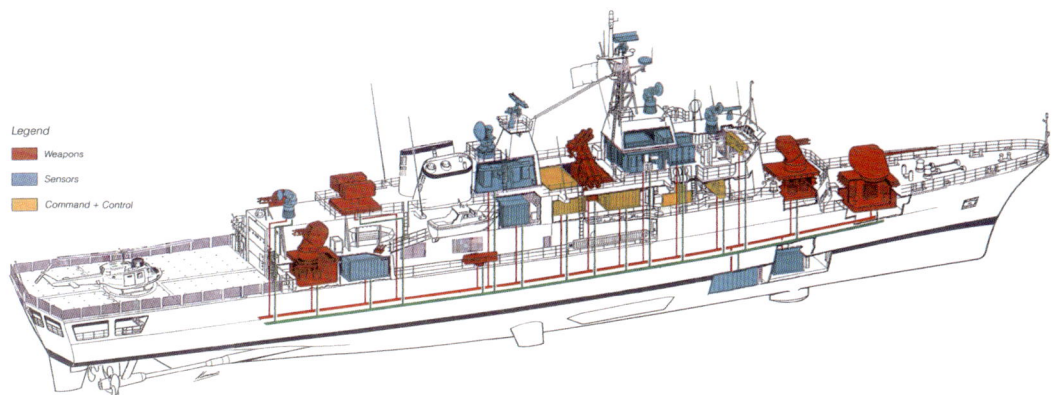

MEKO 200, 3-D Darstellung der Netzwerk-Architektur MICE-DIAL, erstmalig an Bord von TRACK I (Slg. B+V)

Voss dem deutschen Verteidigungsministerium, resp. dem Beschaffungsamt BWB,
dann das Führungs- und Waffen-Einsatzsystem (FüWES) der Fregatte der Klasse
124 mit Glasfaser-Bus und mit dezentraler,
und somit redundanter, Rechenkapazität
bei Echtzeit-Bedingung als bewährtes und
erprobtes System anbieten. Mit der fortlaufend gesteigert eingeführten Rechnerkapazität findet eine ebensolche fortlaufend
verbesserte und perfektionierte Automati-
sierung in allen Bereichen der Schiffe statt,
was sich in kontinuierlich sinkenden Besat-
zungszahlen niederschlägt; so beanspruchten 1984 die Einheiten des Typs MEKO 200
TN TRACK I für die türkische Marine noch
200 Mann Besatzung je Schiff, während es
im Jahr 2001 an Bord der südafrikanischen
MEKO 200 nur noch maximal 120 Mann
sind. Im Folgenden werden die einzelnen
Einheiten aus der Familie der MEKO 200
mit ihren Besonderheiten vorgestellt.

7.3.1 MEKO 200 TN TRACK I

Bei diesem Fregattenentwurf für die türkische Marine handelt es sich in mehrfacher
Hinsicht um einen innovativen Schiffstyp,

Waffenfunktionseinheit (Rahmenkonstruktion) mit der Nahbereichswaffe (CIWS) Sea Zenith (Slg. B+V)

mit dem neue technische Akzente gesetzt
wurden. Zunächst einmal ist es das erste
MEKO-Schiff, das für eine NATO-Marine
gebaut wurde. Dies muss man insbesondere vor dem Hintergrund sehen, dass
die deutsche Bundesmarine erst acht
Jahre später, im Jahre 1992, mit den vier
Fregatten der BRANDENBURG-Klasse –
Klasse 123 – die ersten MEKO-Fregatten

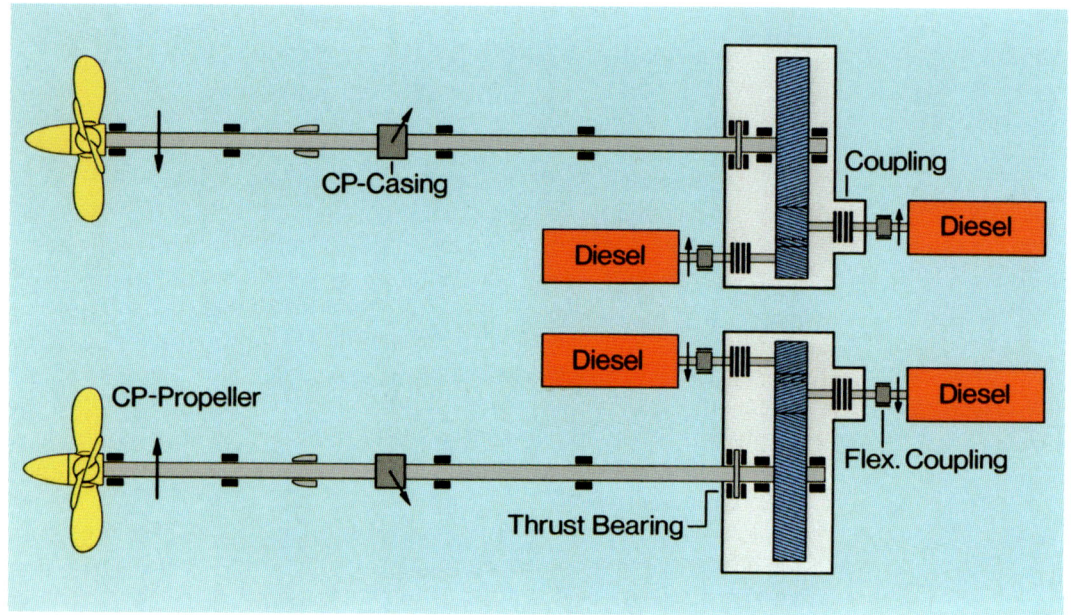

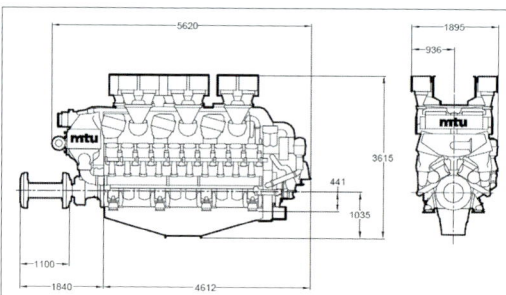

Oben: MEKO 200 TN, CODAD-Antriebsanlage mit vier Dieselmotoren, Typ MTU 20V 1163 TB 93 (Slg. B+V)

Links: Antriebsdieselmotor für Fregatten MTU 20V 1163 TB 93, 7.400 kW, 1.300 min⁻¹, 20.900 kg (Slg. B+V)

akquirierte. Im Verlauf der Jahre zwischen 1984 und 1995 legte die türkische Marine ein Bauprogramm von insgesamt 8 MEKO 200-Fregatten auf Stapel, von denen die vier Einheiten des Typs MEKO 200 TN TRACK I das erste Los darstellten, dem noch ein zweites Los TRACK II, aufgeteilt in TRACK II A und TRACK II B, folgen sollten. Für die Weiterentwicklung des MEKO-Konzeptes haben die Schiffe des Typs MEKO 200 TN TRACK I die ganz wesentliche Bedeutung, weil sie für sich reklamieren können, als erste MEKO-Schiffe mit einem Nächstbereich-Flugabwehrsystem (engl. CIWS = Close In

Weapon System) ausgerüstet zu sein, um damit senkrecht von oben oder waagerecht niedrig, mit nur geringem Abstand über der Wasseroberfläche als sog. »Sea Skimmer« anfliegende Marschflugkörper zu bekämpfen und unschädlich zu machen. Ebenso ist es eine Besonderheit, dass dieses Waffensystem vom Typ SEGUARD (Waffe) / SEA ZENITH (Sensor) der schweizerischen Firma Oerlikon erstmalig an Bord eines Marineschiffes zum Einsatz kommt.

Als weitere Besonderheit zeichnen sich diese Schiffe durch ihre CODAD (Combined Diesel and Diesel)-Anlage, d.h. durch ihre

All-Diesel-Schiffsantriebsanlage aus, die zudem auch noch aus den vier zu damaliger Zeit modernsten Motoren des Typs MTU 20 V 1163 TB93 bestehen, mit denen die Schiffe eine maximale Geschwindigkeit von 27,0 kn erreichen. Auch 25 Jahre später ist dieser Motortyp mit 7.400 kW Maximalleistung bei 1.300 U/min der leistungsstärkste schnell laufende Dieselmotor der Welt! Wie auch bei den Korvetten des Typs MEKO 140 für die Armada Argentina, schlossen Blohm + Voss, resp. das Fregattenkonsortium GFC, einen Vertrag ab, mit dem sowohl eine Lizenz zum Nachbau der Schiffe als auch die Lieferung von Materialpaketen hierfür an die Türkei vereinbart wurden, womit ein erheblicher Technologietransfer verbunden war. Über NATO-Hilfe kamen erstmals aus den USA die 5-Zoll Kanone Mk 45 sowie Seeziel-Raketen des Typs HARPOON, das Luftabwehr-Raketensysteme vom Typ SEA SPARROW, schließlich noch der Bordhubschrauber AB 212 aus Italien an Bord einer MEKO-Fregatte! Während das Typschiff bei Blohm + Voss und das zweite bei HDW in Kiel gebaut wurden, liefen die beiden Nachbauten auf der Gölcik-Werft in der Türkei vom Stapel. Die Finanzierung des Auftrags wurde von den Handelshäusern TRT (Thyssen Rheinstahl Technik) und Ferrostaal begleitet.

7.3.2 MEKO 200 TN TRACK II A und B

Nachdem die Türkei ihren ersten Auftrag über vier Schiffe des Typs MEKO 200 an das GFC vergeben hatte, folgten im Abstand von fast zehn Jahren die bereits genannten Teil-Lose TRACK II A und TRACK II B mit ebenfalls insgesamt wieder vier Einheiten, die sich in ihrer Technik grundsätzlich von der TRACK I, aber auch untereinander, unterschieden.

Um an internationalen Einsätzen in den schnellen NATO-Verbänden teilzunehmen,

benötigten die Marinen Schiffe, die dreißig und mehr Knoten laufen. Hierfür sind Schiffe mit Alldiesel-Antrieb mit 4 x 7.400 kW, wie sie an Bord der MEKO 200 TRACK I anzutreffen sind, nicht geeignet. Daher entschloss sich die türkische Marine bei der Vergabe des Auftrags TRACK II, die schon seit langem an Bord von Marineschiffen bewährte – von der TN bis dahin aber noch nicht eingeführte – kombinierte CODOG-Antriebsanlage, bestehend aus zwei Dieselmotoren vom Typ MTU 12 V 1163 TB 93 zu je 4.400 kW und zwei Gasturbinen des Typs GE LM 2500 zu je 22.370 kW, zu wählen, mit der eine maximale Geschwindigkeit von 32 Knoten ermöglicht wird. Die Veränderungen an Bord der Schiffe des Loses TRACK II führten zu Fregatten, die nach Verdrängung, Länge und Breite größer waren, als die der TRACK I. Sofern es sich um die Bewaffnung handelte, unterschieden

5 Zoll/54, FMC Defense Systems, Rohrwaffe, Mk 45, USA (Slg. B+V)

Fregatte Track II B, SALIHREIS, Probefahrt, 1998 (Slg. B+V)

sich die Schiffe TRACK I und TRACK II A äußerlich zunächst jedoch nicht, dafür aber durch eine unterschiedliche Netzwerk-Architektur, die an Bord der MEKO 200 TRACK II A als Datenbus mit dezentraler Intelligenz ausgeführt wurde. Erst die beiden Schiffe des Loses TRACK II B erhielten anstelle des SEA SPARROW-Starters ein Modul für acht Kanister für senkrecht startende Lenkwaffen (engl. VLS-Vertical Launch Systems), mit denen verschiedene Typen von Flugkörpern abgefeuert werden können. Schiffbaulich ist von Interesse, dass die Schiffe Track II B im Bereich des Vorstevens mit einem Schanzkleid ausgerüstet wurden, mit dem ihre auf der Back aufgestellte 5-Zoll-Kanone gegen grüne See an Deck und damit gegen Seeschlag geschützt wird. Auch hier handelt es sich um eine Maßnahme, mit der sich die Marine an die Erfordernisse anpasst, wie sie bei Einsätzen unter internationaler Beteiligung in den Seegebieten des Atlantiks und des Pazifiks zu erwarten sind.

7.3.3 MEKO 200 PN

In ihrer Chronologie folgte den Fregatten des Typs MEKO 200 im Jahre 1988 auf die vier Einheiten des Typs MEKO 200 TN TRACK I zunächst der Auftrag für drei portugiesische Fregatten, deren Bau zwischen Blohm + Voss in Hamburg und HDW in Kiel zu gleichen Arbeitsteilen so aufgeteilt wurde, dass ein Schiff in Hamburg und zwei in Kiel gebaut wurden. Das deutsche Fregattenkonsortium hatte sich in einem sehr langen und harten Wettbewerb gegen die niederländische Werft Royal Schelde durchsetzen können, die mit politischer und diplomatischer Unterstützung ihre S-Fregatte (KORTENAER) angeboten hatte. Nach einem langen und verlustreichen Kolonialkrieg, den das Land seit 1960 unter dem Diktator Salazar geführt hatte, der 1974 mit dem Rückzug aus allen seinen afrikanischen Kolonien endete und nach einer Reihe innenpolitischer Umwälzungen wurde Portugal im Jahre 1986 als Mitglied

Fregatte MEKO 200 PN, VASCO DA GAMA 1991 (Slg. B+V)

in die Europäische Union (EU) aufgenommen. Portugal gehörte unter Salazar im Jahre 1949 zu den Gründungsmitgliedern der NATO, aber erst das Ende der Diktatur und die Aufgabe seines Kolonialreiches in Afrika führte das Land aus seiner Isolation und zu einer Modernisierung der Gesellschaft und der Streitkräfte. Rückrat der portugiesischen Flotte waren zu dieser Zeit, neben älteren Fregatten aus den USA (USS DEALEY) mit Dampfantrieb, die aus Frankreich gelieferten Fregatten der RIVIERE Klasse und die von Blohm + Voss gebauten drei Korvetten des Typs JOAO COUTINHO sowie deren Nachbauten von Bazan in Spanien, die alle mit – z.T. noch mittelschnell laufenden – Dieselmotoren angetrieben wurden. Mit der zur Verfügung gestellten NATO-Hilfe konnte die überfällige Modernisierung der portugiesischen Flotte im Jahre 1988 mit der Kiellegung des ersten Schiffes bei Blohm + Voss auf den Weg gebracht werden. Die von den verschiedenen NATO-Partnern gewährte finanzielle

Fregatte MEKO 200 PN, 100 mm Rohrwaffe von Creusot Loire, Übungsschießen (Slg. B+V)

und materielle Hilfe für das Bauprogramm der drei portugiesischen MEKO-Fregatten war so angelegt, dass Portugal nur 40 % der Kosten alleine tragen musste.

Erstmals wurde parallel zu dem Bauvertrag über drei Fregatten ein Off Set Abkommen geschlossen, mit dem sich die Handelshäuser TRT und Ferrostaal verpflichteten, vereinbarte Warenmengen aus der portugiesischen Wirtschaft auf dem

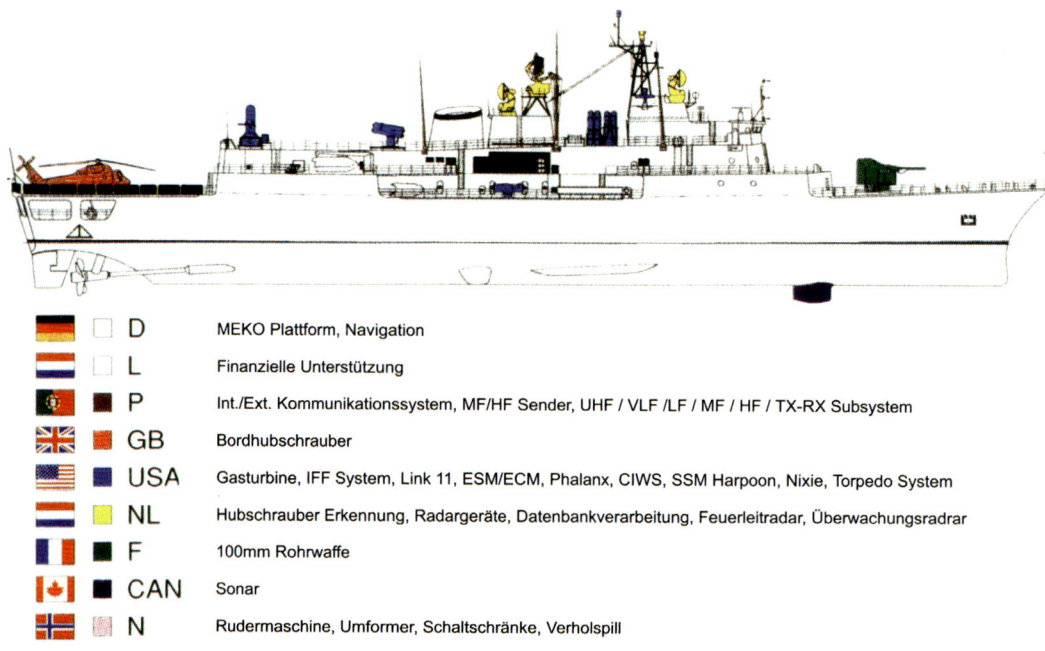

🇩🇪	☐	D	MEKO Plattform, Navigation
🇳🇱	☐	L	Finanzielle Unterstützung
	■	P	Int./Ext. Kommunikationssystem, MF/HF Sender, UHF / VLF /LF / MF / HF / TX-RX Subsystem
🇬🇧	■	GB	Bordhubschrauber
🇺🇸	■	USA	Gasturbine, IFF System, Link 11, ESM/ECM, Phalanx, CIWS, SSM Harpoon, Nixie, Torpedo System
	■	NL	Hubschrauber Erkennung, Radargeräte, Datenbankverarbeitung, Feuerleitradar, Überwachungsradrar
🇫🇷	■	F	100mm Rohrwaffe
🇨🇦	■	CAN	Sonar
🇳🇴	■	N	Rudermaschine, Umformer, Schaltschränke, Verholspill

Beteiligung von NATO-Ländern am Bau der Fregatten vom Typ MEKO 200 PN, VASCO DA GAMA (Slg. B+V)

deutschen und dem westeuropäischen Markt abzusetzen.

Mit den drei Fregatten des Typs MEKO 200 PN erwarb die portugiesische Armada nicht nur ihre seit langem modernsten und kampfstärksten Einheiten, sondern auch die seit langem weitaus größten Schiffe ihrer Flotte – nur ein im Jahr 1898 gebauter Kreuzer mit 4.200 t war größer! Mit ihren 3.200 t liegt die portugiesische MEKO-Fregatte sogar noch über der Verdrängung des 1876 bei Blackwall in Großbritannien gebauten Küstenpanzerschiffes, das noch die Tage der 1910 untergegangenen portugiesischen Monarchie gesehen hatte. Über viele Jahre und Jahrzehnte befand sich dieses Schiff noch als Traditionsschiff im Dienst der Marine, und trug schon damals den stolzen Namen des Entdeckers des Seeweges nach Indien, mit dem auch die erste bei Blohm + Voss gebaute MEKO 200 Fregatte für die portugiesische Marine geehrt wurde: VASCO DA GAMA.

Mit den MEKO-Fregatten gewann Portugal wieder den technologischen Anschluss an die hochmodernen Marinen der NATO. Mit den zwei GE LM 2500-Gasturbinen der CODOG-Antriebsanlage führte die Marine erstmals Gasturbinenantrieb an Bord ihrer Schiffe ein. Als erste MEKO-Schiffe überhaupt wurden die portugiesischen Fregatten sowohl mit dem seit langem in der portugiesischen Marine eingeführten französischen 100-mm-Seezielgeschütz von Creusot-Loire als auch mit dem US-amerikanischen Nächstbereichs-Flugabwehrsystem PHALANX bewaffnet, das oberhalb des Hubschrauberhangars Aufstellung fand und so das Schiff gegen von hinten angreifende Marschflugkörper verteidigt. Unmittelbar vor dem Brückenaufbau und auf dem 01-Deck (erstes Aufbaudeck) ist Platz und da-

MEKO 200 HN, HYDRA, Probefahrt 1992 (Slg. B+V)

runter Raum freigelassen worden, um hier später ein Modul für andere Waffensysteme unterzubringen. Ebenso ist auf dem Verholdeck, unterhalb des Hubschrauberlandedecks, Platz für die spätere Unterbringung eines verstellbaren Tiefensonars (Schleppsonars) vorgehalten und freigelassen worden (»Fitted for but not with« – FFBNW). Für das FüWES erhielt auch die portugiesische Marine als erste das moderne und bereits vorgestellte Bus-System MICE/DAIL.

Mit den modernen und hochseetüchtigen MEKO-Fregatten ihrer VASCO DA GAMA - Klasse beteiligte sich die portugiesische Marine im Jahre 1992 erstmals an der multinationalen Marine-Einsatzgruppe STANAFORLANT (Standing Naval Force Atlantic) der NATO und stellte im Jahre 1995 mit einer dieser Fregatten das Flagg- und

Führungsschiff des Verbandes. Darüber hinaus boten die drei Fregatten dem NATO-Mitglied Portugal die Möglichkeit, sich erfolgreich an friedenserhaltenden Missionen der UNO in der Adria, vor der westafrikanischen Küste und vor Ost-Timor im Bereich des indonesischen Archipels zu beteiligen.

7.3.4 MEKO 200 HN

Auch die griechische Marine (HN-Hellenic Navy) stand am Ende der achtziger Jahre vor der Aufgabe, ihre Flotte zu modernisieren, deren Überwasser-Einheiten zu dieser Zeit aus dampfgetriebenen Schiffen – d.h. aus Weltkriegs 2-Zerstörern oder Fregatten aus den USA – bestand und die begann, ihre Flotte mit gebrauchten S-Fregatten

Fregatte HYDRA, erstes MEKO – Schiff mit Schanzkleid (Slg. B+V)

(KORTENAER) der Königlich Niederländischen Marine zu ergänzen. Gleichzeitig verband man aber mit der Absicht zur Modernisierung der Flotte, auch den Wunsch, sich eine eigene marinetechnische Werft – und industrielle Infrastruktur – zu schaffen, die bei Reparatur, Wartung und Instandsetzung und langfristig sogar der Marine als Neubauindustrie zur Verfügung steht. Auch in dem Wettbewerb um die Vergabe dieses sehr ehrgeizigen Auftrages, der alsbald entbrannte und der sehr erbittert ausgetragen wurde, konnte sich das von Blohm + Voss geführte Fregattenkonsortium (GFC) durchsetzen. Dabei kamen dem Konsortium die Referenzen zugute, die sie mit dem Technologie-Transfer der Bauprogramme für die Armada Argentina sowie mit denen für die Türkei vorlegen konnte. Auch hier überzeugte das MEKO-Konzept mit seinen Vorteilen bei der Lizenzvergabe und dem Bau der Schiffe mit ihrem modularem Aufbau im Ausland.

Nur 40 Monate nach Unterzeichnung des Bauvertrages lieferte B+V im Oktober des Jahres 1992 das Typschiff der MEKO 200 HN, die Fregatte HYDRA, an den griechischen Auftraggeber aus, wobei zwischen Kiellegung und Indienststellung 23 Monate lagen. In den Jahren bis 1998 folgten die Ablieferungen der drei Nachbauten durch die griechische Werft HSY (Hellenic Shipyard) in Skaramanga. Bis auf wenige Unterschiede bei den Komponenten ist die griechische MEKO 200 ein fast identischer Nachbau der portugiesischen Fregatte. Abweichend von der portugiesischen, erhielt die griechische Fregatte auf dem Backdeck das 5-Zoll-Standardgeschütz der US Navy von der Firma United Defense, eine zweite PHALANX auf dem ersten Aufbaudeck vor der Brücke und anstelle der Marschdiesel vom Typ MTU 12 V 1163 TB 83, wie sie an Bord der PN anzutreffen sind, erhielt die HN Dieselmotoren des Typs MTU 20 V 956 TB 82.

Wie bereits in dem Abschnitt über das MEKO-Konzept erwähnt, ist ein weiteres Detail, mit dem sich die griechische Fregatte von ihren Vorgängerinnen unterscheidet, der zweite Zentralrechner, der hier erstmals an Bord genommen wird.

Durch US amerikanische Vorbilder beeinflusst, erhalten die griechischen Fregatten als erste MEKO-Schiffe – also noch vor den bereits beschriebenen Fregatten TRACK II B – ein Schanzkleid im Bereich des Vorstevens, um damit die 5-Zoll-Rohrwaffe auf dem Backdeck gegen grüne See an Deck und gegen Seeschlag zu schützen. Erstmals wurde an Bord der HYDRA die Waffenerprobung ohne die Assistenz der deutschen Marine unter der alleinigen Verantwortlichkeit von Blohm + Voss durchgeführt. Unter der Beteiligung von B+V, der griechischen Marine (HN), sowie Firmenvertretern aus den USA und den Niederlanden wurde auch erstmals von Bord einer MEKO-Fregatte das Abfeuern eines senkrecht startenden FK (VLS) erprobt.

7.3.5 MEKO 200 ANZ

Innerhalb der Familie der MEKO 200-Fregatten nehmen auch die insgesamt 10 Einheiten des Typs MEKO 200 ANZ für Australien und Neuseeland eine besondere Rolle ein. Diese Besonderheit ist zunächst in der Konstruktion des am 10. November 1989 unterzeichneten Bauvertrages begründet, mit dem eine exklusive Fertigung der zehn Einheiten in Australien vereinbart wurde. Vertragspartner des australischen und neuseeländischen Verteidigungsministeriums ist die australische Firma AMECON (Australian Marine Engineering Consolidated), die die Schiffe auf der Werft Transfield in Williamstown – in unmittelbarer Nachbarschaft zu Melbourne – bauen lässt, wobei die von Blohm + Voss gegründete Firma Blohm +

Voss (Australia) Pty. Ltd. für das Engineering, d.h. für das gesamte Zeichnungswesen und die Dokumentation sowie den Transfer der Materialpakete zuständig war. Das ganze Vertragswerk wird von dem Vorsatz geleitet, so viel australische und neuseeländische Industriebeteiligung als möglich in den Bau der Schiffe einzubinden.

Technisch unterscheiden sich die ANZAC-Fregatten, wie die Schiffe bald nach ihrem australischen Typschiff genannt werden, von den übrigen MEKO-200-Einheiten durch ihre CODOG-Antriebsanlage, die nur aus einer Gasturbine aber weiterhin aus zwei Dieselmotoren besteht; d.h. die Höchstgeschwindigkeit von 27,0 kn wird mit nur einer Gasturbine erreicht, deren Leistung aber von General Electric (GE) auf 22.500 kW heraufgesetzt werden konnte. Somit wird auf eine hohe Geschwindigkeit von 30,0 kn verzichtet und der weitaus größere Wert wird auf große Reichweite von 6.000 sm bei 18,0 kn Marschgeschwindigkeit gelegt. Angesichts der gewaltigen Größe der südpazifischen Seegebiete von mehr als 4,5 Millionen Quadratmeilen, deren Überwachung die Fregatten inzwischen übernommen haben, wird es verständlich, warum die beiden Marinen der Reichweite bei Marschgeschwindigkeit eine höhere Priorität vor der maximalen Geschwindigkeit eingeräumt haben. So haben einzelne Einheiten aus der Familie der ANZAC-Fregatten innerhalb von acht Monaten 47.332 sm an 161 Tagen in See zurückgelegt, d.h. diese zurückgelegten Entfernungen entsprechen mehr als dem doppelten Erdumfang am Äquator. Diese Marschleistungen sind den Dieselmotoren vom Typ MTU 12 V 1163 TB 83 zu danken, die in der Vergangenheit trotz der Schnellläufigkeit ihre Standzei-

Nächste Doppelseite: Fregatte Typ MEKO 200 ANZAC vor Sydney (Slg. B+V)

Einbau der Kanister für acht senkrecht startende Raketen (VLS) Mk 41 an Bord der MEKO 200 ANZ (Slg. B+V)

Mk 41, full length) sowie von 8 HARPOON-Startern, die sich auf zwei Vierlingsstarter verteilen. Die beiden neuseeländischen – nicht aber die acht – ANZAC-Fregatten sind jeweils mit einer Nächstbereichswaffe vom Typ PHALANX der Firma Raytheon in den USA bewaffnet, die vom Dach des Hubschrauberhangars aus das Schiff gegen tief fliegende und von hinten angreifende Raketen (Marschflugkörper) schützt. Auch die acht australischen ANZAC-Fregatten werden im Rahmen eines ersten Modernisierungsprogramms unter der Bezeichnung Project SEA 1448 mit Nächstbereichswaffen (ASMD-Anti Ship Missile Defence) aus australischer Fertigung ausgerüstet. Dabei werden die Fregatten mit Radargeräten, ähnlich dem APAR, ausgestattet, mit denen Zielentdeckung und -verfolgung sowie Leitung und Endziel-Beleuchtung für die dann neu an Bord genommenen ESSM (Evolved Sea Sparrow Missiles) ermöglicht wird. Ein einzelner Hubschrauber mit seinen Leichtgewichts-Torpedos (324 mm⁰) ergänzt die aus insgesamt 6 Rohren bestehende U-Jagd-Torpedobewaffnung der Schiffe.

Ebenso wie die portugiesischen Fregatten erhalten auch die ANZAC-Fregatten nach US-amerikanischem Vorbild ein Schanzkleid im Bereich des Vorschiffs, um das auf dem Backdeck angeordnete Gerät gegen Seeschlag zu schützen. Dabei muss das Schanzkleid so dimensioniert sein, dass es nicht nur den Kräften des Seegangs standhält, sondern auch dem Knalldruck der Rohrwaffe auf dem Backdeck.

ANZAC-Fregatten werden auch zur Überwachung der 200 sm-Wirtschaftszone (engl. EEZ = Exclusive Economic Zone), beim Umweltschutz im Rahmen der »Convention for the Conservation of Antarctic Marine Living Resources« CCAMLR, wie auch zur Unterstützung bei der Wahrnehmung hoheitlicher Aufgaben bei Zoll, Hydrographie und Fischereischutz eingesetzt,

ten (engl. TBO = Time Between Overhaul) in den Jahren nach 1990 um mehr als 30 % steigern konnten.

Ähnlich den mit NATO-Hilfe ausgestatteten MEKO-Fregatten Griechenlands, Portugals und der Türkei bestehen Waffen und Sensoren der ANZAC-Fregatten vorzugsweise aus US-amerikanischer Produktion. Ihre enge bündnispolitische, strategische und logistische Verknüpfung mit der US Navy im pazifischen Raum führen zu einer rüstungspolitischen Gleichstellung der australischen und neuseeländischen Marine mit den NATO-Marinen. So verfügen die ANZAC-Fregatten neben der 5-Zoll-Kanone von United Defense (heute BAE Systems), über einen Satz von acht Kanistern für senkrecht startende FK (VLS,

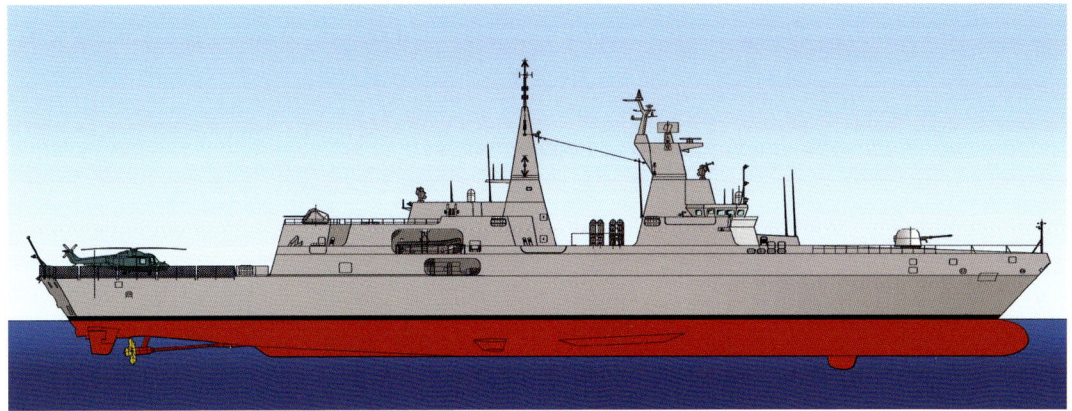

MEKO A 200 SAN, Fregatte für die südafrikanische Marine, Generalplanskizze (Seitenansicht) (Slg. B+V)

die sich z.T. bis in antarktische Seegebiete mit Seewassertemperaturen von 2 °C erstrecken, in denen Eisberge, hohe Windgeschwindigkeiten und extreme Seegänge auftreten. Im Zuge solcher Aufgaben sind die Schiffe in brechende Dünung von 14,0 m Höhe und ein anderes Mal in drei aufeinander folgende sog. Monsterwellen (engl. rogue Waves = Schurkenwellen) mit ca. 19–20 m Wellenhöhe geraten, die dann zwar einige Verholeinrichtungen auf dem Backdeck schwer beschädigten, aber die 5-Zoll-Kanone und die Brücke unbeschädigt und das Schiff seine Mission fortsetzen ließen!

Die Fregatten des Typs MEKO 200 ANZ sind die ersten Einheiten der neuseeländischen und australischen Marine, die von Anfang an mit Einrichtungen zur Unterbringung weiblicher Besatzungsangehöriger ausgestattet wurden.

7.3.6 MEKO A 200 SAN

In jeder Hinsicht neue Wege beschritten B+V und das Fregattenkonsortium GFC beim Bau der vier Fregatten vom Typ MEKO A 200 SAN für die südafrikanische Marine (SAN), die in den Jahren 2004 und 2005 ausgeliefert wurden. Eine Besonderheit bestand zunächst einmal darin, dass die Bewaffnung und die Sensoren, die von südafrikanischen Herstellern geliefert wurden, nicht von den beiden deutschen Bauwerften B+V und HDW, sondern erst nachdem sie auf eigenem Kiel nach Südafrika überführt waren, in die Schiffe eingebaut wurden. Es handelte sich hierbei um eine vertragliche Vereinbarung, die auf Wunsch der südafrikanischen Seite erfüllt wurde, die auf diese Weise ihre leistungsstarke Waffen- und Elektronikindustrie in das Bauprogramm integrierte. Obwohl der Einbau der südafrikanischen Waffen und Sensoren in Südafrika durchgeführt wurde, geschah dies unter der Gesamtverantwortlichkeit des GFC als Generalunternehmer in Deutschland. Die problemlose Integration der Komponenten unter diesen Bedingungen wurde ganz wesentlich durch das flexible MEKO-Konzept mit seinen standardisierten Schnittstellen unterstützt. Aber auch entwurfs- und fertigungstechnisch lieferten B+V und das Konsortium mit der Fregatte MEKO A 200 SAN einen neuen innovativen Kampfschifftyp ab, der zunächst aus haushaltpolitischer Rücksichtnahme

Fregatte (ursprünglich als Korvette klassifiziert) MEKO A 200 SAN mit der charakteristischen STEALTH-Geometrie ihrer Aufbauten, ohne Bewaffnung, während ihrer schiffstechnischen Erprobung in der Nordsee (Slg. B+V)

noch als »Korvette« klassifiziert wurde, obwohl das Schiff nach Hauptabmessungen und Bewaffnung den bisher gebauten MEKO-Fregatten in nichts nachstand.

Marine-Überwasserschiffbau ist seit langem Leichtbau mit höherfesten Stahlplatten, deren Materialstärke bei Aufbauten bis auf 3,0 mm herabgesetzt ist und deren maximale Dicke sonst bei 7,0 mm liegt. Hierbei sei daran erinnert, dass im zivilen Großschiffbau bei Tankern, Massengutschiffen und Containerschiffen die maximalen Plattenstärken normalfester Schiffbaustähle beispielsweise im Bereich des hoch belasteten Schergangs bei 45,0 mm liegen! Unter den Bedingungen des Leichtbaus für die modernen Marineschiffe führen die herkömmlichen Methoden des Elektroschweißens zu Verformungen der Plattenfelder infolge unvermeidbarer Wärmespannungen, die anschließend durch z.T. umständliche Nachbehandlung beseitigt werden müssen. Hier schafft das seit ca. 1990 industriell genutzte Laserschweißen und -brennen Abhilfe, mit dem nur ein Bruchteil der Wärme des E-Schweißens in den Werkstoff eingebracht wird, so dass Verformungen selbst dünnster Bleche von

3,0 mm vermieden werden. Die seit langem – auch und gerade im Handelsschiffbau – geforderte »Genaufertigung«, die ohne die sonst im Stahlschiffbau üblichen Zugaben auskommt, lässt sich nunmehr mit Lasertechnik einhalten.

Nach fast zehnjähriger Vorbereitung haben Blohm + Voss und die Thyssen-Krupp AG im Jahre 2001 mit einer derartigen kombinierten rechnergestützten Laserschneid- und Schweißanlage als eine ihrer größten Einzelinvestitionen von 20,0 Mio. DM die Fertigung der ersten Fregatte vom Typ MEKO A 200 SAN für Südafrika aufgenommen. Mit dieser Laseranlage ist die Werft in der Lage, ca. 90 % des gesamten Stahls, wie er für ein Marineschiff erforderlich wird, zu verarbeiten. Die Rationalisierungserfolge, die mit Einführung der Lasertechnik verbunden sind, belaufen sich bei B+V auf ca. 30 % ! Damit konnte sich B+V/TKMS weltweit einen Spitzenplatz unter den Werften bei der Nutzung der innovativen Fügetechnik sichern; auch andere Werften setzen die Lasertechnik ein, jedoch nur für ausgewählte Komponenten des Schiffes, die unter 30 % des von ihnen verbauten Stahls bleiben!

Nicht nur die angewandte Fertigungstechnik, auch das gesamte Entwurfskonzept der MEKO A 200 SAN folgte innovativen Ideen, weshalb man die Typenbezeichnung MEKO durch ein »A« (für »advanced«) ergänzte. Dieses Entwurfskonzept wird davon beherrscht, eine Fregatte mit erheblich reduzierten Signaturen zu bauen. Neben akustischen und elektromagnetischen Signaturen, die man schon seit langem mit Hilfe von sog. doppeltelastischen Lagerungen, mit Schallkapseln und mit Schallisolierungen aller Art, wie auch mit sog. MES-Schleifen (Magnetischer Eigenschutz) unterdrückt, sind es an Bord der südafrikanischen Fregatte ganz besonders die Radarrückstrahlung und die

MEKO A 200 SAN, mit Bewaffnung, Probefahrt in den Gewässern vor Südafrika, 2004 (Slg. B+V)

Wärmeabstrahlung, die mit intelligenten Lösungen vermieden werden. Die Summe dieser Maßnahmen machen aus dem Schiff eine sog. STEALTH-Fregatte, die erst sehr spät oder gar nicht von einem gegnerischen Radar oder von dem Suchkopf eines mit Radar-. IR- oder akustischen Sensor ausgerüsteten Flugkörpers oder Torpedos erkannt wird (stealth, engl. - heimlich).

Sofern es die Radarrückstrahlung (Radarreflexion) betrifft, zeichnen sich die Schiffe durch die besondere Geometrie ihrer Aufbauten mit ebenen Längs- und Querwänden aus, die unter wechselnden Neigungen von wenigen Grad gegen die Senkrechte schräg gestellt sind, und damit ihr Radarecho ablenken (»Einfallwinkel = Ausfallwinkel«) und signifikant verringern. Diese Verringerung der RCS (»Radar Cross Section«) - Signatur oder auch des »Radarechos« wird zusätzlich damit unterstützt, dass Nischen, runde oder kugelförmige Bauteile und Gitterbauwerke vermieden werden. Die Reduzierung des Radarechos ist so stark, dass die Schiffe zur Teilnahme am Seeverkehr auf den internationalen Schiffahrtsrouten in Friedenszeiten mit einem speziell für diesen Zweck an Bord gegebenen Radarreflektor ausgerüstet werden, um sich somit als »normaler« Verkehrsteilnehmer zu erkennen zu geben.

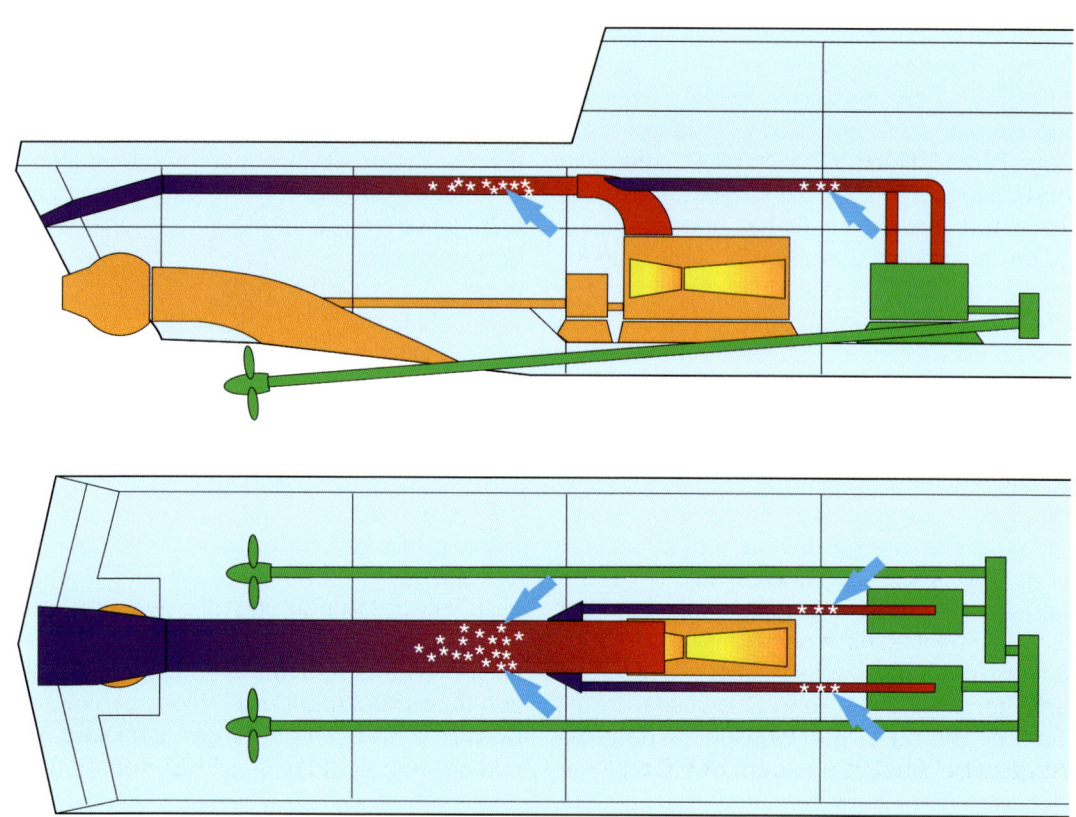

MEKO A 200 SAN, Antriebskonzept CODAGWARP mit Abgaskühlung (Slg. B+V)

Die zweite Maßnahme, die wesentlich das innovative Entwurfskonzept der MEKO A 200 SAN prägt, ist die Unterdrückung der IR-Signatur, mit der die herkömmliche Raumaufteilung von Grund auf verändert wird. Kern dieses Antriebskonzeptes ist der kombinierte sog. CODAG-WARP (Waterjet Refined Propeller) - Antrieb, bei dem ein Antriebsstrang bestehend aus einer Gasturbine vom Typ LM 2500, einem Getriebe (Bus 156 Lo) und einem Wasserstrahlantrieb vom Typ LJ 210 E der Firma Lips in den drei hinteren wasserdichten Abteilungen unterhalb des Hubschrauberlandedecks und unterhalb des Hangars angeordnet sind. Diese kompakte Anordnung ist nur möglich, weil die verbindende

Antriebswelle in der Waagerechten bleiben kann, da die Drehachse des Impellers des Wasserstrahlantriebs – anders als die Welle des normal getauchten Propellers – etwa in der Höhe des Getriebeausgangs liegt und somit keine Wellenneigung benötigt wird.

Mit dieser Anordnung kommt erstmals in der Geschichte des Marineschiffbaus ein Wasserstrahlantrieb als Propulsor an Bord einer Fregatte. Es ist das Verdienst des niederländischen Herstellers Lips, hierfür mit 2,80 m° den weltweit größten Impeller-Durchmesser entwickelt zu haben, der den besonderen hydodynamischen Verhältnissen einer Fregatte mit lediglich 29,0 kn Maximalgeschwindigkeit Rechnung trägt und so einen alles in allem befriedigenden

Propulsionswirkungsgrad erzeugt. Vor dem Gasturbinenraum befindet sich die Abteilung mit den beiden Marsch-Dieselmotoren vom Typ MTU 16 V 1163 TB 93 mit zwei dreistufigen Untersetzungsgetrieben des Typs ASL der Firma RENK, die über das Sammelgetriebe vom Typ AS 170 miteinander verbunden sind und die jeweils eine Welle mit einem Verstellpropeller der Firma Lips mit einem Durchmesser von 3,40 m° antreiben. Diese kompakte Unterbringung der gesamten Antriebsanlage in den hinteren wasserdichten Abteilungen der Fregatte erlaubt es, sowohl die Abgase der Gasturbine als auch jene der Antriebsdieselmotoren in einem gemeinsamen horizontal verlegten Abgasschacht zu sammeln und zum Spiegel des Schiffes kurz oberhalb der Schwimmwasserlinie nach außen zu führen. Sofern die militärisch-operatve Lage dies erforderlich macht, kann Seewasser in die Sammelleitung injiziert werden, so dass die Abgase bei Austritt aus dem Schiff die Umgebungstemperatur angenommen haben und somit ihre IR-Signatur vollständig unterdrückt haben. Die Abgas-Sammelleitung ist mit einer Rückschlagklappe versehen, die es verhindert, dass sich bei achterlichem Seegang der Kanal mit Seewasser füllt. In diesem Fall werden die Abgase der Antriebsdiesel automatisch über separate Leitungen seitlich vom Schiff unter die Wasserlinie und die Abgase der Gasturbine über eine vertikale Leitung nach oben abgeführt. Die E-Diesel erhalten ebenfalls eine seitliche Unterwasser-Abgasführung. Mit dieser Anordnung sind sowohl die Forderungen nach weitgehender Unterdrückung der IR-Signatur erfüllt, als auch mittschiffs wertvoller Raum für die Unterbringung von Besatzungsangehörigen sowie Dienst- und Betriebseinrichtungen gewonnen, der sonst für die Antriebs- und Abgasanlage aufgewendet werden müsste. Maßnahmen zur Unterdrückung der IR-Signatur werden durch die Sprüheinrichtungen zur Dekontamination unterstützt (s. MEKO-Konzept).

8. MEKO-Fregatten für die Deutsche Marine

8.1 Die Fregatten der Klasse 123

Anfang der neunziger Jahre erreichten die zwischen 1960 und 1963 vom Stapel gelaufenen Zerstörer der Klasse 101 (HAMBURG Zerstörer) ihre Altersgrenze, für die ihre Konstruktion ausgelegt war. Um eine zügige und kostengünstige Beschaffung und Indienststellung der vier Nachfolgeschiffe ab 1994 zu ermöglichen, verzichtete das BWB auf die bisher übliche schrittweise Bearbeitung nach Konzept-, Definitions- und Projektphase und eines anschließenden langwierigen Wettbewerbs verschiedener Anbieter. Stattdessen forderte die Beschaffungsbehörde die vier für den Bau von Fregatten geeigneten Werften B+V, TNSW, HDW und den Bremer Vulkan auf, einen gemeinsamen Entwurf (Preisstand Ende 1987) mit einer Preisobergrenze von 650 Mio. DM pro Schiff auszuarbeiten. Dabei bestand seitens des BWB die Vorgabe, bei der Projektierung sowohl Konzepte der Fregatte Klasse 122 als auch die Modularisierung des MEKO-Konzeptes von Blohm + Voss zu übernehmen! Ebenso wurde gefordert, die Ergebnisse, die bereits im Zuge des NATO-Vorhabens NFR 90, der späteren Klasse 124, gesammelt wurden, zu berücksichtigen. Mit den so getroffenen Vorgaben hatte sich die Bundesmarine erstmals für das von Blohm + Voss entwickelte modulare Konzept entschieden und wurde somit die »parent navy« für das MEKO-Konzept und übernahm als Marine des Herkunftlandes dieses Konzepts dessen »Patenschaft«. Die vier Einheiten der Klasse 123 wurden mit den neuesten Modulen ihrer Zeit ausgerüstet; so verfügt jedes der Schiffe über 4 Waffen- und 7 Elektronikcontainer, über 29 Paletten für Bedienkonsolen, über 17 neu entwickelte Lüftungs-Funktionseinheiten (LÜFES) sowie über 2 Mastmodule.

Es waren Zwänge, die aus dem Bereich Wartung und Instandhaltung, d.h. der Logistik kamen, die das BWB veranlassten, für die zu projektierende Klasse 123 auch technischen Anlagenkonzepte der Fregatten der Klasse 122 zu übernehmen, deren letztes Los, bestehend aus den Fregatten AUGSBURG und LÜBECK, sich zu damaliger Zeit beim Bremer Vulkan und den Thyssen Nordseewerken in Emden noch in Bau befand. Da sowohl den Fregatten der Klasse 122 als auch denen der Klasse 123 ausgesprochene U-Jagd (ASW) - Eigenschaften zugewiesen waren, unterschieden sich die Waffen der beiden Klassen nur wenig. Lediglich bei einzelnen Sensoren und bei Geräten der elektronischen Kriegführung (ESM und ECM), gab es Unterschiede zwischen den Herstellern und Marken an Bord der Klasse 122 und jenen der Klasse 123. Gemeinsam ist beiden Schiffsklassen jedoch, dass sie weiterhin bei ihrem FÜWES die seit langem gebräuchliche »Punkt-zu-Punkt-Verbindung« zwischen Waffe, Sensor und dem Zentralrechner vom Typ AN/UYK 43B der Firma UNISYS beibehalten und weiterhin auch die Programm-Software SATIR einsetzen. Zur Wahrnehmung von Verbands- und anderen Führungsaufgaben, so auch der Führung von Landstreitkräften, sind die Schiffe der Klasse 123 mit umfangreichen Fernmeldeeinrichtungen einschließlich Satellitenkommunikation ausgestattet, was auch den automatischen Datentransfer zu Kommandostellen der NATO mit LINK 11 einschließt.

Ebenso wie an Bord der Klasse 122, werden auch die vier Schiffe der Klasse 123 mit je zwei Nächstbereichswaffen des Systems RAM (Rolling Airframe Missle) aus deutsch-amerikanischer Produktion ausgestattet. Dagegen führt die Bundesmarine erstmals mit insgesamt 16 Kanistern das System Mk 41 Mod 3 der Firma Martin Marietta an Bord ihrer Schiffe ein, mit dem senkrecht startende Raketen (VLS) des Typs NATO Sea Sparrow verschossen werden. Diese VLS-Vorrichtung löst den herkömmlichen, auf dem Aufbaudeck stehenden schwenkbaren Achtfach-Starter für den NATO Sea Sparrow ab! Sowohl die Klasse 122 als auch die Klasse 123 verfügen über Abschussvorrichtungen für Seeziel-Marschflugkörper des Typs Exocet unterschiedlicher Reichweite. Die Klasse 122 führte bereits 8 Starter für FK vom US-amerikanischen Typ HARPOON mit einer Reichweite von 80 sm an Bord, während an Bord der Klasse 123 noch das französische

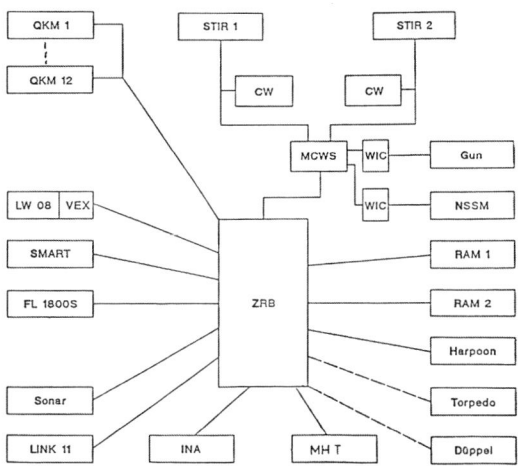

Funktionsschaubild für das Führungs- und Waffeneinsatzsystem FÜWES der Fregatten vom Typ MEKO 360 H1, Meko 360 H2, der Klasse 122 und der Klasse 123 mit »Punkt-zu-Punkt« - Verbindungen: Waffe, Rechner, Sens (Slg. B+V)

System MM 38 mit einer Reichweite von 23 sm anzutreffen ist, das – um Kosten zu verringern und um ihr vorzeitiges Verschrotten zu vermeiden – von den außer Dienst gestellten Vorgängerschiffen, den Zerstörern der Klasse 101, übernommen wurde.

Fregatte Klasse 123, BRANDENBURG (Typschiff) (Slg. B+V)

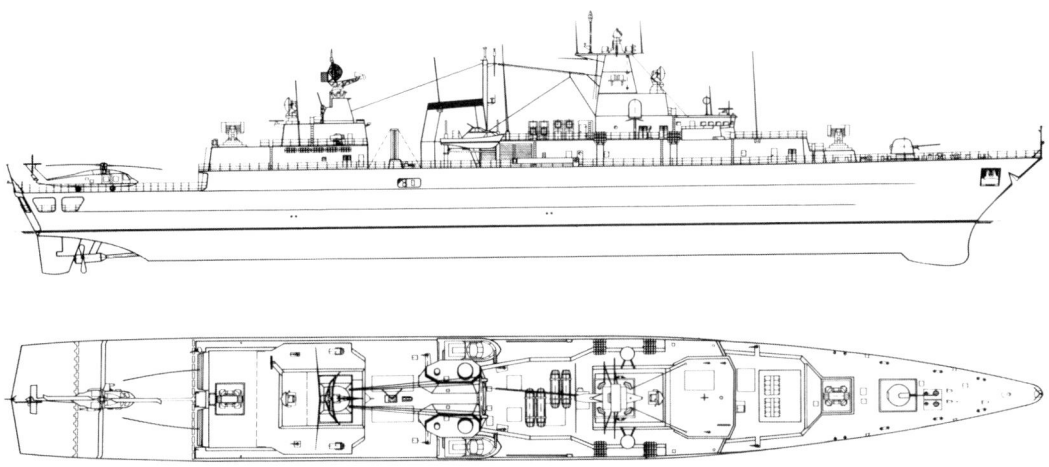

Fregatte BRANDENBURG, nach ihrer Indienststellung durch die Deutsche Marine (Slg. B+V)

Auf Grund logistischer Überlegungen legte man auch sehr viel Wert auf den Einbau einer Antriebsanlage und von zwei E-Werken, die denen, wie sie an Bord der Klasse 122 eingebaut sind, gleichen. So verfügen die CODOG-Antriebsanlagen beider Klassen über die gleichen Gasturbinen und Marschdiesel; lediglich die beiden Untersetzungsgetriebe der Firma BHS in Sonthofen an Bord der Klasse 122 wurden durch zwei Getriebe der Firma Renk Tacke an Bord der Klasse 123 ersetzt. Die Wellenanlage und die Propeller mit Luftausblasung zur Geräuschminderung lieferte die Firma Escher Wyss in Ravensburg für beide Schiffsklassen. Die E-Werke der Klase 122, wie auch jene der Klasse 123, bestehen an Bord eines jeden Schiffes aus insgesamt vier E-Diesel des Typs MWM TBD 602 V 16 U und vier Generatoren der Firma A. van Kaick, deren maximale Einzelleistung 750 kW beträgt. Die gesamte Maschinensteuerung und -Überwachungsanlage vom Typ DMT hat für beide Schiffsklassen die Firma Siemens geliefert. Wegen der Gleichheit ihrer Antriebsanlagen konnte für beide Schiffsklassen auch das bereits für die Klasse 122 in Betrieb genommene schiffstechnische Schulungszentrum der Marine in Parow (Vorpommern) für die Klasse 123 übernommen werden. Auch wenn durch die Übernahme eines vor mehr als 10 Jahre entwickelten Konzeptes veraltete Technik fortgeführt wird, so kann der Nutzen durch eine rasche Inbetriebnahme solcher Bordanlagen diesen Nachteil relativieren.

Neue Wege beschritt man dagegen mit den Maßnahmen zur Standkrafterhöhung mit drei unter das Hauptdeck angeschlossenen, längs laufenden Kastenträger und mit insgesamt sechs Doppelquerschotte, die feuerfest isoliert sind, so dass sie 30 Minuten lang nach Ausbruch eines Feuers die Wärmeisolierung der Nachbarabteilung gewährleisten. Mit solcherart Maßnahmen bleibt die Längsfestigkeit des Schiffes auch bei schweren Unterwassertreffern erhalten und schützt das Schiff unterhalb des Hauptdecks mit den Doppelschotten und im Bereich der OPZ und deren benachbarter Räume mit Sondermaterial (Keramik) gegen Splitterwirkung.

Um ihre Schiffe auch nach dreißig und zuweilen noch mehr Jahren mit modernen und zeitgemäßen Geräten ausrüsten zu können, hatte auch die Bundesmarine, resp. das BWB, für die Klasse 123 gefordert, 225 t Gewichtsreserve sowie Platz-, Raum-, Stabilitäts- und Energiereserven vorzusehen. Bei Ablieferung der Schiffe wurden diese Reserven nachgewiesen und vom öffentlichen Auftraggeber bestätigt.

Es gehört zum Selbstverständnis der Bundesmarine – seit 1996 Deutsche Marine – dass sie die anspruchsvollen Verordnungen zum Umweltschutz, wie sie der Deutsche Bundestag verschiedentlich verabschiedet hat, sehr genau beachtet, erfüllt und dauerhaft einhält und ihre Schiffe daher mit entsprechenden Anlagen ausstattet; so befinden sich an Bord der Klasse 123 Aufbereitungsanlagen zur Entsorgung von Abwasser, Schmutzwasser und Müll. Die Entsorgung sämtlicher an Bord bereits aufbereiteter fester und flüssiger Abfallstoffe findet in den hierfür vorgesehenen Einrichtungen der Deutschen Marine und der NATO an Land statt, um so auch den internationalen Bestimmungen von MARPOL zu entsprechen.

Im Jahre 2006 waren alle vier Fregatten bereits zehn Jahre und länger im weltweiten Einsatz, um friedenssichernde Missionen im Auftrag der UNO, der NATO und anderer multinationaler Einrichtungen durchzuführen. Es hat sich in diesen Jahren gezeigt, dass die Schiffe im Durchschnitt doppelt so viele Seetage im Jahr absolviert hatten, wie ihre Vorgänger der Klasse 122. Damit haben sich die Vorhersagen des US Admirals Ch. W. Nimitz, die dieser um das Jahr 1950 über die Zerstörer und ihre Nachfolger formulierte, bestens bestätigt!

Die vier Fregatten der Klasse 123 wurden auf die Namen BRANDENBURG, SCHLESWIG-HOLSTEIN, BAYERN und MECKLENBURG-VORPOMMERN getauft. Damit verband man die Tradition der Bundesmarine, die seit 1955 mit der Namensgebung auch die Übernahme von Patenschaften durch die Bundesländer fördert und damit aber auch eine alte Übung der Kaiserlichen Marine fortsetzt, die bereits ihre Linienschiffe nach preußischen Provinzen (SCHLESWIG-HOLSTEIN, BRANDENBURG, POMMERN) und den Bundesstaaten des Reiches (BAYERN, MECKLENBURG) benannt hatte.

8.2 Die Fregatten der Klasse 124

Mit den drei Fregatten der Klasse 124, die die drei Lenkwaffen-Zerstörer der Klasse 103 ersetzten, die gegen Ende der neunziger Jahre ihre Altersgrenze überschritten, hatte sich die Deutsche Marine – ohne Übertreibung – den Prototyp eines Kampfschiffes des 21. Jahrhunderts geschaffen. Dabei prägte schon längst nicht mehr die Waffentechnik allein mit Rohrwaffen, Raketen und Torpedos das »Gesicht« des Schiffes. Viel mehr sind es die Sensortechnik mit neuartigen Radargeräten, mit Rechnertechnik sowie eine aus innovativen Kabelnetzen bestehende Informationstechnik und dem drahtlosen Datenaustausch mit Marine-, Luft- und Landeinheiten, die das Entwurfskonzept der Klasse 124 beherrschen und die die Schiffe zur Verbandsführung befähigen. Das Schiff übernimmt insbesondere Luftüberwachung und Flugabwehr in einem Luftraum von 800 km Durchmesser nicht nur für größere Flottenverbände, sondern auch für landgestützte Verbände des Heeres. Ebenso ist das Schiff in der Lage, mit der gleichen Präzision sowohl See- als auch Unterwasserziele zu entdecken, zu verfolgen und schließlich zu bekämpfen! In dem Abschnitt über »MEKO-Technologie« ist bereits beschrieben, wie die Modularisierung von Blohm + Voss über – intelligente – digitale Schnittstellen in das hochmoderne FÜWES der Klasse 124 integriert wird.

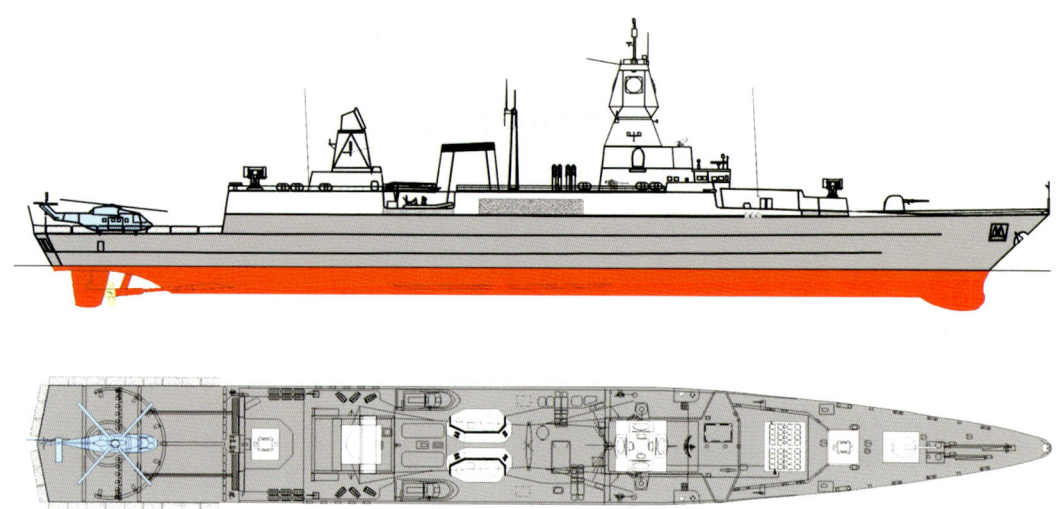

Fregatte Klasse 124, SACHSEN (Typschiff) (Slg. B+V)

Nachdem um 1991 die Idee einer NATO-Fregatte (Projekt NFR 90 – NATO Frigate Replacement) an den gegensätzlichen Interessen der Teilnehmerstaaten gescheitert war, entschieden sich die Beschaffungsbehörden Deutschlands, der Niederlande und Spaniens zur gemeinschaftlichen Entwicklung von Komponenten, wie sie an Bord zukünftiger Fregatten und Korvetten der beteiligten Marinen benötigt und eingebaut werden sollten. Schon mit dem gemeinsamen deutsch-amerikanisch-dänischen Vorhaben, aus dem aber Dänemark alsbald wieder ausgeschieden war, zur Entwicklung des Nächstbereichs-Abwehrsystems RAM (Rolling Airframe Missile) hatte man innerhalb der NATO hierfür in den achtziger Jahren im Bereich der Marinewaffen eine durchaus ermutigende Referenz geschaffen. Im Fall des Multifunktionsradars, das für die Luftabwehr-Fregatte Kl. 124 zu entwickeln war, entschied sich das BWB in Koblenz erstmals in seiner Geschichte, den »ehernen« Grundsatz, nur erprobtes Gerät zu beschaffen, aufzugeben und statt dessen neu entwickeltes und daher nicht langzeitig erprobtes, aber

dafür modernes Gerät für die neue Fregatte zu akzeptieren. Die herkömmliche Methode, nur erprobtes Gerät zu beschaffen, hatte regelmäßig dazu geführt, dass dieses veraltet war, wenn die Schiffe schließlich in Dienst gestellt wurden. So kam es, dass sich um 1994 Deutschland, die Niederlande, Kanada und Spanien darauf verständigten, gemeinschaftlich, unter der Federführung von Thales NL – ehemals HSA –, das Multifunktionsradar APAR (Active Phased Array Radar) zur See- und Luftraumüberwachung, zur Zielerfassung, zur Zielverfolgung und zur Zielbeleuchtung zu entwickeln. Diese Bündelung von Fähigkeiten in einer Geräteeinheit wurde mit einem Systemgewicht von 15 t »erkauft«, dessen Schwerpunkt an der höchsten Stelle des Schiffes im Gefechtsmast ca. 24 m über der Schwimmwasserlinie des Schiffes liegt! Bei sonst gleichen Hauptabmessungen musste daher die Breite der Klasse 124 gegenüber der Klasse 123 um 0,7 m vergrößert werden, um so die Stabilität des Schiffes zu gewährleisten, die sonst nicht nur durch das große Toppgewicht des APAR, sondern auch durch den Fortfall einer Gasturbine im

Maschinenraum gefährdet war. Noch vor der ersten niederländischen LCF-Fregatte (LCF – Luchtverdedginsgen Commando Fregat) wurde im Jahre 2000 an Bord der SACHSEN das erste APAR eingebaut. Spanien hatte sich zwischenzeitlich aus der Arbeitsgemeinschaft wieder zurückgezogen und sich für das US-amerikanische AEGIS-Multifunktionsradar entschieden.

Neu entwickelt wurde von der niederländischen Firma THALES NL auch das 3D-Weitbereichsradar vom Typ SMART L, das frühzeitig im Umkreis von 400 km Zieldaten von Flugzeugen und Raketen erfasst und an das APAR weiterreicht. APAR und SMART L schaffen die Voraussetzung dafür, dass sowohl die Klasse 124 als auch das LCF die Aufgaben zur Verbands-Flugabwehr erfüllen.

Eine weitere Entwicklung, an der sich insgesamt 12 NATO-Partner beteiligten, darunter auch Deutschland und die Niederlande, ist die Modernisierung der seit langem bei der NATO verwendeten Flugabwehr-Rakete SEA SPARROW zur ESSM, zur EVOLVED SEA SPARROW, die an Bord der Klasse 124 und der LCF als senkrecht startende Rakete (VLS – Vertical Launch System) eingesetzt wird. Mit der ESSM wird die Fähigkeit der Fregatte zur erweiterten Nahbereichsabwehr gegen tieffliegende Seezielflugkörper, gegen schnelle Ziele aus mittlerer Höhe und gegen überschnelle Ziele aus größerer Höhe geschaffen, die alle der Reichweite des RAM entzogen sind. Zusätzlich wird das Schiff mit dem FK-System SM 2, ebenfalls von Raytheon Missile System ausgerüstet, das über eine noch größere Reichweite als die ESSM verfügt.

Das gesamte Führungs- und Waffeneinsatzsystem (FÜWES) der Klasse 124 mit seiner dezentralen Rechnerkapazität, verteilt auf 17 Rechnerkonsolen, mit einem optronischen Kabelnetz als Datenbus und mit einer hierfür neu entwickelten operationellen Programmsoftware SEWACO FD

Fregatte SACHSEN, vorderer Mastaufbau mit dem Multifunktionsradar APAR (Active Phased Array Radar) (Slg. TKMS)

waren vertragsmäßig vereinbarte Entwicklungen, die gleichzeitig mit dem Entwurf, der Konstruktion und dem Bau des Typschiffes SACHSEN der Klasse 124 durchgeführt, erprobt und schließlich an Bord implementiert wurden.

Ein Anspruch, dem moderne Fregatten genügen müssen, ist ein hoher Automatisierungsgrad, mit dem nicht nur größere Betriebssicherheit der Anlagen erreicht wird, sondern mit dem auch der Notwendigkeit nach Personaleinsparungen Rechnung getragen wird. Hierfür entwickelte das GFC in Zusammenarbeit mit der kanadischen Firma L3 Communications – ehemals CAE – das IMCS (Integrated Monitoring and Control System) zur Überwachung und Steuerung des gesamten Haupt- und Marschantriebsanlage, der E-Versorgung und der Schiffshilfsanlagen vermittels Datenbus. Die Hauptantriebsanlage ist eine CODAG-Anlage, bei der zwei Dieselmotoren vom Typ MTU 20 V 1163 TB93 über je ein Untersetzungsgetriebe auf ein Sammelgetriebe geschaltet sind, an das auch die Gasturbine LM 2500 von General Electric angeschlossen ist. Mit dieser Konfiguration sind insgesamt vier Fahrmodi möglich, mit denen jeweils beide Wellen angetrieben werden:

- bis zu 18 kn, mit einem DM
- bis max. Geschw., mit zwei DM und der GT
- bis zu 21 kn, mit zwei DM
- bis zu 26 kn, mit nur der GT
  (DM – Dieselmotor; GT – Gasturbine)

Dabei ist ein Motor (oder sind beide Dieselmotoren) zu mehr als 90 % und die Gasturbine zu weniger als 10 % der gesamten Betriebsstunden im Einsatz!

Ein weitere innovative Besonderheit besteht darin, dass die Fregatten der Klasse 124 – wie auch die niederländische LCF – nicht mit einer Flossen-Stabilisierungsanlage, sondern erstmals mit einer Ruder-Roll-Stabilisierunganlage ausgerüstet sind. Diese Anlage übernimmt neben der Funktion »Manövrieren« durch höher frequentes Ruderlegen kleiner Amplitude auch die Funktion »Rolldämpfung«, mit der die Rollbewegungen des Schiffes um ca. 75 % verringert werden. Mit dem Verzicht auf die herkömmliche Flossen-Stabilisierungsanlage gewinnt das Schiff Gewichts- und Raumeinsparungen.

Mit der Indienststellung der dritten Fregatte, der HESSEN, am 15.12.2005 sind alle drei Einheiten der Klasse 124 im Einsatz und haben seither an einzelnen Auslandseinsetzen der Bundeswehr teilgenommen.

8.3 Klasse 125, die Fregatten von morgen

Vor Ablieferung des dritten Schiffes der Klasse 124 hatten die Entwurfsarbeiten für vier Fregatten der Klasse 125 bereits begonnen, die ab 2014 die Schiffe der Klasse 122 ersetzen. Auftragnehmer des am 26. Juni 2007 unterzeichneten Bauvertrags ist die Arbeitsgemeinschaft F 125, in der sich die ThyssenKrupp Marine Systems AG in Hamburg und die Fr. Lürssen Werft GmbH u.Co. KG in Bremen zusammen geschlossen haben. Wesentliches Merkmal der ab 2014 in Dienst zu stellenden Schiffe der Klasse 125 ist ihre Fähigkeit, im Rahmen von multinationalen und friedenssichernden Operationen sog. streitkräftegemeinsame Aufgaben in überseeischen Gebieten wahrzunehmen und dabei insbesondere auch gegen sog. asymmetrische Bedrohung durch ein integriertes Abwehrsystem gesichert zu sein. Dabei unterstützt das modularisierte Klima – und Lüftungssystem des MEKO-Konzeptes mit insges. sechs Lüftungscontainern je Schiff, daß die Klasse 125 auch in tropischen Seegebieten über Stehzeiten von 24 Monaten verfügt, innerhalb derer zwei Besatzungen alle vier Monate abgelöst werden.

Klasse 125: Verdrängung 6.800 t, Länge ü.a. 143,0 m, Breite 18,4 m, Geschw. (max) 26,0 kn, Antrieb (CODLAG) diesel-elektrisch und Gasturbine, Vortrieb 29.000 kW (Slg. TKMS)

9. Korvetten

In dem Abschnitt dieser Dokumentation, der den historischen Rückblick behandelt, wird auf die Entwicklung der Korvette in der Nachfolge des Torpedobootes eingegangen, wie sie sich insbesondere im Verlauf des 2. Weltkriegs bei der Royal Navy und der US Navy als Begleit- und U-Jagdfahrzeug herausgebildet hatte. Für U-Jagd und den Geleitschutz, wie die Alliierten sie bereits im 2. Weltkrieg mit ihren Fregatten und Korvetten organisiert hatten, setzte dagegen die deutsche Kriegsmarine – dort wo erforderlich – Zerstörer und Torpedoboote ein. Die Bundesmarine hat für diese Aufgabe ab 1956 Fregatten in Dienst gestellt. Zuweilen werden die bei der Bundesmarine in den sechziger Jahren beschafften fünf Einheiten der THETIS-Klasse als »Korvette« bezeichnet; sehr viel besser waren diese Einheiten jedoch durch ihre ebenfalls bei der Marine gebräuchliche Klassifizierung »Torpedofang-« oder auch »Flottendienstboot« charakterisiert.

Anders verhält es sich da schon mit den 16 Küstenwachschiffen der PARCHIM-Klasse der Volksmarine der ehemaligen DDR, die von der NATO als BALCOM 4 klassifiziert und international als »Korvette« in den Marine-Handbüchern geführt wurden: mit einer maximalen Verdrängung von 1.200 t, einer Geschwindigkeit von 25 Knoten und einer umfangreichen Rohr-, FK- und Torpedobewaffnung besaßen diese Schiffe sehr wohl den Charakter von Korvetten.

Die Werftindustrie der deutschen Bundesrepublik hat den Schiffstyp »Korvette« seit Ende der sechziger Jahre immer wieder bearbeitet und exportiert, so an Portugal, Kolumbien und mit zwei verschiedenen Typen an Malaysia. Mit den Korvetten der Klasse K 130, die ab 2007 zulaufen, erhält die Deutsche Marine ihre ersten Korvetten, wie sie zu Anfang des 21. Jahrhunderts den Stand der Technik repräsentieren (s. Tabelle 11).

Tabelle 11: Korvetten deutscher Werften: Hauptabmessungen, Leistungsdaten und ihre hauptsächliche Bewaffnung

Typ	Anz.	Werft Lizenz	Depl. [t]	L [m]	Antrieb	Lstng. [PS]	Gschw. [kn]	Bewaffnung – Primär –
JOAO COUTHINO	6	B + V Bazan	1.380	84,6	Di.-Mot. Mittschn 2 x PC2-2 V 400	10.560	24,4	2 x 76 mm, 2 x 40 mm
MEKO 140	6	B + V AFNE	1.700	91,2	Di.-Mot. Mittschn 2 x PC4-5 V 400	22.850	27,0	1 x 76 mm, 4 x 40 mm
FS 1500 RMN	2	HDW	1.850	97,1	Di.-Mot. Schnell 4 x MTU 20V 1163	28.000	27,0	1 x 100 mm, 1 x 57 mm
FS 1500 ARC	4	HDW	1.850	97,1	Di.-Mot. Schnell 4 x MTU 20V 1163	24.000	27,0	1 x 76 mm, 8 x MM 40
MEKO 100 RMN	6	B + V PS-CD	1.650	91,1	Di.-Mot. Schnell 2 x CAT 3616	16.300	22,0	1 x 76 mm, 1 x 30 mm
Klasse K 130	5	B + V ARGE	1.700	89,1	Di.-Mot. Schnell 2 x MTU 20V 1163	20.000	27,0	1 x 76 mm, 2 x RAM

Korvette JOAO COUTINHO 1970, erster Exportauftrag nach 1945 für ein Marineschiff von Blohm + Voss (Slg. B+V)

Die NATO unterscheidet nicht zwischen Fregatten und Korvetten, sondern klassifiziert beide unter »F« für Fregatte. Da es auch keine verbindliche Regel oder Vereinbarung dafür gibt, verwenden die Marinen allein nach eigenem Ermessen die Typenbezeichnungen »Korvette« und »Fregatte«.

Bei fast gleicher Bewaffnung und Sensorausstattung bleibt als Unterscheidungsmerkmal somit nur die absolute Schiffsgröße, die bei Korvetten gegenwärtig zwischen 1.000 t und maximal bei 2.500 t liegt. Gegenüber den doppelt so großen Fregatten müssen Korvetten damit Einschränkungen bei Einsätzen in ozeanischen Seegebieten, u.U. bei der max. Schiffsgeschwindigkeit, bei Ausrüstung und Einrichtung und bei der Größe der Besatzungsstärke hinnehmen. Diesen Einschränkungen stehen Vorteile gegenüber, die die Korvetten mit ihren Fähigkeiten bei Aufklärung und Überwachung im Küstennahbereich (engl. littoral waters) besitzen. Mit ihren Fähigkeiten liegen Korvetten zwischen Schnellbooten, deren Größe bei Schiffen für den Export zuweilen auf über 600 t Verdrängung angestiegen ist und den Fregatten mit einer unteren Grenze

von 3.000 t. Moderne Korvetten übernehmen – wie auch die Fregatten – zusätzlich zur U-Jagd, die Aufgaben zur Flugabwehr und zur Seeraum- Überwachung und Aufklärung sowie Aufgaben zur elektronischen Kampfführung und -unterstützung (ECM und ESM).

9.1 Korvetten vom Typ JOAO COUTHINO von Blohm + Voss

Mehr als zehn Jahre bevor sie ihre sehr umfangreichen Exportaufträge mit MEKO-Fregatten aufnahm, hatte die damalige Blohm + Voss AG in den Jahren zwischen 1967 und 1970 ihren ersten Nachkriegs-Exportauftrag von drei Korvetten des Typs JOAO COUTHINO an die portugiesische Marine ausgeliefert, die sich auch noch nach 35 Jahren erfolgreich im Dienst befinden. Mit dem Export dieser Korvetten leitete Blohm + Voss nicht nur für sich ein neues Kapitel ein, sondern begleitete damit einen Prozess, der für die gesamte marinetechnische Industrie in Deutschland beständig zunehmende wirtschaftliche, technologi-

Vorbereitungen zum Stapellauf der JOAO COUTINHO – Typschiff einer Serie von insgesamt sechs Einheiten, von denen 1969 drei (s. Bild) bei B+V und drei bei Bazan in Spanien gebaut wurden (Slg. B+V)

sche und schließlich auch sicherheitspolitische Bedeutung annehmen sollte. Die Korvetten für Portugal waren noch nicht modularisiert, verfügten auch noch nicht über Flugkörper und waren lediglich mit einer 76 mm Zwillings-Rohrwaffe und einem 40-mm-Zwillings-Luftabwehrgeschütz bewaffnet. Um Gewicht zu sparen und um für ausreichend Stabilität zu sorgen, erhielten die Schiffe Aluminiumaufbauten. Der Antrieb bestand aus zwei Dieselmotoren des Typs 12 PC 2-2 V 400 von je 5.280 PS, von denen jeder einzelne auf eine der beiden Propellerwellen mit Festpropeller direkt gekuppelt war, was dem Schiff eine maximale Geschwindigkeit von 24,4 kn ermöglichte. Die Motoren wurden zu der damaligen Zeit bei B+V in Lizenz gebaut. Um die Entfer-

nung zwischen Portugal und dem westafrikanischen Angola, das damals noch portugiesische Kolonie war, zurückzulegen, ohne dabei bunkern zu müssen, wurde die Reichweite des Schiffes bei einer Marschgeschwindigkeit von 18,0 kn auf 5.900 sm herauf gesetzt. Mit Unterstützung und mit Materiallieferungen von Blohm + Voss baute die spanische Werft Empressa Nacional Bazan gleichzeitig mit Blohm + Voss drei Schwesterschiffe in Lizenz, so dass bis Ende 1971 sechs Korvetten dieses Typs an die portugiesische Marine ausgeliefert waren. Schließlich erhielt kurz danach die spanische Werft einen weiteren Auftrag über vier zusätzliche Einheiten dieser Klasse, die wegen einiger Unterschiede bei der Bewaffnung und ihrer elektronischen Ausrüstung dann allerdings als BAPISTA DE ANDRADE - Klasse geliefert wurde.

Neben einer komplett anderen Sensorausstattung erhielten diese Schiffe als wesentliche Änderung gegenüber JOAO COUTHINHO eine 100 mm Einzelrohrkanone von Creusot Loire. Schließlich ist hier noch anzumerken, dass der Entwurf dieser portugiesischen Korvetten von Blohm + Voss sehr stark beeinflusst war durch seine Ideen, die der damalige Commodoro und spätere Admiral der portugiesischen Marine de Olivera in die Projektierung dieser Schiffe einbrachte. Ein auffälliges Merkmal von ihnen ist der mit einem Knick erhöhte vordere Teil des Backdecks, das sehr an den charakteristischen Decksprung der britischen Fregatte vom Typ LEANDER erinnert, was dazu beitrug, dass das Vorschiff mit der 76-mm-Zwillingskanone gegen Seeschlag geschützt und möglichst lange trocken blieb.

Obwohl die Schiffe vom Typ JOAO COUTHINHO weder über eine Bewaffnung mit Flugkörper noch über einen Bordhubschrauber verfügten und ihre Antriebsanlage mit zwei direkt gekuppelten Dieselmotoren vergleichsweise einfach war, nahm dieser Korvetten-Entwurf dennoch Einfluss auf zwei Klassen von Korvetten, die erst zehn Jahre später gebaut und ausgeliefert werden sollten. So entwickelte Bazan zusammen mit der spanischen Marine auf Basis der JOAO COUTHINHO die Korvetten vom Typ DESCUBIERTA, von dem insgesamt neun Einheiten gebaut wurden und von denen wiederum zwei an Ägypten und eine Einheit an die marokkanische Marine geliefert wurden. Die DESCUBIERTA ist ein gegenüber der JOAO COUTHINHO stärker bewaffnetes Schiff mit FK-Bewaffnung, mit umfangreicher Sensorausstattung sowie mit einer Antriebsanlage, die aus vier MTU (Bazan) Dieselmotoren vom Typ MTU 16 V 956 TB 91 besteht, die über zwei Getrie-be zwei Verstellpropeller antreibt. Auch bei dem Entwurf ihrer sechs Korvetten vom Typ MEKO 140 für die Armada Argentina, den Blohm + Voss ab 1979 ausarbeitete, übernahm die Werft das Antriebskonzept der JOAO COUTHINHO mit zwei mittelschnell laufenden Pielstick Dieselmotoren, die jeweils auf eine Welle mit Festpropeller direkt gekuppelt wurde.

9.2 Korvetten des Typs MEKO 140 von B+V

Ihre Berechtigung, in eine Dokumentation des deutschen Überwasser-Marineschiffbaus aufgenommen zu werden, erhalten die auf einer argentinischen Werft gebauten sechs Einheiten des Typs MEKO 140 wie auch die zehn in Australien gebauten Einheiten der ANZAC-Fregatten vom Typ MEKO 200 ANZ dadurch, dass sie von B+V sowohl entworfen als auch in allen Details durchkonstruiert wurden. Zusätzlich mit Materiallieferungen und umfangreichen Trainingsprogrammen unterstützte Blohm + Voss den Bau der Schiffe. Der Bau der sechs Korvetten vom Typ MEKO 140 ergänzte das Beschaffungsprogramm der vier Fregatten, das 1980 zwischen B+V und der Armada Argentina vertraglich vereinbart wurde. Wurden die vier Fregatten noch bei B+V gebaut, so waren die sechs Korvetten die ersten MEKO-Schiffe, die in Lizenz im Ausland gebaut wurden. Damit begann ein neuer Abschnitt im Export von in Deutschland entwickelten Marineschiffen, durch den sich die Käuferländer nicht nur Kostenvorteile beim Erwerb der Schiffe, sondern sich auch in einem nicht unbedeutenden Maße technologische Kompetenz im Marineschiffbau aneigneten, ein Umstand, der schließlich auch Einfluss auf die Entwicklung der technischen und industriellen Infrastruktur des Landes nehmen sollte.

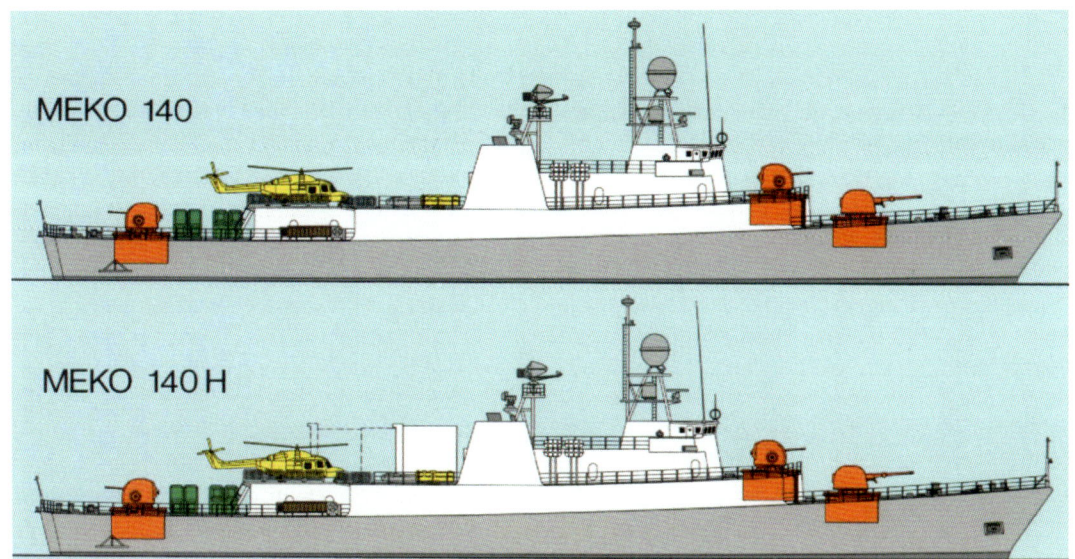

Korvette MEKO140 – ohne Hubschrauberhangar, Korvette MEKO 140 H – mit Hubschrauberhangar (Teleskophangar) (Slg. B+V)

Mit ihrem Entwurf der Korvette vom Typ MEKO 140 hatte B+V schon frühzeitig die Palette ihrer modularisierten Entwürfe von Marineschiffen mit kleineren Einheiten nach unten abgerundet, deren Standard-Verdrängung, d.h. deren Verdrängung ohne Kraftstoffvorrat, zunächst auf 1.400 t ausgelegt wurde. Die argentinische Werft AFNE (Astileros y Fabricas Navales Del Estado) in Rio Santiago hatte bereits in der Zeit zwischen 1971 und 1981 umfangreiche Erfahrungen mit dem Nachbau der britischen Zerstörerklasse D 42 (Typ SHEFFIELD) gesammelt, der als SANTISSIMA TRINIDAD 1974 vom Stapel lief. Die Fertigstellung des mit britischer Unterstützung und Materiallieferungen aus Großbritannien gebauten Schiffes verzögerte sich, weil am 22. August 1975 ein Sprengstoffattentat auf das in der Ausrüstung befindliche Schiff verübt wurde; ein Schwesterschiff, die HERCULES, war zwischen 1971 und 1976 in Großbritannien bei Vickers Barrow gebaut und dann an die Armada ausgeliefert.

Mit dem Auftrag zum Bau der sechs Korvetten vom Typ MEKO 140 konnte die Auslastung der AFNE-Werft in Rio Santiago auf Jahre gesichert werden. Die Zusammenarbeit zwischen Blohm + Voss und der argentinischen Werft, mit der das Engineering und die Materiallieferungen aus Deutschland organisiert wurden, verlief effizient und vertrauensvoll. Die Bauaufsicht über den Neubau der Schiffe in Argentinien wurde in die Hände des Germanischen Lloyd gelegt!

Sofern es die Antriebsanlage betrifft, setzte die MEKO 140 das bereits an Bord der JOAO COUTINHO bewährte Konzept mit zwei mittelschnell laufenden umsteuerbaren und direkt gekuppelten PIELSTICK Dieselmotoren des Typs 16 PC 2-5 V 400 fort, mit denen auf die Untersetzung der Motorendrehzahl mit einem schweren mechanischen Getriebe verzichtet werden konnte. Ebenso, wie dies an Bord der JOAO COUTINOU der Fall ist, ließen sich die Korvetten des Typs MEKO 140 unter diesen Gegebenheiten ebenfalls mit zwei

5-flügeligen Festpropellern der Firma Ostermann Metallwerke in Köln ausrüsten. Für die Wahl dieser Antriebsanlage waren ausschließlich wirtschaftliche Überlegungen maßgeblich, da sich die gewählten mittelschnell laufenden Dieselmotoren durch geringen spez. Kraftstoffverbrauch (182 gr/kWh) – auch im Teillastbereich – und durch hohe Standzeiten, d.h. langfristige Überholungsintervalle auszeichnen. Den Nachteil ihres hohen Gewichtes von 83 t gegenüber einem Gewicht von ca. 21 t der schnell laufenden Dieselmotoren kompensiert die gewählte Anlage durch den Fortfall eines schweren Untersetzungsgetriebes von ca. 21 t. Die gesamte Maschinenanlage wurde mit einer damals üblichen – analogen – Maschinen-Steuerung und -überwachung der Firma SIEMENS ausgerüstet. Mit der Entscheidung, zwei Schiffe mit je einem Bordhubschrauber für die U-Jagd auszurüsten, verband sich auch die Entscheidung, an Bord dieser Einheiten ein Paar Flossen der britischen Firma VOSPER zur Stabilisierung des Schiffes anzuordnen, die bei Seegang, die Start- und die Landeoperationen des Hubschraubers wesentlich unterstützen. Diese zwei Korvetten sind mit einem Teleskophangar ausgerüstet, die jeweils einen Bordhubschrauber vom Typ Alouette III aus Frankreich mit einem Gewicht von 2,2 t aufnehmen und die über eine Nachbetankungsanlage verfügen, mit der ihr Hubschrauber mit Flugbenzin versorgt werden kann. Statt des 127-mm-Geschützes an Bord der Fregatte nimmt die Korvette lediglich eine 76-mm-Luft- und Seeziel-Kanone von OTO-Melara als stärkste Rohrwaffe an Bord und statt der vier 40-mm-Zwillingsgeschütze ist die Korvette nur mit zwei 40-mm-Zwillingsgeschützen von Breda Bofors bewaffnet. Ebenso ist die Bewaffnung mit vier Seezielraketen des Typs MM 38 schwächer als jene an Bord der MEKO 360. Lediglich bei der Ausstattung mit je

zwei Drillings- Torpedorohren (ILAS 3) für U-Jagdtorpedos des Typs Whitehead A 224S sind Korvette und Fregatte gleich bewaffnet.

Bei der Sensorik unterscheiden sich Fregatte und Korvette kaum. Ebenso wie die Fregatte verfügt auch die Korvette über ein See-, Luftraum- und Überwachungsradar, über ein Feuerleit- und Navigationsradar sowie über ECM- Und ESM-Geräte zur elektronischen Kampfführung (engl. »Electronic Warfare«) und schließlich nehmen sowohl die MEKO-Korvette als auch die MEKO-Fregatte jeweils ein Sonargerät von Krupp-Atlas in Bremen an Bord. Die gesamte Datenverarbeitung einschließlich des Zentralrechners (Data Handling Computer) an Bord der Korvetten – wie auch an Bord der Fregatten – wurde von der damaligen Firma HSA (Hollandse Signaal Apparaten), heute Thales NL geliefert.

Auch Korvetten des Typs MEKO 140 beteiligten sich an internationalen Einsätzen der UNO, so in der Zeit zwischen dem 25. September 1990 und dem 30. Mai 1991 als Teil der Koalitionsstreitkräfte zur Befreiung Kuwaits im Rahmen der Operation Desert Shield. Bei diesem Einsatz in See von über 8-monatiger Dauer wurden Schiff und Ausrüstung auf eine lang andauernde Probe gestellt. Die ungewohnten Umgebungsbedingungen im Persischen Golf mit Staub, der von Landstürmen auf die See getragen wurde, und mit hohen Wassertemperaturen beanspruchten die Antriebsanlagen, die Klimaanlagen und die Sensorik. Das Zusammenwirken von Schiffen verschiedener Staaten stellte die Besatzungen vor Probleme der Kompatibilität bei elektronischen Geräten und auch bei den Abmessungen von Geräten zur Seeversorgung. Als es sich als notwendig erwies, das schadhafte 76-mm-Geschützmodul einer Korvette gegen ein Ersatzmodul, das sich an Bord eines begleitenden Versorgungsschiffes der

*Rechts oben: Korvette Typ
FS 1500 für Kolumbien, General-
planskizze, Verdrängung 1.500 t,
Länge ü.a. 95,3 m, Antrieb
CODAD
(Bildarchiv HDW)*

*Rechts: Korvette FS 1500 (ARC)
– Kolumbien – in der Ausrüstung
bei der Bauwerft HDW, um 1983
(Bildarchiv HDW)*

Armada befand, auszutauschen, konnte dies in kürzester Zeit rasch und problemlos durchgeführt werden, d.h. Nützlichkeit und Vorteil des MEKO-Konzeptes bewiesen sich eindrucksvoll unter den realen Einsatzbedingungen im Persischen Golf.

9.3 Korvetten des Typs FS 1500 von HDW und der MTG

Die Werft HDW hatte seit den Anfängen des Aufbaus der Bundesmarine eine arbeitsteilige Zusammenarbeit mit dem Ingenieurkontor Lübeck, IKL, zum Bau von U-Booten, sowohl für die Bundesmarine als auch für den Export, organisiert und erfolgreich umgesetzt. Dabei übernahm das IKL die dafür erforderliche Entwicklungs- und Entwurfsarbeit und die HDW arbeitete die Konstruktions- und Fertigungsunterlagen aus und baute die U-Boote, wobei es meistens zu einer Zusammenarbeit mit den Nordseewerken Emden kam. Da die HDW mit dieser Art der Arbeitsteilung sehr erfolgreich war, lag es nahe, dieses Kooperationsmodell auch für den Bau von Marine-Überwasserschiffen anzuwenden. Bereits

zwischen 1972 und 1975 hatte HDW zwei U-Boote des Typs 209/1200 mit 1200 t Verdrängung an Kolumbien geliefert. Als die kolumbianische Marine (Armada Republica de Colombia – ARC) ein Korvettenbauprogramm plante, erhielt HDW nach einem sehr hart geführten Wettbewerb den Auftrag zum Bau von vier Korvetten. Auch für dieses Projekt übernahm die HDW wieder die bewährte arbeitsteilige Organisation, wobei diesmal jedoch die Marinetechnik Planungsgesellschaft in Hamburg (MTG) – heute MTG Marinetechnik GmbH – die Entwurfsausarbeitung übernahm. Die MTG ist ein privatwirtschaftlich geführtes Kompetenzzentrum das 1966 von Werften und Elektronikunternehmen gemeinschaftlich gegründet wurde und vorzugsweise – aber nicht ausschließlich – für das BWB mit der Planung und Projektierung von Überwasser-Marineschiffen beauftragt wird.

Auch wenn sich die HDW im Bereich der Marinetechnik frühzeitig auf den U-Bootbau spezialisierte, so hatte sie sich dennoch mit ihren Kapazitäten zwischen 1981 und 1984 auch an dem Bauprogramm für die Klasse 122 beteiligt und baute mit der Fregatte KARLSRUHE das sechste Schiff dieser Klasse. Gegen Ende der siebziger Jahre hatte die Werft auch schon zwei größere Landungsschiffe von jeweils 1350 t Verdrängung für Nigeria abgeliefert. Mit diesen zwei Schiffen für Nigeria begann auch die arbeitsteilige Kooperation von MTG als Entwurfsbüro und HDW als Bauwerft.

Gleichzeitig mit diesen verschiedenen Aktivitäten nahm die MTG zu Beginn der achtziger Jahre auch die Entwurfsarbeiten für das brasilianische Korvetten-Bauprogramm CORVETA auf, das ursprünglich aus 16 Einheiten bestehen sollte. Wegen Haushaltskürzungen konnten jedoch nur zwei Lose zu jeweils zwei Einheiten zwischen 1983 und 1991 sowie zwischen 1986 und 1994 gebaut und abgeliefert werden. Die HDW war daher gut beraten, die MTG als ungebundenes und erfahrenes Entwicklungs- und Projektbüro mit dem Entwurf der Korvette vom Typ FS 1500 zu beauftragen. Die HDW war aber mit dem Entwurf ihrer FS 1500 nicht nur in Kolumbien, sondern auch in dem ebenfalls international ausgetragenen Wettbewerb um den Bau von zwei Korvetten für die Royal Malaysian Navy (RMN) erfolgreich. Somit lieferte die HDW zwischen 1982 und 1984 neben den vier Korvetten des Typs FS 1500 für Kolumbien auch noch zwei für Malaysia. Bei sonst gleichen Hauptabmessungen ist die

Tabelle 12: FS 1500, wesentliche Unterschiede bei den Komponenten

Kolumbien	Malaysia
Waffen	
1 x 76 mm OTO-Melara	1 x 100 mm CREUSOT Loire
1 x 40 mm BREDA	1 x 57 mm Bofors
4 x MM 40, Aerospatiale	2 x 30 mm EMERLEC
6 x 324 mm, Mk 32 U-Jagdtorpedos (USA)	4 x MM 38, Aerospatiale
1 x BO 105, Bordhubschrauber	1 x WESTLAND WG 13, Bordhubschr.
Sensoren	
1 x SEA TIGER Überwachungsradar	1 x DA 08 Überwachungsradar, HSA
1 x CASTOR Feuerleitradar	1 x WM 22, Feuerleitradar, HSA
1 x IFF MKX, Freund-Feind-Erkennung	1 x IFF MKX, Freund-Feind-Erkennung
1 x ESM ARGOS, Elektron. Unterstützung.	1 x ESM Rapids, Elektron. Unterstützung
1 x ASO 4-2, Rumpfsonar, Atlas Elektronik	1 x ASO 84 - 5, Rumpfsonar, Atlas Elektr.
1 x CANOPUS Optronik	1 x LIOD, Optronische Zielverfolgung, HSA
2 x TDS, Zielanweisung	2 x TDS, Zielanweisung
Antriebsanlagen	
4 x MTU 20 V 1163 TB 82	4 x MTU 20 V 1163 TB 92
Dauerleistung 4.045 kW, 1160 min^{-1}	Dauerleistung 4.300 kW, 1220 min^{-1}

Korvette Typ FS 1500, RMN, KD LEKIR, Bauwerft HDW, Baujahr 1984, (Bildarchiv, HDW)

malaysische Korvette mit einer Länge ü.a. von 97,10 m um knapp zwei Meter länger als ihre kolumbianische Schwester. Weitere Unterschiede ergaben sich bei Bewaffnung und Antrieb (s. Tabelle 10). Aufbauend auf Erfahrungen und Erkenntnisse vorangegangener Fregatten- und Korvettenprojekte hatte die MTG die Linien der FS 1500 ausgearbeitet, die bei der Versuchsanstalt für Wasserbau und Schiffbau (VWS) in Berlin geschleppt wurden. Um zu vermeiden, dass mit den für ein wehrtechnisches Vorhaben durchgeführten Schleppversuchen Statusfragen des damaligen Berlin (West) berührt werden, erhielt das Projekt die Bezeichnung »FS« für »Fischerei-Schutzboot«.

Der Korvettenentwurf FS 1500 war wesentlich durch den Stand der Waffentechnik bei Ende der siebziger Jahre, wie auch durch die Erfahrungen gekennzeichnet, die MTG als Projekt- und Entwurfsbüro des BWB gesammelt hatte. So war auch die Schiffssilhouette unverwechselbar durch die kantige Architektur ihrer Aufbauten geprägt, wie dies für die Entwürfe der MTG charakteristisch war. Es entsprach somit dieser Entwurfspraxis, dass die MTG da-

mals noch auf die Nutzung und Anwendung des von Blohm + Voss entwickelten MEKO-Konzeptes verzichtete und sich statt dessen auf die konventionelle, d.h. die bisher übliche Integration von Waffen und Sensoren beschränkte. Die von den Kunden geforderte Alldiesel-Antriebsanlage mit vier schnell laufenden Motoren, der damals von der MTU in Friedrichshafen neu entwickelten Reihe MTU 20 V 1163, bot gegenüber Gasturbinen – oder auch Dampfantrieb – den Vorteil des geringeren spez. Kraftstoffverbrauchs und einer damit vergrößerten Reichweite, die bei der kolumbianischen FS 1500 sogar 8.000 sm beträgt. Die Antriebsanlage der FS 1500 verteilt sich auf zwei Maschinenräume, von denen jeder zwei der insgesamt vier MTU-Dieselmotoren aufnimmt. Der hintere Maschinenraum der kolumbianischen Korvette nimmt auch die beiden Untersetzungsgetriebe auf, für die an Bord der malaiischen Korvette sogar eine wasserdichte Abteilung mit einem separaten Getrieberaum, zwischen den beiden Maschinenräumen vorgesehen ist. Neben den jeweils zwei Hauptantriebsdieseln finden in jedem der zwei Hauptmaschinenräume auch je zwei Dieselgeneratoren des Typs MTU 8V 396 TC52 mit 600 kVA und 60 Hz Aufstellung. Die beiden 5-flügeligen Verstellpropeller der Schiffe wurden von Escher Wyss in Ravensburg geliefert.

Entsprechend den Forderungen ihrer Auftraggeber unterscheiden sich die für Kolumbien und Malaysia gebauten Korvetten wesentlich nur bei Waffen und Sensoren. So nehmen die vier Einheiten für die kolumbianischen Armada den von dem damaligen deutschen Luft- und Raumfahrtkonzern MBB – jetzt EADS – entwickelten Hubschrauber BO 105 in seiner navalisierten Version an Bord, während die malaiische Marine den britischen WESTLAND-Hubschrauber an Bord integrierte. Um das Starten und Landen des Hubschraubers auch bei Seegang zu erleichtern und zu ermöglichen, sind die Schiffe mit den ursprünglich von der AEG entwickelten (seit Mitte der neunziger Jahre Blohm + Voss Industrietechnik) SIMPLEX COMPACT Flossen-Stabilisierungsanlagen ausgerüstet, mit denen eine Verringerung der Rollamplituden um ca. 90 % ermöglicht wird.

Das FÜWES der kolumbianischen Korvetten basiert auf SENIT-7/TAVITAC von CSF (Frankreich) und das der malaiischen Korvetten auf dem SEWACO-M von Hollandse Signaal Apparaten, HSA, in den Niederlanden (heute Thales NL).

Neben der Steuerung von Waffeneinsätzen dient das FüWES, in Verbindung mit den Sensoren an Bord, der Ermittlung und Darstellung des aktuellen Lagebildes und bietet zusätzlich die Möglichkeit des Trainings für das Bedienerpersonal. Die wesentlichen Unterschiede zwischen den Geräten an Bord der FS 1500 Korvetten für Malaysia und denen für Kolumbien sind in Tabelle 10 zusammengestellt.

Mit ihren Korvetten vom Typ FS 1500 erfüllen Kolumbien und Malaysia ihre Verpflichtungen als regional bedeutende Seemächte. Beide Staaten befinden sich in unmittelbarer Nachbarschaft zu Wasserstraßen, die mit zu den größten und weltweit wichtigsten gehören. Dabei trägt Malaysia direkt Verantwortung für die Sicherheit in der Straße von Malakka, der wichtigsten Wasserstraße zwischen den Ölfeldern des Nahen Ostens und Süd-Ost- und Ostasiens. Kolumbien mit einer pazifischen und atlantischen Küste und seiner Nachbarschaft zum Panamakanal kontrolliert ebenso dicht befahrene Seegebiete. Gemeinsame UNITAS-Seemanöver sowohl mit der US Navy als auch mit den Nachbarstaaten tragen dazu bei, die Einsatzbereitschaft der kolumbianischen Korvetten fortlaufend zu überprüfen und den technischen Veränderungen, wie sie gerade im Bereich der Informationstechnik unvermeidlich sind, anzupassen.

9.4 Die Korvette MEKO 100 RMN für Malaysia

Die zwei Korvetten vom Typ FS 1500 von HDW waren nicht die ersten in Deutschland für Malaysia gebauten Marineschiffe. Bereits 1980 hatte der Bremer Vulkan das Versorgungs- und Führungsschiff (engl. Support and Commandship) INDERA SAKTI mit einer Verdrängung von 2.000 t an die RMN (Royal Malaysian Navy) geliefert. Zu einer erneuten Auftragsvergabe nach Deutschland kam es, nachdem im Jahre 1990 im Rahmen einer mit der UN getroffenen Vereinbarung das Königreich Malaysia seine Rechte an der ihm zustehenden 200 sm Wirtschaftszone mit der UNO verbindlich geklärt hatte. Damit ergab sich für das Königreich Malaysia die Notwendigkeit, für dieses Seegebiet von mehr als 500.000 km², das auch die Straße von Malakka einschloss, ein geeignetes großes Überwa-

Korvette / OPV MEKO 100 RMN, Ausdocken bei der Bauwerft B+V, 2003 (Slg. B+V)

chungsschiff (engl. Offshore Patrol Vessel, OPV) mit ozeanischen Eigenschaften zu definieren und zu beschaffen.

Nach einem erbittert geführten internationalen Wettbewerb, an de7m zeitweilig 34 Schiffswerften beteiligt waren, und in dem schließlich nur noch Werften aus vier Ländern – Deutschland, Australien, Dänemark und Großbritannien – zur Auswahl standen, erhielt 1997 die German Naval Group, GNG, den Zuschlag zum Bau des ersten Loses von 6 Küstenwachbooten (engl. Offshore Patrol Vessel, OPV) vom Typ Korvette MEKO 100 RMN, dem weitere Lose folgen sollen, so dass insgesamt 27 Einheiten in Dienst gestellt wären. Für den Auftrag für Malaysia haben sich in der GNG Blohm + Voss als Federführer, Thyssen Rheinstahl Technik in Düsseldorf sowie als malaysischer Partner, die Maritime Services Consultant Enterprises Sdn. Bhd. (MSCE), einer 100-prozentigen Tochter der Blohm + Voss GmbH in Hamburg, zusammen geschlos-

sen. 1998 unterzeichnete die Regierung in Kuala Lumpur mit der malaysischen Werft Penang Shipbuilding & Construction Naval Dockyard (PSC-ND) den Vertrag zur Lieferung des ersten Bauloses. Damit wurden die Voraussetzungen geschaffen, dass PSC-ND ihrerseits den Vertrag mit der GNG als zentralen Unterauftragnehmer unterzeichnen konnte. Nach einigen Modifikationen wurde schließlich mit diesem Vertragswerk vereinbart, dass das GNG zwei Schiffe der von B+V entwickelten Korvette MEKO 100 RMN in Hamburg baut und an Bord eines Dockschiffes nach Lumut, dem malaysischen Marinestützpunkt, transportiert, wo schließlich auch die Abschlussarbeiten und Erprobungen durch die malaysische Werft und mit Unterstützung durch MSCE vorgenommen wurden.

Das Bauprogramm ist auf 27 Schiffe ausgelegt, die auf 4 Lose zu einmal 6 und zu dreimal 4 Schiffe verteilt und dabei so organisiert, dass damit auf vielfältige Wei-

Antrieb	2 x Antriebsdieselmotor	Typ Carterpillar 3616, 5990 kW, 1.000 U/min	Carterpillar
	2 x Untersetzungsgetriebe	LAF 66/35	Reintjes
	2 x Verstellpropeller	Prop.-D = 2,6 m°, Prop.-n = 305 U/min, Flgl.-z = 5	KaMeWa

Command and Fire Control System (CFCS)			
FüWES		Waffen, optional (ffbnw)	
COSYS 110-M1	Atlas - Elektronik	1 x Nächstbereichswaffe	Raytheon
Feuerleitsystem		1 x SSM, MM 40	Aerospatiale
Feuerleit-Radar	Oerlikon Contraves	1 x Bordhubschrauber (10t)	Typ, variabel
Optronisches Feuerleitgrt.		Sensoren	
Waffen-Kontroll-Einheit	=	See-/Luft-Überwachungsrdr.	EADS
Optisches Richtgerät	=	Freund-Feind-Erkennung	Raytheon
Waffen		ESM-System	Thales UK
76 mm Rohrwaffe	Oto Melara	Aufklärungs-Anlage	Rhode&Schwarz
30 mm Rohrwaffe	Oto Melara	Navigationsradar	Atlas-Elektronik
Düppelwerfer	Lockheed Martin	Sonargerät	ELAC-Nautik

Tabelle 13: MEKO 100 RMN, Antrieb, Waffen und Sensoren

se den wirtschaftlichen und industriepolitischen Interessen der Malaien entsprochen wird. So schließt das vereinbarte Vertragswerk umfangreiche Schulungsmaßnahmen in Deutschland und Malaysia durch Fachpersonal von Blohm + Voss ein, um so den Bau der weiteren Schiffe des Programms in Lumut vorzubereiten. Ferner ist eine sog. »Industriebeteiligungsverpflichtung« vereinbart worden, mit der die Vergabe von Unteraufträgen an die nationale Zulieferindustrie geregelt wird. Damit konnte erreicht werden, dass Aufträge, die ca. 30 % des gesamten Auftragsvolumens darstellen, nach Malaysia vergeben wurden. Zusätzlich sind im Rahmen eines Off-Set-Vertrages sog. Gegengeschäfte vereinbart, die nicht in einem direkten Zusammenhang zum eigentlichen Bauvertrag stehen, mit denen aber intensive Exportförderung und Technologietransfer nach Malaysia ermöglicht werden.

Die malaiischen Korvetten verfügen über die typischen Entwurfsmerkmale, wie sie für die zeitgenössischen Marineschiffe Stand der Technik sind. Hierzu zählen: die wasserdichte Unterteilung, die gegen die Außenluft verschließbare Zitadelle und der ABC-Schutz, die konstruktiven Maßnahmen zur Schiffssicherheit bei Brand, bei Wassereinbruch und bei komplettem Stromausfall, die Maßnahmen zur Unterdrückung von Signaturen u.ä. Gleichzeitig zeichnet sich die MEKO 100 RMN aber durch ganz charakteristische Besonderheiten aus, die erstmalig von der RMN gefordert wurden. Zu diesen Besonderheiten zählt, dass, um Kosten zu sparen, und wo immer das technisch zu vertreten war, militärische Vorschriften und militärisch geprüftes Gerät durch zivile Vorschriften oder Regelwerke sowie durch handelsübliches Gerät (COTS – Commercial off the Shelf) ersetzt wurden. So hat man erstmalig für ein Marineschiff die Marine-Bauvorschriften für die Stahlkonstruktion, die BV 104, mit den Bauvorschriften der zivilen Klassifikationsgesellschaft GL kombiniert.

Auch konnte das MEKO-Konzept einen wesentlichen Beitrag leisten, um den geforderten und für dieses Schiff typischen dualen Einsatz, sowohl als OPV in Friedenszeiten wie auch als Korvette in Spannungszeiten und im Konfliktfall, möglich zu machen. Sie können diese Aufgaben mit minimaler Besatzung durchführen. An Bord der Korvetten/OPV's sind technische Vorkehrungen getroffen (engl. »fitted for but not with« – ffbnw), um bei Bedarf auch SSM, SAM, Schleppsonar und ECM nachträglich einzubauen und zu integrieren. Der Entwurf berücksichtigt hierfür bereits die Gewichts- und Raumreserven, stellt die erforderliche Stahlstruktur bereit und verfügt über die notwendigen Energiereserven (Strom, Kühlung, Lüftung) die, je nach dem gewählten Einsatzprofil des Schiffes, Ergänzungen oder Umrüstungen des Waffensystems ermöglichen. Als weitere Besonderheit verfügt die MEKO 100 RMN mit dem »erweiterten Communication Intelligence System« über eine Kommunikationseinrichtung zur elektronischen Kampfführung. Damit kann das Schiff kurzfristig und nach Maßgabe der Bedrohungsszenarien im Friedens-, Spannungs- und im Konfliktfall angemessen und flexibel bewaffnet und eingesetzt werden, wozu das MEKO-Konzept von vornherein die konstruktiven Voraussetzungen liefert.

Eine weitere Besonderheit, durch die sich die MEKO 100 für Malaysia auszeichnet, ergibt sich mit der gewählten Antriebsanlage, die 24 Stunden wachfreien Betrieb ermöglicht. Erstmals an Bord einer in Deutschland entwickelten Korvette werden zwei schnell laufende Dieselmotoren des US-amerikanischen Herstellers CARTERPILLAR als Hauptantriebsmotoren eingebaut. Die maximale Geschwindigkeit von 22,0 kn, die mit dieser Anlage möglich wird, unterstreicht den Charakter des Schiffes als OPV in Friedenszeiten. Jeder der beiden Motoren überträgt seine Leistung über ein Untersetzungsgetriebe der Firma REINTJES auf eine der beiden Antriebswellen mit VPP von KaMeWa. Mit 6050 sm bei 12 kn Marschgeschwindigkeit verfügen die Schiffe über eine überdurchschnittliche große Reichweite. Das gesamte Steuer- und Überwachungssystem der Maschinenanlage, d.h. für Antrieb und Energieerzeugung, wird von CAE in Kanada geliefert und eingebaut. Die im Maschinenkontrollraum (MKR) angezeigte elektronische Überwachung und Wartung, die auch für Schulungszwecke genutzt werden kann, erfolgt dabei zustandsabhängig, d.h. damit verzichtet man auf die bisher übliche zeitabhängige Wartung der Anlagen und Geräte des Maschinenraums.

MEKO 100 RMN, KD KEDAH. Probefahrt (Slg. B+V)

Bemerkenswert an dem Entwurf der MEKO 100 RMN ist auch dessen Waffen- und Elektroniksystem, das in seiner Gesamtheit als Command and Fire Control System – CFCS bezeichnet wird und sich aus folgenden Subsystemen zusammensetzt:

- dem FüWES (engl. Combat Management System), das von ATLAS-Elektronik in Bremen unter der Bezeichnung COSYS 110 – M1 entwickelt wurde
- dem Feuerleitsystem (engl. Fire Control System) (s. Tabelle 10)
- dem Sensor-Teil (s. Tabelle 11)
- den Waffen (s. Tabelle 11)

Ergänzt und unterstützt wird das CFCS durch folgende Subsysteme:

- dem Basis Inertial-, d.h. einem Trägheits-Navigationssystem der Firma Litef
- einem modernen integrierten – internen und externen – Kommunikationssystem
- dem Daten-Link-System LINK Y Mk. 2.5 von Thales (NL)
- einem modernen Meteorologischen System

Beim Entwurf des FÜWES wurde für die vitalen Bereiche konsequent die Forderung nach Redundanz umgesetzt. Es basiert auf redundanter Server Architektur, einem redundanten Netzwerk in Fast Ethernet Technologie, einem redundanten High Speed-Datenbus für Navigationsdaten sowie Multifunktionskonsolen, die ermöglichen, dass jede Operator Funktion an jeder Konsole durchgeführt werden kann. Das FÜWES Konzept gewährleistet eine hohe Verfügbarkeit des W+E Systems auch in Schadensfällen. Zusätzlich bietet die »offene Systemarchitektur« großen Spielraum für bedarfsabhängige Systemerweiterungen und/oder Ergänzungen in der Zukunft. Durch Verwendung von handelsüblichen Komponenten (Commercial off the Shelf – COTS) werden solche Maßnahmen zusätzlich erleichtert.

Das Schiff ist mit zunächst freibleibenden Waffenplätze ausgerüstet, die zu dem sog Aufwuchspotential gehören und in die nach Bedarf Raketenstarter für See- und Luftziele eingesetzt und angeschlossen werden können, um so die Kampfkraft nachträglich zu erhöhen (s. Tabelle 10, Optionen). So kann das Schiff auch Systeme zur elektronischen Kampfführung, wie auch ein Schleppsonar zur U-Bootbekämpfung an Bord nehmen, die das Schiff bei Ablieferung als OPV nicht benötigte.

Im Jahre 2005 wurden die ersten beiden Korvetten des Typs MEKO 100 RMN unter den Namen KEDAH und PAHANG in den malaysischen Gewässern in Dienst gestellt.

9.5 Korvetten der Klasse K 130

Im Rahmen von vereinbarten Abrüstungsmaßnahmen, die gegen Ende der neunziger Jahre seitens der deutschen Regierung in enger Abstimmung mit dem NATO-Bündnis getroffen wurden, beschloss man im Rahmen der Streitkräfteplanung, die bestehende Flotte von ca. 180 Einheiten auf weniger als 100 zu verringern. Seit 1955 bestand der Kern der damals westdeutschen Seestreitkräfte in der Ostsee aus einer Flottille von 40 Schnellbooten, die wegen ihrer eingeschränkten Seefähigkeit nicht mehr für die »Entregionalisierung«, wie sie von der neuen strategischen Ausrichtung verlangt wurde, geeignet waren und somit auch nicht mehr benötigt wurden. Um auf eigenem Kiel in entfernte Krisengebiete zu gelangen und dabei trotzdem für den Einsatz in Randmeeren geeignet zu sein, definierte die am 27. Januar 1998 verabschiedete Taktisch-Technische-Forderung (TTF) ein

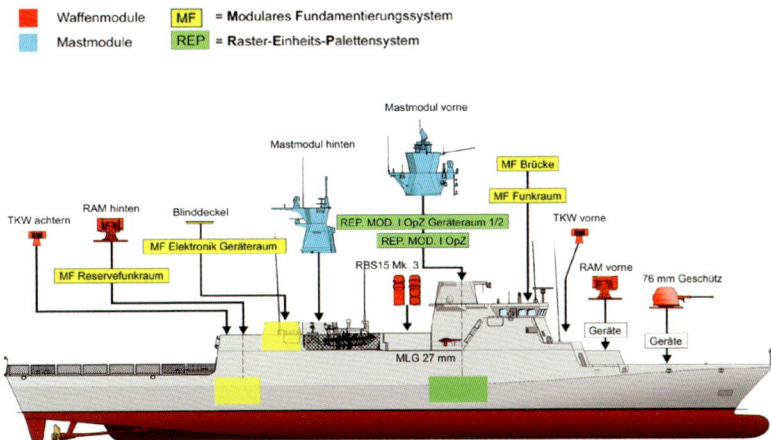

Mastmodul vorne

Mastmodul hinten

TKW achtern RAM hinten Blinddeckel

MF Brücke

MF Funkraum

TKW vorne

MF Elektronik Geräteraum

REP. MOD. I OpZ Geräteraum 1/2

REP. MOD. I OpZ

MF Reservefunkraum

RBS15 Mk. 3

RAM vorne

76 mm Geschütz

Geräte

Geräte

MLG 27 mm

Korvette K 130, Elemente der Modularisierung nach dem MEKO-Konzept (Slg. B+V)

Kampfschiff von 1.500 – 2.000 t. Hierzu fand ein Wettbewerb um die Definition einer neuen Klasse von Schiffen statt, an dem sich zwei Firmengruppen beteiligten: auf der einen Seite die »Projektgruppe K 130« mit HDW als Federführer und mit der STN-Atlas Elektronik in Bremen als Systemhaus für die Waffenintegration sowie der »ARGE K 130« mit Blohm + Voss als Federführer, den TNSW in Emden, der Fr. Lürssen GmbH in Bremen sowie der EADS und Thales NL als Systemintegratoren. Nach Auswertung der eingereichten Projektunterlagen erhielt die ARGE K 130 den Zuschlag zum Bau des 1. Loses von fünf Einheiten der Korvette Klasse K 130, was der Deutsche Bundestag mit seinem Beschluss vom 12. Dezember 2001 bestätigte und damit rechtsverbindlich in Kraft setzte. Dabei traf er die Verfügung, dass sowohl die Peene Werft in Wolgast als auch die HDW in Kiel angemessen zu beteiligen sind. Zwei weitere Lose zu je fünf Korvetten sind für die Zukunft geplant.

9.6 Der Schiffsentwurf der Korvette K 130

Die Korvetten der Klasse 130 für die Deutsche Marine sind in besonderem Maße für den Einsatz in überseeischen Randmeeren zur Krisenverhinderung und zur Krisnbewältigung ausgelegt. Damit wird der Schiffsentwurf der Korvette K 130 durch folgende Kriterien bestimmt:

- Kategorie A der deutschen Stabilitätsvorschrift für den weltweiten Einsatz
- Größenbeschränkung der Verdrängung auf maximal 1700 t für den Einsatz in den flachen Gewässern des Küstenvorfeldes (engl. Littoral Waters)
- bei Nutzung der Einrichtungen zur Seeversorgung, erhöhte Seeausdauer von 21 Tagen, um auf eigenem Kiel in überseeische Gebiete zu gelangen
- Reichweite von 2.500 sm bei 15 kn Geschwindigkeit

Die Antriebsanlage und die beiden E-Werke an Bord der K 130 sind auf vier benachbarte Abteilungen verteilt. Das Schiff verfügt ebenso wie die Korvette MEKO

Korvette Klasse K 130, BRAUNSCHWEIG, Werftprobefahrt 2007 (Slg. TKMS)

100 RMN über ein Antriebskonzept, das aus zwei voneinander unabhängigen Antriebssträngen besteht, von denen jeder von einem Dieselmotor des Typs MTU 20V 1163 TB 93 mit 7.400 kW, einem Untersetzungsgetriebe von MAAG und einem Verstellpropeller von Escher Wyss ausgerüstet ist. Die beiden E-Werke nehmen jeweils zwei Dieselgeneratoren zu je 550 kW von MWM (Motoren Werke Mannheim) auf, die eine Spannung von 3 AC 60Hz 440V in das Bordnetz einspeisen. Die Überwachung und Steuerung der gesamten Maschinenanlage, die neben dem Antrieb auch die E-Erzeugung und den Hilfsbetrieb einschließt, erfolgt ebenfalls mit dem integrierten IMCS (Integrated Monitoring and Control System) von CAE, das auch an Bord der Klasse 124

installiert ist und deren Bedienkonsolen im Maschinenkontrollraum oberhalb des hinteren E-Werkes untergebracht sind. Die K 130 ist mit einer Doppelruderanlage ausgerüstet, die wie das Mittelruder an Bord der Klasse 124, als Ruder-Roll-Stabilisierung ausgeführt ist, um damit bis zu einem Seegang 5 (Beaufort 6 bis 7) den Flugbetrieb mit den in der Planung befindlichen Drohnen auf dem Landedeck zu gewährleisten. Die Korvette ist in zwei Sicherheitsbereiche unterteilt, die durch ein feuerfestes Sicherheitsschott getrennt sind. Die Feuer- und Leckbekämpfung wird sowohl vom MKR als auch von sog. IMCS-Unterständen sowie von den Gruppenständen des Schiffssicherungssystems fernbedient. Teil dieses Sicherheitssystems ist die Druckwasser-

schaumsprühanlage (DAS), die durch Fern-
auslöser bedient wird.

Mit Maßnahmen zur Unterdrückung von
Signaturen erfüllt die K 130 Standards, wie
sie heutzutage an moderne Marineschiffe
gestellt werden. Hierzu trägt die gewählte
X-Form der Aufbauten mit abwechselnd
schräg gegen die Senkrechte gestellten
ebenen Wänden bei und reduziert damit die
Radarrückstrahlung. Mit unter die Wasserlinie geführten Abgasen wird auf den Schorn-
stein verzichtet und die Wämeabstrahlung
(Infrarot-Strahlung) nach oben vermieden,
was das Schiff für die Infrarot-Suchköpfe
feindlicher Flugkörper so gut wie unsicht-
bar macht. Konsequent ist bei dem Entwurf
auf redundante Auslegung der Systeme
geachtet worden, um so auch nach einer
Beschädigung dem Schiff die Kampfkraft
zu erhalten. Durch eine weitgehende und
konsequente Nutzung der Automation, die
zum Standard an Bord der Kampfeinheiten
der Deutschen Marine geworden ist, haben
sich Einsparungen bei der Zahl der Besatzungsangehörigen ergeben, die mit nur 65
Personen sehr kostengünstig ausgefallen
ist. Der Schiffsentwurf verwendet Elemente
der MEKO-Technologie von Blohm + Voss,
wie Containerdeckel, Mastmodule und Paletten, aber keine Container, auf die wegen
der limitierten Größe der Korvette verzichtet werden musste. Dennoch berechtigt die

verbleibende Modularisierung die Korvette,
zu den MEKO-Schiffen gezählt zu werden!
Entsprechend seinen operationellen Aufgaben erfüllt das Schiff die deutschen Bauvorschriften für weltweiten Einsatz.

9.7 Das Waffensystem der Klasse K 130

Das gesamte Waffensystem der Korvette
mit seinen Waffen, Sensoren, den dezentralen Rechnern (sieben Multifunktionskonsolen) ist über Standardschnittstellen, den
BIU's (Bus Interface Units), über einen Datenbus eingebunden, der den Waffeneinsatz voll automatisch steuert, den der Be-
diener in der OPZ aber jederzeit ändern und
unterbrechen kann Über die BIU's werden
neben den internen Daten von Waffen und
Sensoren auch Daten externer Quellen, die
über Fremdmelder wie LINK 11 oder LINK
16 von anderen Schiffen oder von Landstel-
len gewonnen werden, verarbeitet und für
den Waffeneinsatz oder für die Lagebilddarstellung in der OPZ genutzt. Die hierbei
und hierfür verwendete Software ist eine
Weiterentwicklung des auch an Bord der
Klasse 124 eingesetzte CDS (Combat Direction System). Der Datenbus besteht aus
verschiedenen Einzelnetzen, dabei werden
die insbesondere für den Waffeneinsatz

Tabelle 14: Korvette Klasse K 130

Waffen	Sensoren
1 x Rohrwaffe 76 mm OTO-Melara	1 x Rundsuchradar TRS-3D/16
2 x Rohrwaffe 27 mm MLG	1 x Elktrn. Unterstützngsmaßn. SPS-N-5000
2 x Nächstbereichswaffe RAM (je 21 FK)	2 x Elektro-opt. Sensor MIRADOR
4 x Seeziel - FK RBS 15 Mk 3 (Saab Dyn.)	2 x Navigationsradar Pathfinder/ ST Mk. 2
1 x Elektronische Gegenmaßnahmen KJS-N	Zukünftiges Aufwuchspotential
4 x VLS (See- u. Luftziel) POLYPHEM	2 x Drohnen zur Datenübermittlung
	Torpedoabwehrsystem TAÜ

wichtigen Daten über ein redundantes Echtzeit-Netzwerk verteilt. Weitere Netze stehen für die Verteilung von Video-Daten und von Daten für administrative Aufgaben in den Kammern oder Schreibstuben (PC-LOA – PC-Logistic and Administration) zur Verfügung. Über das Intranet können z.B. auch Graphiken, Emails, Lagerbestände und der Status von Anlagen und Geräten bereitgestellt werden. Die operationelle Software (FüWES) ist an die Einsatzsoftware der Klasse 124 angelehnt. Im Jahre 2006 gab es noch keine Entscheidung über die Termine, zu denen die Marinedrohnen, das See- und Luftziel-Raketensystem POLYPHEM sowie das Torpedoabwehrsystem Überwasserschiffe (TAÜ) beschafft werden können.

Die fünf Einheiten des ersten Loses, von denen das Typschiff, die BRAUNSCHWEIG,

im Jahre 2006 die Werftprobefahrten aufnahm, werden ab 2007 an die Deutsche Marine ausgeliefert. Die Indienststellung des fünften Schiffes des ersten Loses ist für 2008 vorgesehen. Die Namen und taktischen NATO-Kennungen sind wie folgt, festgelegt:

BRAUNSCHWEIG	F 260
MAGDEBURG	F 261
ERFURT	F 262
OLDENBURG	F 263
LUDWIGSHAFEN	F 264

Bis auf LUDWIGSHAFEN handelt es sich bei den für die Korvetten der Klasse K 130 verliehenen Namen um solche, wie sie bereits bei der Kaiserlichen Marine an Linienschiffe und Kreuzer vergeben wurden.

10. Schnellboote

Die Entwicklung des Schnellbootes in Deutschland ist auf das Engste mit dem Namen der Gründerfamilie und ihres Unternehmens, der Fr. Lürssen Werft, in Bremen-Vegesack verbunden. Die am 27. Juni 1875 von Friedrich Lürßen gegründete Werft – heute Fr. Lürssen Werft GmbH & Co. KG, Bremen – ist auch nach mehr als 130 Jahren ein expandierendes und prosperierendes Schiffbauunternehmen im Familienbesitz, das sich insbesondere im Verlauf der Jahrzehnte nach dem 2. Weltkrieg zu einer bemerkenswert erfolgreich und weltweit operierenden Unternehmensgruppe (»Lürssen-Group«) entwickelt hat. Neben dem Erwerb der Yacht- und Bootswerft von Burmester in Burg an der Weser im Jahre 1979, der Kröger Werft in Rendsburg am Nord-Ostsee-Kanal im Jahre 1985, der Werft von Schürenstedt in Bardenfleth sowie des Bremer Vulkan Marineschiffbaus mit seinem Fregatten-Baudock im Jahre 1997, hat Lürssen im Jahre 1999 die TBM-Werft im Staate Washington in den USA sowie Anteile an der amerikanischen Yachtwerft Palmer Johnson übernommen. Schon seit 1969 beteiligt sich Lürssen an der Hong Leong Werft in Penang in Malaysia; diese 1987 gegründete und in vielen Ländern vertretene Lürssen-Logistics GmbH & Co. KG Servicegesellschaft rundet das Bild der weltweit operierenden Auslandsbeteiligungen von Lürssen ab. Das Unternehmen, das im Laufe seiner Geschichte insgesamt etwa 13.000 Boote und Schiffe aller Größen zwischen hölzernen Ruderbooten, großen Luxusyachten, Marineschiffen bis hin zu Schiffen in Korvettengröße und zahlreichen kleineren und mittelgroßen Frachtschiffen gebaut hat, beschäftigte im Jahre 2006 ca. 650 Mitarbeiter.

Weniger als zwanzig Jahren nach seiner Gründung, im Jahre 1894, hatte die Werft bereits ca. 1.000 Holzboote abgeliefert, deren maximale Länge die 25 m kaum überschritt. Wenn auch später metallische Werkstoffe im Boots- und Schiffbau der Werft Eingang finden sollten, so bleibt das Unternehmen namentlich im Marineschiffbau und im Yachtbau dem Werkstoff »Holz« auch noch im 21. Jahrhundert eng verbunden. Da sich die neu gegründete Werft von vornherein als Bootswerft verstand und sich damit ausschließlich auf den Neubau kleiner Fahrzeuge beschränkte, sah der Firmengründer sofort die technischen Möglichkeiten, welche der von Nikolaus August Otto 1862 entwickelte Gasmotor und 1876 zum Viertaktmotor verbesserte und schließlich von Gottlieb Daimler 1883 als Antrieb für Automobile brauchbar gemachte Verbrennungsmotor (Ottomotor) gerade für den Bootsbau bietet. Hier bot sich erstmals die Möglichkeit, ganz ohne die aufwendige Dampferzeugung in einer voluminösen Kesselanlage, von einem kleinen leistungsstarken Motor die erforderlich Drehleistung alleine und direkt für den Antrieb des Schiffspropellers abzugreifen. Hier sah Lürssen sofort die Chance, die kleinen Boote seiner Werft, für eine Vielzahl von Anwendungen interessant und leistungsfähig zu machen und bereits im Jahre 1886 lieferte er mit einem Benzinmotor von Gottlieb Daimler das weltweit erste Motorboot aus. Zunächst einmal waren es allerdings Renn-, Sport- und Freizeitboote, für die sich die von Daimler gelieferten kleinen und leichten Benzinmotoren vorzüglich eigneten. Aber auch das Ausland war aufmerksam geworden und Lürssen lieferte 1891 sog.

FLW, Rennboot LÜRSSEN-DAIMLER mit Benzinmotor, 1911 vor Monaco (Slg. Frdr. Lürssen Werft GmbH)

»Lürßen-Daimler-Motorboote« nach Brasilien und im Jahre 1893 eine Motoryacht in die Niederlande. Als Hersteller und Lieferant für die hochtourigen Propeller stellte sich schon bald die 1868 in Altona bei Hamburg gegründete Propellerfabrik Zeise zur Verfügung. Mit mehreren gewonnenen Preisen, die seine Boote anlässlich verschiedener Motorbootregatten sammeln konnte, machte Lürssen sehr wirkungsvoll auf seine Werft und deren Produkte aufmerksam. So erzielten seine Boote um 1909 mit 30–40 PS-Motoren Geschwindigkeiten von 34–38 km/h und 1911 erreichte das Boot LÜRSSEN – DAIMLER mit einer Länge von 8,0 m und einem 102 PS-Motor anlässlich eines internationalen Motorbootrennens vor Monaco eine Geschwindigkeit von 50 km/h.

An diesen frühen Erfolgen war maßgeblich auch der 1906 in die Firmenleitung eingetretene Sohn Otto des Firmengründers beteiligt, der als voll ausgebildeter Schiffbauingenieur und nach einigen Jahren Werftpraxis außerhalb des väterlichen Betriebs moderne Ideen für die Bootsentwicklung kennen gelernt hatte und nun in das Unternehmen einführte. Otto Lürssen war

es, der die Bedeutung des schiffbaulichen Versuchswesens auch für kleine Boote klar erkannte, das sich nach Wiliam Froudes erster Schiffbau-Versuchsanstalt von 1872 in Torquay bei London so kraftvoll entwickelte. Auch mehr als 125 Jahre nach der Firmengründung haben sorgfältige hydrodynamische Auslegung und Gestaltung der Bootsrümpfe, die auf viele Jahrzehnte Erfahrung und zugleich auf moderne Berechnungsmethoden aufbaut, ihre Bedeutung für die Schnellbootentwicklung bei Lürssen nicht verloren. Trotz mancher Grundlagenkenntnisse, die damals noch nicht verfügbar waren, gelang es den Verantwortlichen bei Lürssen in enger Zusammenarbeit mit Daimler und Zeise die geeigneten Rumpfformen und die Propeller zu entwickeln, um die zur Verfügung stehende Motordrehleistung so wirtschaftlich wie nur möglich in Schubleistung und damit in Bootsgeschwindigkeit umzusetzen. Früchte dieser frühen Arbeiten waren Preise, die anlässlich internationaler Wettbewerbe auf dem Bodensee, in Abazzia und mehrmals namentlich in Monaco gewonnen wurden. Mit diesen kleinen Renn- und Sportbooten erwarb sich das junge

Name	Depl. [m³]	Lng. [m]	Br. [m]	Tfg. [m]	Antrieb	Lstg. [PS]	Geschw. [kn]	Rch.-weite [sm]	Bewaffnung
FL	6,0	13,0	1,86	0,66	2 x Maybach-CX 6 Zyl. Otto Mot.	420	30,0	270	700 kg Sprng.-Ldng.
LM 21	7,0	16,0	2,4	0,68	3 x Maybach Otto Motoren, 3 x Prop.	720	31,8	225	1 x TR 45 cm, 1 x Mg

Tabelle 15: Hauptabmessungen, Leistungsdaten. u. Bewaffnung ausgewählter Boote mit Fernlenkung (FL-) u. mit Luftschiffmotoren (LM-), 1914/18

aufstrebende Schiffbauunternehmen das Grundlagenwissen über die Hydrodynamik kleiner, extrem schneller Fahrzeuge und schließlich auch das Vertrauen der Kaiserlichen Marine, um Entwicklungsaufträge zu übernehmen und auszuführen. So entwickelte Lürssen in den letzten Jahren, unmittelbar vor Ausbruch des 1. Weltkriegs und in enger Zusammenarbeit mit Siemens, ferngelenkte, d.h. zunächst mit Draht gelenkte unbemannte Boote, die mit einer Sprengladung beladen und mit Geschwindigkeiten von 33,0 kn auf gegnerische Schiffe zulaufen und diese versenken sollten. Diese, als FL-Boote bezeichneten Boote (FL = Fernlenk), erzielten nach Ausbruch des Krieges vereinzelt sogar Versenkungserfolge, so wie im Fall des britischen Monitors EREBUS vor der flandrischen Küste. Im Zuge einer konsequenten Weiterentwicklung wurde es dann ab 1917 sogar schon möglich, die unbemannten Sprengboote drahtlos, d.h. funktelegraphisch, von einem Flugzeug oder von einer Landstation aus ins Ziel zu lenken!

Neben den ferngelenkten FL-Booten waren es die mit einem Torpedorohr bewaffneten Motorboote, die Lürssen als Erster und zunächst auf eigene Initiative und mit eigenen Mitteln entwickelte und der Kaiserlichen Marine mit der für die damalige Zeit sensationellen Geschwindigkeit von 42,5 kn zur Verfügung stellte.

Auch diese Bootsentwicklung erntete noch während des Krieges, am 24.8.1917, einen ersten spektakulären militärischen Erfolg, als es einem dieser Boote gelang, vor Ösel in der Ostsee den russischen Minenleger PENELOPE mit Torpedoschuss zu versenken. Waren die ersten Boote noch mit nur einem Torpedorohr ausgerüstet, so folgten bald Boote mit zwei Abschussrohren. Wegen ihres Antriebs, der aus ehemaligen Luftschiffmotoren bestand, erhielten diese Boote die Bezeichnung LM-Boote (LM = Luftschiff-Motoren). Gegen Ende des 1. Weltkrieges befanden sich nicht nur bei Lürssen, sondern auch bei der Roland-Werft in Hemelingen sowie bei der Oertz-Werft in Hamburg Motorschnellboote mit jeweils zwei Torpedorohren im Bau, die bereits mit Dieselmotoren verschiedener Hersteller (Deutz, Körting, Junkers) ausgerüstet werden sollten, deren Bau aber wegen des Kriegsendes vor seiner Fertigstellung abgebrochen wurde.

Auch in Großbritannien hatte man sich im Verlauf des Krieges des Schnellbootes als Waffe angenommen und im Englischen Kanal und in der Nordsee gegen die dort operierenden deutschen Seestreitkräfte eingesetzt. Im Verlauf des russischen Bürgerkrieges operierten englische »Coastal Motor Boats – CMB« in der Ostsee und auch im Kaspischen Meer, um dort die weißrussischen Kräfte zu unterstützen. Zwei dieser CMB's fielen 1920 in die Hände der Sowjets.

Aber auch in Italien entwickelte sich die Schnellbootwaffe nach Eintritt des Landes auf Seiten der Entente zu einer Abwehrwaffe im Küstenvorfeld, die vorzugsweise gegen U-Boote eingesetzt werden sollte. Daher erhielten die italienischen Boote die Bezeichnung »Motoscafi Anti-Sommergibli – MAS« (Unterseebootjäger), unter der sie berühmt wurden und die sie bis zum Ende des 2. Weltkrieges beibehielten. Ihren spektakulärsten Erfolg erzielten die Boote im Jahre 1918, als sie mit einem Torpedoangriff das k.u.k. Schlachtschiff SZENT ISTVAN mit fast 22.000 ts Konstruktionsverdrängung zum Kentern brachten und versenkten. Mit 292 Booten hatte Italien bei Ende des 1. Weltkriegs bereits eine ungewöhnlich große Zahl von den kleinen MAS-Motor-Schnellbooten in Dienst gestellt, von denen 32 durch Feindeinwirkung verloren gingen.

10.1 Schnellbootentwicklung in Deutschland bis zum Ende des 2. Weltkriegs

Schon während des 1. Weltkriegs hatte Lürssen für seine Motor-Schnellboote das Formgebungs-Konzept gefunden, das als Konzept auch noch im 21. Jahrhundert gültig bleibt: mit Rücksicht auf ein überlegenes Bewegungsverhalten der Boote im Seegang, wie er in Nord- und Ostsee anzutreffen ist, weisen die Boote von Lürssen ausgesprochene Rundspant-Formen aus, die auch noch bei hohen Geschwindigkeiten als Verdränger laufen, ohne dabei nennenswerten, sog. »hydrodynamischen Auftrieb« zu entwickeln. Hier folgten beispielsweise die englischen Schnellboote dem entgegengesetzten Konzept, das zu Schnellbooten mit flachem Boden und mit Knickspanten führte, was ihnen unter den Bedingungen von ruhiger See, d.h. bei »Glattwasser«, hydrodynamischen Auftrieb verlieh, mit dem sie insgesamt ihren Widerstand bei hohen Geschwindigkeiten verringerten und somit ihre Geschwindigkeit steigerten, was aber bei schwerem Seegang zu einem sehr ungünstigen Bewegungsverhalten führte, unter dem die Bootsbesatzungen und die Ausrüstungskomponenten der Boote zu leiden hatten. Da ihr mit dem Vertrag von Versailles von 1919 auch der Bau von Schnellbooten verboten war, organisierte die deutsche Reichsmarine die zunächst nur – theoretische – Weiterentwicklung der von Lürssen zwischen 1914 und 1918 gebauten Schnellboote vom Typ »FL« und »LM«. Den Anstoß zu dieser Vorgehensweise hatte der damalige Oberleutnant z.S. und spätere erste Inspekteur der deutschen Bundesmarine, Vizeadmiral Friedrich Ruge, mit einer sog. »Winterarbeit« gegeben, was im Jahre 1925 schließlich zum Rückkauf von sieben unbewaffneten Lürssen-Boote aus dem 1. Weltkrieg führte, die mit zivilen Besatzungen im Auftrag der Reichsmarine umfangreiche Erprobungen durchführten.

Mit diesen sehr sorgfältigen und sehr systematischen Untersuchungen bereitete

Tabelle 16: Hauptabmessungen, und Leistungsdaten von Versuchs-Schnellbooten der Reichsmarine 25/29

Name	Depl. [m³]	Lng. [m]	Br. [m]	Tfg. [m]	Antrieb	Lstg. [PS]	Geschw. [kn]	Rch.-weite [sm]	Bewaffnung
K	16,0	17,4	3,48	1,16	2 x Otto Motoren, 2 x Prop.	860	~40,0	270	2 x TR 45 cm, 1 x Mg
Lür	23,0	23,0	3,6	1,28	3 x MB Otto Mot., 3 x Prop.	780	35,0	–	1 x TR 45 cm, 1 x Mg
NAR-WAL	31,0	21,3	4,06	0,90	3 x 12 Zyl. V-Otto M., 3 x Prop. 0,76 mᵉ	1125	34,8	–	2 x TR 45 cm, 1 x Mg

die Reichsmarine den Aufbau einer zukünftigen Schnellbootwaffe vor, wie sie nicht zuletzt auf Grund der im Weltkrieg gesammelten Erfahrungen für erforderlich gehalten wurde. Auf dem Weg dorthin fand die Entwicklung in folgenden Schritten statt:

- 1926, Bau des Versuchsbootes »K« bei A+R in Lemwerder
- 1925–1926, Bau des Versuchsbootes »Lür« bei Lürssen zur Erforschung des Seegangsverhaltens der Boote in dem kurzkämmigen Seegang von Nord- und Ostsee.
- 1926, Bau des Gleitschnellbootes NARWAL, um auch die Möglichkeiten des hydrodynamisch getragenen Schnellbootes zu analysieren. Ein Modell des NARWAL befindet sich in den Räumen der VWS (Versuchsanstalt für Wasserbau und Schiffbau) in Berlin, die 2001 ihre Arbeit als eigenständiges Institut einstellte.

Vorläufer der Schnellboote: »U-Boot-Zerstörer-Schnellboot«, ZU (S) 26 um 1930 (Reichsmarine)

Diese um 1926 neu gebauten drei Boote sowie die sieben ehemaligen LM-Boote erhielten von der Reichsmarine um 1930 die Klassifizierung UZ(S) für »U-Boot-Zerstörer-Schnellboot« und wurden in einer sog. »Versuchsgruppe« zusammengefasst, die zunächst noch zivil betrieben, aber nach und nach in den aktiven Dienst der Reichsmarine überführt wurde.

Unter der Leitung des Ministerialdirektors Presse arbeiteten das Konstruktionsamt der Reichsmarine, die Lürssen Werft sowie die Daimler Benz AG den Entwurf und die Konstruktion eines Schnellbootes für die Marine aus. Seitens des Konstruktionsamtes der Reichsmarine in Berlin beteiligten sich an dieser Arbeit so herausragende Persönlichkeiten, wie der Schiffbau-Oberbaurat Burkhardt, der Marinebaurat Fenselau, der als maßgeblicher Förderer des Dieselmotors bekannt gewordene Ministerialrat Laudahn sowie der Ingenieur Docter

als Sachverständiger für Motorenbau. Der Entwurf für die Linien des zukünftigen Bootes mit ausgeprägten Rundspanten fertigte der Amtmann Keller an, sämtliche Bauzeichnungen erstellte die Lürssen Werft in Bremen-Vegesack. Das hierfür entwickelte Konzept der Rundspant-Formen wurde für alle deutschen Schnellboote bis zum Ende des 2. Weltkriegs beibehalten. Nach Abschluss dieser sehr sorgfältigen Entwurfs- und Konstruktionsarbeiten sowie umfangreicher Modellversuche in der Preußischen Versuchsanstalt für Wasserbau und Schiffbau in Berlin erteilte die Reichsmarine im November des Jahres 1929 der Lürssen Werft den Auftrag zum Bau des ersten Schnellbootes, das am 7.8.1930 unter der Bezeichnung UZ (S) 16 in Dienst gestellt wurde und am 16.3.1932 offiziell die Bezeichnung »S 1« erhielt.

War das Schnellboot S1 aus dem Jahre 1930 noch mit drei Otto-Motoren von Daimler Benz ausgerüstet, so erhielt das Boot S6, das die Marine 1933 in Dienst stellte, als weltweit erstes Schnellboot Dieselmotoren. Dabei handelte es sich um den von MAN entwickelten 7 Zylinder-Motor LZ7

Name	Depl. [m³]	Lng. [m]	Br. [m]	Tfg. [m]	Antrieb	Lstg. [PS]	Geschw. [kn]	Rch.-weite [sm]	Bewaffnung
S 1	51,6	26,8	4,20	1,05	3 x Otto Motoren, 3 x Prop.	2700	34,21	350	2 x TR, 2 Tp, 1 x Mg, 2 cm
S 6	63	27,7	4,20	1,25	3 x MAN Diesel-M., 3 x Prop. 1,23m⌀	3300	36,5	350	2 x TR, 2 Tp, 1 x Mg, 2 cm
S 18	117	34,62	5,25	1,67	3 x MB 501 Diesel, 3 x Prop. 1,23 m⌀	6000	39,0	700	2 x TR, 4 Tp, 1 x Mg
S 100	122	34,94	5,28	1,67	3 x MB 501 Diesel, 3 x Prop. 1,23 m⌀	7000	42,0	700	2 x TR, 4 Tp, 1 x Mg

Tabelle 17: Hauptabmessungen, Leistungsdaten und Bewaffnung ausgewählter S-Boote, 1930/45

LÜRSSEN, Schnellboote vom Typ S6, 1933 (Slg. FLW)

mit einer Leistung von 1.320 PS. Sowohl Daimler Benz als auch MAN beteiligten sich somit an der Entwicklung geeigneter Dieselmotoren für den Schnellbootantrieb, die bei geringem Brennstoffverbrauch ein gegenüber dem Benzinmotor auch deutlich vermindertes Brandrisiko aufwiesen; allerdings sind Dieselmotoren schwerer als Benzinmotoren, was aber für Fahrzeuge von der Größe eines Schnellbootes keine wesentlichen Nachteile mit sich bringt.

Damals wie auch in den Tagen der Bundesmarine wurden die Schnellboote in Kompositbauweise gefertigt, d.h. das Spantengerüst und die Querschotte wurden aus Leichtmetall und die Außenhaut war »doppeltkraweel« (auch »diagonal kraweel«) in drei Lagen in Vollleimbauweise aus Holz geplankt. Der Durchmesser der Propeller an Bord der Boote blieb trotz gesteigerter Antriebsleistungen bis 1945 konstant bei 1,23 m⌀.

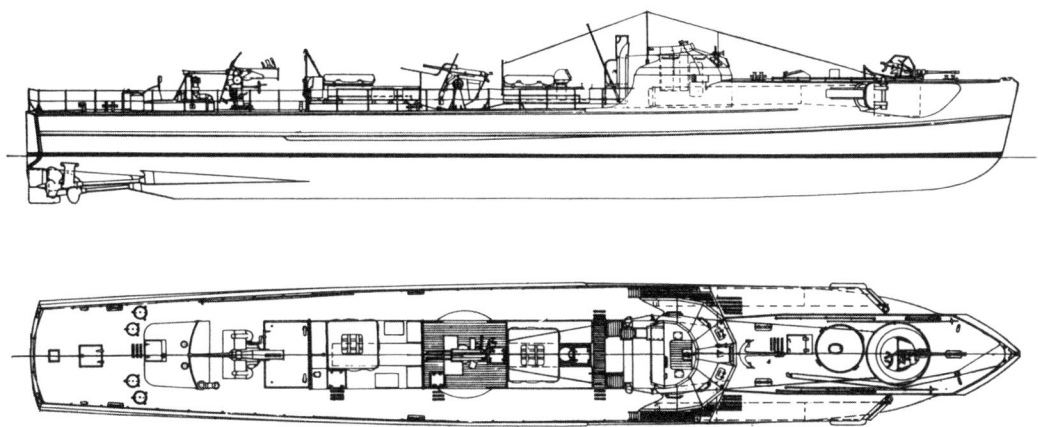

Deutsches Schnellboot, Typ S 38, Lürssen 1940–1944 (Slg. FLW)

Im Jahre 1936 rüstete Daimler Benz die Boote S 18 bis S 25 mit dem 20 Zylinder V-Dieselmotor MB501 mit einer Leistung von 2.000 PS aus, der sich bald zum Standardmotor der deutschen Schnellboote entwickelte. Anlässlich einer vergleichenden Leistungserprobung der Schnellboote im Jahre 1937 über 500 sm von Helgoland um Skagen herum nach Kiel waren die mit 2.000 PS-MAN-Motoren ausgerüsteten Boote gezwungen, die Fahrt wegen Motorschaden zu unterbrechen, während die Boote mit Mercedes Benz Dieselmotoren des Typs MB 501 störungsfrei blieben. Ab dem Schnellboot S17 erhielten die S-Boote der Reichs- und Kriegsmarine ausnahmslos Dieselmotoren von Daimler Benz, die damals noch sämtlich umsteuerbar waren. Dabei wurde der Motor MB 501 im Laufe der Jahre in seiner Leistung namentlich durch Aufladung gesteigert und als Motortyp MB 501A und später als MB 511 mit jeweils 2.500 PS ab dem Boot S 131 eingebaut. Die zwischen 1933 und 1945 in Dienst gestellten Schnellboote wurden mit jeweils drei Antriebswellen ausgestattet, von denen jede über einen Dieselmotor, ein Untersetzungsgetriebe, einen Propeller

sowie über Lager und Wellenböcke verfügte. Von Anfang an erhielten die deutschen Schnellboote nach 1930 die Unterwasser-Abgasführung, was der Schiffsführung eine durch Rauchschwaden ungetrübte Sicht ermöglichte und Freiräume für Ausrüstung und Bewaffnung an Oberdeck lieferte. Nachdem das Entwurfskonzept der deutschen Schnellboote um 1936 so gut wie ausgereift war, veränderte sich das Erscheinungsbild der Boote im Lauf der Zeit nur noch mäßig.

So wurden ab dem Boot S 26 im Jahre 1940 die beiden Torpedorohre zum Verschießen der Schwergewichtstorpedos von 533 mm° in die Back integriert, was zu einer Vergrößerung des Freibords im Vorschiff und somit zu einer wünschenswerten Vergrößerung des Reserveauftriebs bei Seegang führte. Ab dem Boot S 100 im Jahre 1943 wurden Ruderhaus und Kommandostand unter eine gepanzerte Kugelkalotte gesetzt, um gegen Luftangriffe besser geschützt zu sein. Insgesamt hatte die Reichs- und Kriegsmarine 244 Schnellboote in Dienst gestellt, von denen der weitaus größte Teil, d.h. ca. 200 Boote, bei Lürssen gebaut wurde; etwa 100 Boote gingen im

Verlauf des 2. Weltkriegs durch Feindeinwirkung verloren.

10.2 Die Schnellboote der Bundesmarine ab 1955

Das in seiner Entstehung begriffene Bundesministerium der Verteidigung – damals
noch als »Amt Blank« bezeichnet – beteiligte von Anfang an die Lürssen Werft in Bremen-Vegesack auch an der Vorbereitung
und bald danach am Bau der Schnellboote
für die 1955 gegründete Bundesmarine.
Dabei ergab sich jedoch eine schrittweise
und zunächst halbmilitärische Vorgehensweise. Bereits im Jahre 1952 hatte Lürssen vom Bundesministerium des Inneren
den Auftrag erhalten, für den kurz vorher
gegründeten Bundesgrenzschutz See drei
sog. Sicherungsboote zu bauen, die mit
einer Geschwindigkeit von 43 Knoten laufen sollten. Dies rief dann aber zunächst
die britische Besatzungsmacht und deren
Militärisches Sicherheitsamt (MSA) auf den
Plan, die den Bau dieser drei Boote stopp-
ten, da sie mit ihrer Geschwindigkeit von
43 kn die Bestimmungen des Potsdamer
Abkommens von 1945 verletzten bzw.
überschritten. Ab 1953 durften die Boote
dann doch – allerdings für die Royal Navy (!)
– weitergebaut werden, die dann aber nur
zwei der Boote für geheimdienstliche Zwecke mit deutschen Besatzungen als Verband »Klose« in der Ostsee einsetzte und
die das dritte Boot nach seiner Fertigstellung sofort an die Bundesmarine weiter-
reichte. Für den Bundesgrenzschutz erhielt
man die Genehmigung des MSA, schließlich drei weitere Boote zu bauen, von denen
das dritte bei seiner Auslieferung ebenfalls
gleich der Bundesmarine unterstellt wurde.
Ab dem 29. Mai 1956 bildeten alle sechs
Boote das »Schnellboot-Lehrgeschwader«,
das am 17. September 1957 in »1. Schnell-

bootgeschwader« umbenannt wurde und
die später an die griechische Marine abgegeben wurde. Diese sechs Boote, die
als Typ SILBERMÖWE bekannt wurden,
waren – mit Abweichungen – Nachbauten
des Schnellbootes S 50 mit der charakteristischen erhöhten Back zur Aufnahme der
zwei Torpedorohre für Schwergewichtstorpedos mit 533 mm°. Der Einbau der Torpedorohre entfiel, später wurden allerdings an
BB und StB je ein Einzelrohr für Übungs-
zwecke aufgestellt. Diese Boote verfügten
noch über die 3-Wellen-Antriebsanlagen
mit jeweils einem MB 20 V - Dieselmotor mit
2.500 PS und 1.630 U/min, die auch schon
durch Aufladung auf 3.000 PS und 1700 U/
min heraufgesetzt werden konnten. Alter-
nativ wurde eins der Boote (SEESCHLAN-
GE) mit einem 16 Zylinder Dieselmotor von
Maybach mit jeweils 2.500 PS und 1690 U/
min bzw. 3.000 PS und 1.800 U/min sowie
bereits mit vierflügeligen Verstellpropellern
von Escher-Wyss ausgerüstet. Es versteht
sich von selbst, dass auch diese Boote, wie
auch ihre Vorgänger, in Kompositbauweise
mit Leichtmetallspanten und -schotten gebaut wurden, mit Rundspanten und Spie-
gelheck. Insgesamt erfüllten diese Boote
den Zweck, Schulungs- und Erprobungs-
boote für die zukünftigen neuen Boote der
Bundesmarine zu sein! Dieser Aufgabe
dienten auch drei ehemalige Boote der
Kriegsmarine (S 130, S 208, und S 116),
von denen zwei als britische Kriegsbeute und eins nach seiner Bergung aus der
Ostsee und Instandsetzung wieder an die
Bundesmarine übergeben wurde.

10.3 Die Schnellboote der Klasse 140, bzw. Klasse 141

Mit dem Konzept, das man 1950 in den
Gesprächen in dem Kloster Himmerod in
der Eifel erarbeitet hatte und das schließ-

lich bei Gründung der Bundesmarine auch sofort umgesetzt wurde, wies man dem Schnellboot und ebenso dem Minenkampfboot eine zentrale Bedeutung für die Vorneverteidigung der NATO in der westlichen Ostsee und deren Zugänge im Skagerrak und Kattegatt zu. Innerhalb von acht Jahren gelang es der jungen Bundesmarine insgesamt 4 Schnellbootgeschwader mit insgesamt 40 Booten in Dienst zu stellen, die damit den kampfstarken Kern der westdeutschen Seestreitmacht bildeten und zu einer der weltweit größten Schnellboot-Flottillen aufstiegen. Nur die damalige Sowjetunion unterhielt eine größere Zahl von Schnellbooten, die auf die zahlreichen Küsten des Landes verteilt waren. Um der durch die NATO gestellten Aufgabe wirkungsvoll gerecht zu werden, arbeiteten Lürssen, die Motorenhersteller Mercedes Benz und Maybach, das Amt Blank und die Schiffbau Versuchsanstalten – teilweise sogar schon vor der Gründung der Bundesmarine – sehr eng zusammen, wobei die während des 2. Weltkriegs gesammelten Erfahrungen technisch und militärisch sorgfältig ausgewertet wurden. Somit waren die 20 Boote der Klasse 140 und die 10 Boote der Klasse 141, die die Marine ab Dezember 1957 gleichzeitig in Dienst stellte, konsequente Weiterentwicklungen der S-Boote aus dem 2. Weltkrieg. Insbesondere hielt man beim Linienentwurf der Boote an dem Rundspantkonzept fest, das sich voll bewährt hatte. Es gehört zu den Merkwürdigkeiten der damaligen Zeit nach dem 17. Juni 1953 und dem Ungarnaufstand von 1956, als der Kalte Krieg voll »entbrannt« war, dass die Schleppversuche für die geplanten ersten Schnellboote der Bundesmarine mit ausdrücklicher Genehmigung durch die Westalliierten in der Versuchsanstalt für Wasserbau und Schiffbau in Berlin (West) durchgeführt wurden und die westlichen Alliierten damit gegen ihre

Friedrich Lürssen Werft, Schnellboot Klasse 140, Vorschiff

eigenen Verordnungen von Potsdam aus dem Jahre 1945 verstießen, mit denen sie jede Art von deutscher Forschungs- und Entwicklungsarbeiten für die Wehrtechnik in den vier Berliner Besatzungssektoren untersagten.

Von Anfang an war allen Beteiligten klar, auch für die Schnellboote der Bundesmarine die im Krieg bewährte Kompositbauweise zu übernommen, bei der ein aus seewasserbeständigem Aluminium gefertigtes Spantwerk, bestehend aus Spanten, Längsbänder und Querschotte, mit drei vollverleimten Lagen Holz beplankt wird. Bei vergleichbarer Bewaffnung mit vier Torpedorohren und zwei Flakgeschützen mit 40 mm Kaliber, die aber selbst und mit ihrer Peripherie gegenüber den Waffensystemen des 2. Weltkriegs deutlich schwerer wurden, betrug die Konstruktionsverdrän-

Schnellbootgeschwader mit Booten des Typs JAGUAR (Klasse 140) und dem Tender RHEIN, Klasse 401 (Slg. FLW)

gung der Boote der Klasse 140 und 141 mit 184 t nunmehr doppelt so viel, wie jene der Boote vom Typ S 38 im 2. Weltkrieg. Da die Geschwindigkeit mit 39 kn aber die gleiche wie die im Krieg war, erklärt sich, dass die Boote der Bundesmarine jeweils eine Vier-Wellenanlage mit einer insgesamt doppelt so hohen Gesamtleistung von 12.000 PS benötigten. Auch alle folgenden Schnellboot-Klassen der Bundesmarine wurden mit Vierwellen- Antriebsanlagen ausgerüstet. Dies wurde mit wenigen Ausnahmen auch für jene Schnellboote übernommen, die Lürssen an ausländische Marinen exportierte. An Bord der zwanzig Boote der Klasse 140 kam wieder der Dieselmotor Typ MB 518 zum Einsatz, dessen Leistung durch Aufladung fortlaufend heraufgesetzt werden konnte und der eine direkte Weiterentwicklung des im Krieg bewährten Schnellbootmotors vom Typ MB 511 darstellte. Wenn es eine Unterteilung in die Klassen 140 und 141 gab, so nur deshalb, weil allein der Hersteller der Diesel-Antriebsmotoren hierfür das Unterscheidungsmerkmal lieferte: zur Klasse 141 zählten alle zehn Boote, die mit Maybach-

16-Zylinder-Viertakt-Dieselmotoren ausgerüstet waren. Die Maybach-Motoren waren nicht mehr umsteuerbar, was den Einbau von Schiffswendegetriebe erforderlich machte und anfänglich zu Schwierigkeiten führte.

Die frühen Schnellboote der Bundesmarine nahmen noch den mit Druckluftmotor angetriebenen deutschen Torpedo vom Typ G7a aus der Kriegs- und sogar noch Vorkriegsproduktion sowie den britischen Mk 8 und den US-amerikanischen Torpedo Mk 37 an Bord, die beide noch die Luftblasenspur beim Lauf durch das Wasser hinter sich her zogen. Dieser Mangel wurde behoben, als man ein Boot der Klasse 141 (KORMORAN) mit nach hinten zielenden Torpedorohren bestückte, mit denen zunächst versuchsweise der von der AEG und von der damaligen Fried. Krupp GmbH Atlas Elektronik, Bremen, gemeinsam entwickelte batteriebetriebene und drahtgelenkte Torpedo des Typs SEAL (DM 2 – Deutsches Modell 2) mit akustischem Zielsuchkopf verschossen wurde, aus dem sich bald der Standardtorpedo der Bundesmarine entwickeln sollte. An Bord einzelner, hierfür abgestellter

Schnellboot Kl. 142 nach seiner Modernisierung mit Radom für das Radargerät WM 22 (Slg. FLW)

Boote der Klasse 141, erfolgten auch erste Versuche und Erprobungen mit einer ABC-Schutzanlage, um es den Besatzungen zu ermöglichen, ABC-kontaminierte Seegebiete zu durchkreuzen!

Für ein Boot der Klasse 140 betrug der Preis im Jahre 1957 sechs Mio. DM!

Die Boote der Klasse 140 und 141 waren ursprünglich für eine Lebensdauer von maximal 10 Jahren ausgelegt. Tatsächlich blieben diese Boote aber 20 Jahre im aktiven Dienst der Bundesmarine und nicht wenige von ihnen fuhren unter der Flagge von NATO-Partnern (Griechenland, Türkei) weitere mehr als fünf Jahre. Damit konnte die Haltbarkeit der Kompositbauweise, wie sie von Lürssen über viele Jahrzehnte entwickelt wurde, eindrucksvoll unter Beweis gestellt werden.

10.4 Die Schnellboote der Klasse 142 (ZOBEL)

Bei gleichen Hauptabmessungen und Leistungsdaten stellen die zehn Boote der Klasse 142 (ZOBEL-Klasse) eine Weiterentwicklung der beiden Klassen 140 und 141 dar, von denen sie sich insbesondere durch den erstmals an Bord genommenen Radom für das Feuerleitgerät WM 22 unterschieden, der bald das »Gesicht« aller Schnellboote prägen sollte und mit dem die Zielerfassung für die zwei Flugabwehrkanonen (Flak) an Bord vorgenommen wurde und mit dessen Hilfe die Kanonen automatisch gesteuert und geführt wurden. Die Schnellboote der ZOBEL-Klasse waren auch die ersten mit einer eigenen OPZ, wie sie an Bord der größeren Schiffe schon länger üblich waren. Ursprünglich sollten diese Boote im Zuge einer 1969 durchgeführten Grunderneuerung das britische Luftabwehr-Raketensystem SEACAT an Bord nehmen; wegen fehlender Entwicklungsreife wurden die Boote jedoch stattdessen mit dem auf KORMORAN erprobten drahtgelenkten Torpedo DM 2 (SEEAAL) bewaffnet, der wegen der Drahtführung nach achtern verschossen wurde!

Die Boote der Klasse 142 waren die ersten Schnellboote, die mit einer ABC-Schutzanlage – heutige Bezeichnung DSK (Dauer-Schutzluft-Klima-System) – ausgerüstet wurden, d.h. die Boote besaßen bereits eine Zitadelle, die mit ca. 5 mbar Überdruck luftdicht abgeschlossen werden konnten, so dass es für das Boot und seine Besatzung möglich wurde, ABC-kontaminierte Seegebiete zu durchkreuzen.

Mit der Indienststellung des Schnellbootes OZELOT (S 37) am 25.10.63 war der Aufbau der vier Schnellbootgeschwader 8 Jahre nach Gründung der Bundesmarine planmäßig abgeschlossen und der NATO unterstellt.

10.5 Die Schnellboote der Klasse 148

Nach einem kurzen Intermezzo mit zwei in Großbritannien gebauten Schnellbooten mit 75,0 t und 97,1 t Standardverdrängung und mit 46,0 kn Konstruktionsgeschwindigkeit, die mit Gasturbinen angetrieben und 1962 in Dienst gestellt wurden, um nach kurzer Zeit (1965) wieder ausgesondert und danach außer Dienst gestellt zu werden, entschied sich das Bundesministerium der Verteidigung für das Bauprogramm Klasse 148 mit insgesamt 20 Booten, die ab 1972 der Flotte zugeführt wurden und die Boote der Klasse 140 ersetzten.

Der Bau dieser Boote war sehr stark durch politische und finanzielle Vorgaben und Einschränkungen geprägt. Ausschlaggebend war in den sechziger Jahren die wachsende Präsenz sowjetischer Schnellboote in der Ostsee, die mit FK bestückt waren. Die waffentechnische Wirkung dieser seegestützten FK hatte sich kurz nach Ende des israelisch-arabischen Sechstagekrieges am 21. Oktober 1967 unter Beweis gestellt, als mit STYX-Raketen bewaffnete sowjetische Schnellboote des Typs OSA, unter ägyptischer Flagge laufend, den israelischen Zerstörer EILAT, Baujahr 1944 (britischer Typ ZC, ex HMS ZEALUS), mit ca. 1700 ts Standardverdrängung, versenkten. Auch, wenn einige Marinen schon vor dieser Versenkung begonnen hatten, ihre Schiffe mit Raketen zu bewaffnen, führte dieses Ereignis dazu, dass nunmehr systematisch der FK als Seeziel- und Luftabwehrwaffe an Bord der Schiffe aller NATO-Marinen und somit auch von der deutschen Bundesmarine eingeführt wurde. Die französische Werft Chantier de Normandie hatte gegen Ende der sechziger Jahre gemeinsam mit Lürssen 12 FK-Schnellboote aus Stahl und mit Aluminiumaufbauten entworfen und an die israelische Marine geliefert. Auf Basis dieser Zusammenarbeit entstand der Entwurf COMBATTANTE 2, den die französische Werft Chantier de Normandie zu einem günstigeren Systempreis anzubieten imstande war, als es der deutschen Werftindustrie zu dieser Zeit möglich war. Zusätzlich gab es die politische Forderung seitens der französischen an die westdeutsche Regierung nach Zahlungsausgleich für Einkäufe von französischen Stationierungstruppen in Westdeutschland. Somit kam es zu der Entscheidung, die 20 Nachfolgeboote für die Klasse 140 als Klasse 148 in Frankreich und Westdeutschland zu bauen, wobei 12 Boote in Frankreich und 8 Boote bei Lürssen in Bremen gebaut wurden. Die Endausrüstung mit Waffen und Elektronik

Schnellboot Kl. 148 ohne Waffen (Slg. FLW)

erfolgte bei Chantier de Cherbourg als Federführer des Programms.

Ebenso wie die israelischen Schnellboote wurden die Boote der Klasse 148
aus höher festem Stahl mit Aluminiumaufbauten gefertigt. Diese Boote sollten allerdings die einzigen für die Bundesmarine
gebauten S-Boote mit Stahlrumpf bleiben;
die später gebauten Boote erhielten wieder
die bewährte Kompositbauweise, die, neben besseren amagnetischen Eigenschaften, weitaus unempfindlicher gegen Beulen
infolge Seeschlag bleibt, als es bei einem
Stahlrumpf der Fall ist! Der wesentliche
Entwicklungsschritt, der mit den Booten

der Klasse 148 vollzogen wurde, bestand
in der Integration der vier Flugköper (SSM)
vom Typ MM 38, die erstmals die klassische
Bewaffnung mit Torpedos ersetzten, d.h. die
Boote der Klasse 148 verzichteten erstmals ganz auf die Torpedobewaffnung und
aus dem klassischen Torpedo-Schnellboot
wurde somit ein FK-Schnellboot! Ebenfalls
als erste Schnellboote der Bundesmarine
nahmen die Boote der Klasse 148 jeweils
ein 76-mm-Geschütz von OTO-Melara
an Bord, was den Booten angenähert die
Kampfkraft von Korvetten verlieh.

Die 20 Boote der Klasse 148, die zwischen 1972 und 1975 in Dienst gestellt

Schnellboot Kl. 148, FUCHS mit Waffen (Slg. FLW)

wurden, erhielten ab Mitte der siebziger Jahre als Nachrüstung Düppelwerfer sowie das Link-System PALIS (Passiv-Aktiv-Link-System). Um 1999 waren 6 Boote an Griechenland und 4 Boote der Klasse 148 an Chile verkauft. Damit übertreffen auch diese Bootsentwürfe ohne weiteres eine Lebensdauer von über 30 Jahren, womit erkennbar wird, welchen hohen Stellenwert diese Boote – trotz ihrer vermeintlich geringen Größe – für jede Marine haben und wie sehr sie auch imstande sind, höchste technische Qualitätsstandards zu erfüllen.

10.6 Schnellboote der Klassen 143 und 143 A

Abschluss und zugleich auch ohne Zweifel den technischen Höhepunkt der Entwicklung des Schnellbootes in Deutschland stellen die zwischen 1976/77 sowie zwischen 1982/84 in Losen zu jeweils 10 Einheiten gebauten und in Dienst gestellten Schnellboote der Klassen 143 und 143 A dar. Der Vollständigkeit halber soll nicht unerwähnt bleiben, dass auf dem Weg zu dem letztendlich realisierten Entwurf des

FK-Schnellbootes der Klasse 143 verschiedene weitere Entwürfe mit den Bezeichnungen Klasse 144, 145, 146 und 147 lagen, die jedoch das Projektstadium nie verließen! Mit diesen insgesamt zwanzig Booten der beiden neuen Klassen wurden zehn Boote der Klasse 140 (JAGUAR) und zehn Boote der Klasse 142 (ZOBEL) ersetzt. In gewisser Hinsicht stellt die Klasse 143 auch den Ersatz für das nicht realisierte Projekt der Fla-Korvette – der später als Klasse 121 bezeichneten Fregatte – dar, denn es war – nach Fortfall der Korvette – »das einzige effektive Überwassersystem für den Einsatz in den nordeuropäischen Randmeeren« (Admiral Dr. Hess). Zum Zeitpunkt des Vertragsabschlusses für das Bauprogramm der zehn Boote der Klasse 143 im Jahre 1972 hatte weltweit eine Entwicklung eingesetzt, die bis in die Gegenwart bei allen Marinen anhält und mit der sich der Anteil der Kosten an einem Marineschiff für deren sprunghaft umfangreichere und fortlaufend leistungsfähiger werdende Elektronik des Waffen- und Führungssystems auf bis zu 60 % der Gesamtkosten aufsummiert hat. Dieser seiner Bedeutung für das gesamte System »Schiff« angemessene Anteil der Elektronik an den Gesamtkosten des Vorhabens führte dazu, dass das Bundesministerium der Verteidigung und das BWB den Systemintegrator des Projektes, die damalige AEG-Telefunken, und nicht die Bauwerft, mit Generalunternehmerschaft (GU) für die Programme der beiden Klassen 143 und 143 A beauftragte. Neben der AEG-Telefunken als GU waren die Lürssen Werft, die Kröger Werft in Rendsburg und die Marinetechnik Planungsgesellschaft GmbH (heute Marinetechnik GmbH) in Hamburg als Auftragnehmer an dem Bauprogramm der Klassen 143 und 143 A beteiligt.

Nachdem die Bauweise aus Stahl, wie sie für die Klasse 148 gewählt wurde, nicht überzeugen konnte, kehrte man bei den Klassen 143 und 143 A wieder zu der traditionellen Bauweise der deutschen Schnellboote zurück, bei der Spanten, Längsbänder und Schotten aus Leichtmetall (Aluminium) mit Holz beplankt, die Maschinenfundamente aus Stahl und die Aufbauten wieder aus Aluminium gefertigt werden (Kompositbauweie). Mit Rücksicht auf die Verlängerung der Boote der Klasse 143 gegenüber der Klasse 141 um ca. 15 m, bestand die Holzbeplankung diesmal aus vier diagonal kraweel beplankten Lagen Holz, die eine Stärke von 60 mm annehmen.

Insgesamt 10 Aluminiumschotte unterteilen die Boote der Klassen 143 und 143 A unterhalb des Hauptdecks (Wetterdecks) in 11 wasserdichte Abteilungen, in denen die Räume, aufgezählt von hinten nach vorn, Aufnahme finden :

Abt. I   Rudermaschinenraum
Abt. II   Munitionsraum (hintere 7,6 cm Kanone)
Abt. III Unterkünfte und Messen für Unteroffiziere und Mannschaften
Abt. IV Hinterer Maschinenraum (Dieselmotoren für die Innenwellen, Getriebe, 2 E-Diesel)
Abt. V   Maschinen-Kontrollraum
Abt. VI Vorderer Maschinenraum (Dieselmotoren für die Außenwellen, Getriebe, 2 E-Diesel)
Abt. VII Elektronik-Store, Proviant
Abt. VIII OPZ, Radio-Raum, Kryptoraum
Abt. IX Munitionsraum für die vordere 7,6 cm Kanone
Abt. X   Mannschaftsunterkünfte
Abt. XI Vorpiek, Kettenkasten

Nächste Doppelseite: Schnellboot Kl. 143, ALBATROS P 6111 (Slg. FLW)

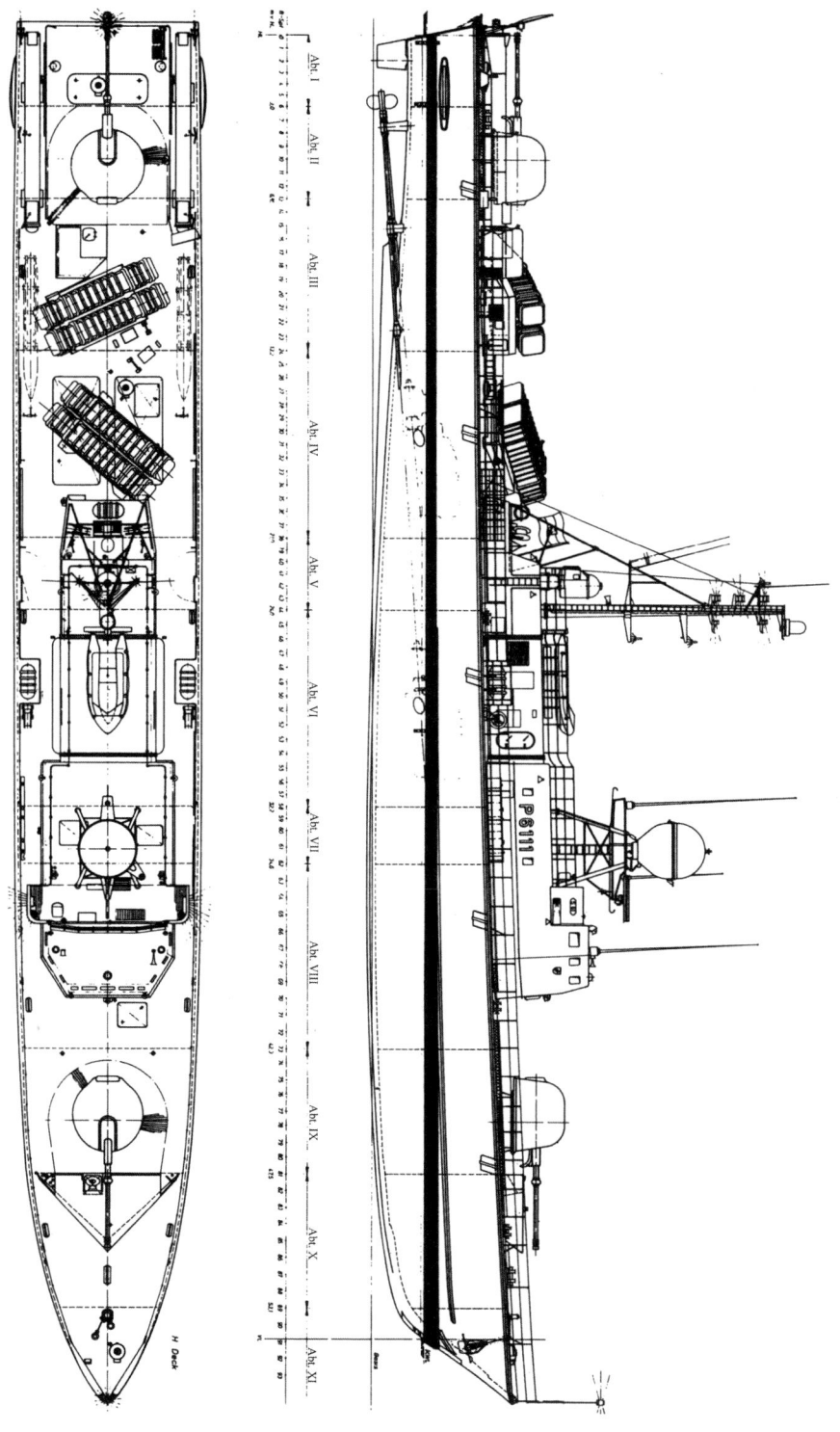

Schnellboot, Klasse 143, Generalplanskizze (Slg. FLW)

Weitere Unterkünfte, Messen, Stores, Magazine und Diensträume befinden sich in den Aufbauten. Bereits die Schnellboote, die Lürssen während des 2. Weltkrieges für die Kriegsmarine baute, besaßen Unterwasser-Abgasführungen, die den Entwurf von den voluminösen Abgasleitungen befreiten und damit Platz für zusätzliche Geräte und Waffen an Oberdeck schafften. Voraussetzung für eine problemlose Unterwasser-Abgasführung ist die Anordnung von sog. Saugmuscheln an der Rumpfaußenseite des Bootes kurz unterhalb der Schwimmwasserlinie, die konstruktiv so ausgebildet sind, dass sie bei mittleren und hohen Fahrstufen hydrodynamisch einen ausreichend geringen Unterdruck erzeugen, mit dem die Abgase ins Wasser abgesaugt werden. Die Technik der verlustlosen Unterwasser-Abgasführung ist bis in die Gegenwart des 21. Jahrhunderts eine besondere Domäne der Lürssen-Werft geblieben und findet sich an somit Bord aller Boote für die Deutsche Marine, wie auch an Bord der Export-Schnellboote.

Unter Beibehaltung des bewährten Konzeptes eines Vierwellen-Bootes mit MTU-Dieselmotoren mit Untersetzungsgetrieben sowie mit einer Bewaffnung bestehend aus FK (SSM), Rohrwaffen und Torpedos an Bord der Klasse 143 resp. Minenabwurfvorrichtungen an Bord der Klasse 143 A folgten diese Boote entwurfstechnisch ihren Vorgängern. Der eigentliche »Quantensprung« und die zukunftsweisende Innovation, die mit dem Bau der Schnellboote der Klasse 143 vollzogen wurde, bestand in der an Bord von kleinen Kampfbooten bisher nicht gekannten Intensivierung der Automation und vor allen Dingen mit der damit eng verknüpften digitalen Informationstechnik, die erstmals auch den Schnellbooten die Fähigkeit zur großräumigen Verbandsführung verlieh. Zusätzlich wurde für den gegenseitigen Datenaustausch zwischen see-, luft- und landgestützten Einheiten erstmals Link 11 an Bord eines Schnellbootes implementiert, das wenige Jahre später zur Standardausrüstung der Marineschiffe gehören sollte! Mit gleich zwei Rechnern (Waffeneinsatz und Lagebilddarstellung), auf denen das speziell für die Klasse 143 entwickelte FÜWES-Softwareprogramm AGIS (Automatisiertes Gefechts- und Informationssystem auf Schnellbooten) implementiert wurde, nahm die automatisierte Datenverarbeitung ihren Einzug auch an Bord von Schnellbooten.

Ebenso wie bei SATIR sind auch bei AGIS Rechner, Sensor und Waffe noch über Punkt zu Punkt-Verbindungen miteinander verknüpft. Mit AGIS schuf man die Möglichkeit zur Koordination des Waffeneinsatzes mit Raketen (SSM), Rohrwaffen und drahtgelenkten Torpedos von weit auseinander gezogenen Angriffspositionen aus in den weiten Operationsräumen, in denen Schnellbootverbände operieren. Für eine so technisch vorbereitete Operationsführung erhielten die Boote der Klasse 143 auch erstmalig eine komplett ausgerüstete Operationszentrale (OPZ), wie sie bisher nur an Bord von größeren Schiffen wie Korvetten, Fregatten und Zerstörern anzutreffen waren. Im Grunde genommen wurden mit AGIS und Link 11 bereits in den siebziger Jahren die Grundlagen dafür geschaffen, was zu Beginn des 21. Jahrhunderts als netzwerkbasierte Operationsführung (network centric warfare) eingeführt und zum Stand der Technik wurde (Admiral Dr. Hess). Natürlich blieb die Entwicklung der Einsatzsoftware für Schnellboote nicht bei AGIS aus den frühen siebziger Jahre stehen, sondern ist bei routinemäßigen Modernisierungen der Klasse 143 durch zeitgemäße Programmsoftware ersetzt worden. Mit dem in das FÜWES der Klasse 143 integrierte Überwachungs-und Feuerleitgerät WM 27 zog die charakteristische

Klasse	Depl. [m³]	Lng. [m]	Br. [m]	Tfg. [m]	Antrieb	Lstg. [PS]	Geschw. [kn]	Rch.-weite [sm]	Bewaffnung
Kl. 140	184	42,6	7,10	2,2	4 x 20 V MB Diesel	12.000	43,0	1.000 / 32,0 kn	4 x TR 533, 2 x 40 mm
Kl. 141	195	42,6	7,10	2,3	4 x 16 V Maybach Diesel	14.000	43,5	1.000 / 32,0 kn	4 x TR 533, 2 x 40 mm
Kl. 142	173	42,6	7,0	1,6	4 x 20 V MB	12.000	43,0	1.000 / 32,0 kn	4 x TR 533, 2 x 40 mm
Kl. 143	380	57,5	8,0	2,2	4 x 16 V MTU	18.000	38,0	1.300 / 30,0 kn	1 x 76 mm, 4 x MM 38, 2 x TR 533
Kl. 143 A	380	57,5	7,8	2,2	4 x 16 V MTU	18.000	38,0	2.600 / 16,0 kn	1 x 76 mm, 4 x MM 38, 1 x RAM
Kl. 148	234	47,0	7,0	1,8	4 x 16 V MTU	14.400	38,5	545 / 35,0 kn	1 x 76 mm, 4 x MM 38, 1 x 40 mm

Tabelle 18: Hauptabmessungen, Leistungsdaten, Bewaffnung, Klassen 140–143 A und 148

Radomkuppel an Bord der Schnellboote ein, deren Einsatz an Bord der umgerüsteten Boote der Klasse 142 bereits vorbereitet worden war.

Eine Modularisierung von Waffen- und Elektronik-Komponenten, wie sie das MEKO-Konzept für Fregatten kennt, ist an Bord der von Lürssen entwickelten Schnellboote für die Deutsche Marine sowie für den Export nicht durchgeführt worden. Hierfür wird zuweilen die limitierte Größe von Schnellbooten verantwortlich gemacht, die es nicht zulässt, dass die standardisierten Waffen- und Elektronik-Container integriert werden, da hierbei die Verluste durch ungenutzten Raum proportional viel höher sind als an Bord der um einiges größeren Fregatten. An dieser Stelle muss allerdings der Hinweis gegeben werden, dass die dänische Marine an Bord ihrer ähnlich großen Schnellboote das modulare dänische STAN FLEX 300 - System realisiert hat!.

Die wesentlichen Unterschiede zwischen den Klassen 143 und 143 A bestehen bei fast gleichen Hauptabmessungen – nur die Breite der Klasse 143 A ist um ca. 0,6 m geringer als die der Klasse 143 – in ihren unterschiedlichen Bewaffnungen. Führte

die Klasse 143 noch zwei drahtgelenkte Mehrzweck-Schwergewichtstorpedos mit 21 Zoll (= 533 mm) Durchmesser an Bord, die nach hinten verschossen wurden, so erhielt die Klasse 143 A stattdessen – wie auch schon die Klasse 148 – Einrichtungen zum Minenlegen. Auffälliges Unterscheidungsmerkmal bei der Bewaffnung bleibt allerdings die Nächstbereichswaffe RAM, die an Bord der Klasse 143 A integriert ist und somit die hintere 76 mm-Kanone ersetzt, die an dieser Stelle an Bord der Klasse 143 zu finden ist. Beiden Klassen gemeinsam zu eigen sind ihre charakteristischen vier FK-Starter für die MM 38 von Aerospatiale in Frankreich, die als ihre Hauptbewaffnung anzusehen sind.

Schnellboote sind sog. Einwachen-Boote, die aber – und das trifft ganz besonders auf die großen Boote der Klassen 143 und 143 A zu – für »Überführungsmärsche« auch als Zweiwachen-Boote gefahren werden können, was auch einmal mehr unterstreicht, wie sehr sich Schnellboote inzwischen mit ihrem Einsatzprofil den Korvetten angenähert haben. Mit der Wiedervereinigung Deutschlands und dem Fortfall der Ost-West-Konfrontation in der Ostsee besteht für die Deutsche Marine keine Notwendigkeit mehr, auf Dauer Schnellboote zum Schutz der Seegebiete in Nord- und Ostsee in Dienst zu halten oder neue Einheiten in Dienst zu stellen. Von den lange Zeit vorhandenen 40 Schnellbooten befanden sich im Jahre 2006 noch 10 Einheiten im Einsatz, die aber seit 2007 sukzessive durch zunächst 5 Korvetten der Klasse 130 ersetzt werden, so dass die Deutsche Marine dann über keine Schnellboote mehr verfügt! Werften und Marinetechnik in Deutschland werden allerdings auch in der Zukunft für den Export Schnellboote entwickeln, entwerfen und bauen.

10.7 Export von Schnellbooten

Der erste Exportauftrag, den eine deutsche Werft nach dem 2. Weltkrieg für ein Marineschiff überhaupt erhielt, war der Auftrag, den die schwedischen Marine im Jahre 1953 an die Lürssen Werft zum Bau von 11 Schnellbooten vergab. Diese Boote vom Typ PLEJAD, die mit einem Drei-Propellerwellen-Antrieb und auf Wunsch des schwedischen Auftraggebers aus höher festem Stahl gebaut wurden, verfügten über eine Verdrängung von 170 t, wurden von 3 MAN Dieselmotoren mit je 2.500 PS angetrieben und liefen max. 37,5 kn. Die ersten Boote dieses Bauprogramms wurden schon vor Gründung der Bundesmarine und bevor die Bundesrepublik Deutschland ihre volle Souveränität erlangte, ausgeliefert. Wenn Lürssen die Erlaubnis zum Bau der Boote erhielt, bevor die Bundesregierung die Brüsseler Verträge von 1955 unterzeichnet hatte, so nur deshalb, weil die Boote nicht einer deutschen Aufrüstung dienten und ihre Bewaffnung erst in Schweden eingebaut wurde. Mit den 11 Booten vom Typ PLEJAD hatte Lürssen eine Referenz geschaffen, mit der die Werft den Fortbestand

ihrer ungebrochenen Leistungskraft auch nach der Katastrophe des 2. Weltkriegs eindrucksvoll unter Beweis stellen konnte. Obwohl man mit dem Bau der Boote aus höher festem Stahl die klassische Kompositbauweise verlassen hatte, verschaffte sich die Fr. Lürssen Werft damit sofort einen beachtlichen Exporterfolg wie auch die gesamte westdeutsche Schiffbauindustrie ab Anfang der fünfziger Jahre international immer mehr auf sich aufmerksam machen konnte.

Sieht man einmal davon ab, dass die spanische Werft in Cartagena bereits in den Jahren zwischen 1962 und 1965 vier Boote des von Lürssen entworfenen Typs TNC 36 als Lizenzbauten an Chile geliefert hatte, beginnt Lürssen mit dem Export von Schnellbooten in größerem Umfang erst ab 1972 als 6 Schnellboote an Singapur und dann 1973, als zwei Boote an die Armada Argentina geliefert werden. Von da an intensivierte Lürssen von Jahr zu Jahr den Export seiner Schnellboote, die mit U-Booten und Fregatten zu den Markenprodukten des deutschen Marineschiffbaus aufstiegen (s. Tabelle 19).

Ebenso wie der Export von Fregatten und U-Booten geht auch der Export von Schnellbooten einher mit internationalen Kooperationen, die Lürssen mit Werften außerhalb Deutschlands, so z.B. mit Bazan in Spanien, mit Hong Leong in Malaysia, der Werft Singapur Shipbuilding & Engineering oder auch mit der türkischen Werft Taskizak in Istanbul eingeht. Diese Werften in den Ländern der auftraggebenden Marinen beteiligen sich als Nachbauwerften am Bau von Schnellbooten, die von Lürssen in Bremen entwickelt und konstruiert wurden. Bei Kooperationen dieser Art bestand und besteht stets das verständliche Interesse der ausländischen Auftraggeber, mit dem Erwerb von Produkten der Hochtechnologie, wie Schnellboote sie nun einmal darstellen,

Schnellboot PLEJAD für die Königl. Schwedische Marine von Lürssen, 1953 (Slg. FLW)

auch ihre eigene industrielle und technologische Basis zu entwickeln, zu erweitern und zu festigen.

Der Einsatz und die operationelle Führung von Schnellbooten waren von Anfang an von der NATO als eine Domäne der deutschen Bundesmarine definiert und Lürssen lieferte hierfür die technischen Voraussetzungen, mit denen die militärischen Forderungen umgesetzt werden und die Werft bei Schnellbooten zum Marktführer aufsteigen konnte. Mit dem Fachwissen, das die Werft mit der Entwicklung und dem Entwurf der Schnellboote der Klassen 140, 141, 142 und 143 in zwanzig Jahren gesammelt hatte, konnte Lürssen besser als jeder andere Werft die Forderungen für den Entwurf eines Schnellbootes, wie andere Marinen sie aufgestellt hatten, kompetent erfüllen. Somit adaptierte die Werft den Ent-

wurf der Schnellboote der Bundesmarine Kl. 140, 141 und 142 sowie die um 15,0 m längere Kl. 143 an die Erfordernisse ausländischer Marinen und entwickelte so die seither bekannten Exportversionen TNC 45 (TNC = Top speed Navy Craft) mit einer

Rechte Seite: Tabelle 19: Export - Schnellboote von Lürssen, 1954 - 2004[0]

[0] Liste enthältkeine Einheiten, die von der Deutschen Marine verkauft wurden
[*] Konstruktions - oder Typverdrängung, 1 ts = 1016 kg
[1] 4 Einheiten bei Lürssen in Bremen, 8 Einheiten in Lizenz in Indonesien (PT PAL Surabaya
[2] Lizenzbauten bei Hong Leong Lürssen
[3] Bei Bazan in Spanien in Lizenz gebaut
[4] Endausrüstung mit Waffen in Schweden
[5] 3 Einheiten bei Lürssen in Bremen, 9 Boote in Lizenz bei Singapur Shipbuilding
[6] 2 Boote bei Lürssen in Bremen, 10 Boote in Lizenz bei Bazan in Spanien
[7] Lizenzbauten bei Singapur Shipbuilding
[8] 2 Boote bei Lürssen in Bremen, 11 Boote bei Tazkisak und Pendik Yard in Istanbul
[9] TNC - Top Speed Navy Craft, FPB - Fast Patrol Boat

Land	Anz.	Typ[9]	Baujahr	Verdrng. [ts]*)	Länge ü.a. [m]	Anz. Prop.	Antr. Leistg. [kW]	Geschw. [kn]	Bewaffnung
Argentinien	2	TNC 45	73 / 74	230	45,5	4	10.590	38	1x 76mm; 2x 40mm; 2x TR
Bahrein	2	FPB 38	80 / 81	170	38,5	2	6.990	33	2x 40mm; 2x Mg
	4	TNC 45	83 / 88	231	44,9	4	10.590	41	4x MM40; 1x 76mm; 2x 40mm
	2	FPB 62	62 / 65	536	63	2	14.410	35	4x MM40; 1x 76mm; 2x 40mm; 2x 20mm
Chile	4	TNC 36	62 / 65	134	36	2	3.535	32	1x 40mm; 2x Mg
Ecuador	3	FPB 45	75 / 76	255	44,3	4	10.300	40	4x MM38; 1x 76mm; 2x 35mm
Ghana	2	FPB 45	78 / 79	234	45	2	4.410	27	2x 40mm
	2	FPB 57	78 / 80	380	58,1	2	4.410	27	1x 76mm; 1x 40mm
Indonesien[1]	4	FPB 57	86 / 88	342	58,1	2	6.075	27,5	1x 57mm; 1x 40mm; 2x 20mm; 2x TR
	4	FPB 57	83 / 87	350	58,1	2	6.075	27,5	1x 40mm; 2x Mg; 2x TR
	4	FPB 57	98 / 04	342	58,1	2	6.075	27,5	1x 57mm; 1x 40mm; 2x 20mm
Kuweit	6	TNC 45	82 / 84	231	44,9	4	10.590	40,5	4x MM40; 1x 76mm; 2x 40mm
	2	FPB 57	81 / 83	350	58,1	4	11.770	38,0	4x MM40; 1x 76mm; 2x 40mm
Malaysia[2]	6	TNC 45	75 / 77	210	44,8	3	7.280	32,0	1x 57mm; 1x 40mm
Marokko[3]	4	FPB 57	80 / 82	355	57,4	3	9.930	29,5	4x MM38; 1x 76mm; 1x 40mm; 2x 20mm
Nigeria	3	FPB 57	79 / 80	403	58,1	4	17.700	38,0	4x SSM; 1x 76mm; 2x 40mm; 4x 30mm
Schweden[4]	11	PLEJAD	53 / 57	155	48,0	3	5.515	37,5	2x 40mm; 6x TR
Singapur[5]	6	TNC 45	72 / 75	230	44,9	4	10.590	40,0	6x SSM; 1x SAM; 1x 75mm
	6	FPB 62	88 / 90	550	62,4	4	13.780	35	8x SSM; 1x VLS; 6x TR
Spanien[6]	6	TNC 36	75 / 76	135	36,2	2	4.410	36,0	1x 40mm; 1x 20mm; 2x Mg
	6	FPB 57	74 / 75	275	58,1	2	6.620	30	1x 76mm; 1x 40mm; 2x 20mm
Thailand[7]	3	TNC 45	75 / 76	235	49,8	3	9.930	38,0	4x MM38; 1x 76mm; 1x 40mm
Türkei[8]	8	FPB 57	76 / 88	360	58,1	4	13.240	37	8x SSM; 1x 76mm; 2x 35mm; 2x Mg
	2	FPB 57	94 / 97	360	57,8	4	13.240	37	8x SSM; 1x 76mm; 2x 35mm; 2x Mg
	3	FPB 57	97 / 99	540	62,4	4	17.000	38,0	8x SSM; 1x 76mm; 2x 40mm
UAE	2	FPB 62	89 / 90	560	65,3	4	13.780	32,0	4x MM40; 1x SAM; 1x 76mm; CIWS
	2	TNC 45	89 / 90	260	43	4	10.590	40,0	4x MM40; 1x SAM; 1x 76mm
	6	TNC 45	80 / 81	228	44,9	4	10.590	40,5	4x MM40; 1x 76mm; 2x 40mm; 2x Mg
Summe der gelieferten Einheiten:						115			

Länge ü.a. von 45,0 m. und FPB 57 (FPB = Fast Patrol Boat) mit einer Länge ü.a. von 58,1 m deren

- Bewaffnung (Rohrwaffen, Torpedos, Flugkörper)
- Antriebsanlage (2-, 3- oder 4-Wellenanlagen)
- Werkstoff (Komposit oder Stahl)
- Elektrische Energieversorgung (Leistungen, Stromarten, Anz. der E-Diesel)
- Schiffsbetriebsanlagen (Klima- und Lüftungsanlagen, Flossenstabilisierungs-Anlagen, Ruderanlagen)
- Größe der Besatzung

von Lürssen immer wieder an die Kundenforderungen angepasst werden. Die ausländischen Kunden, die Lürssen belieferte, wählten statt der Kompositbauweise, fast ausschließlich Stahl als Bauwerkstoff für ihre Boote. Der Grund hierfür liegt fast immer an der sehr geringen Verfügbarkeit der sehr teuren Hölzer!

Mit dem FüWES AGIS (Automatisiertes Gefechts- und Informationssystem für Schnellboote) und den beiden bordtauglichen Rechnern, die an Bord der Klassen 143 und 143 A installiert und implementiert werden konnten, begann auch für die Schnellboote das Zeitalter des digitalisierten, rechnergestützten und voll integrierten Waffensystems. Die Boote der Kl. 143 und 143 A wurden von der Bundesmarine zwischen 1976 und 1984 in Dienst gestellt, d.h. erst danach konnten andere Marinen nach dem deutschen Vorbild Schnellboote von Lürssen erwerben, die mit dem integrierten FüWES ausgestattet waren. Dabei ist es jedoch nie zu einer Übernahme von AGIS durch andere Marinen gekommen. Vielmehr haben Systemintegratoren wie HSA in den Niederlanden, PEAB in Schweden und Thomsen CSF in Frankreich entsprechende Software ausgearbeitet und für den Einsatz an Bord der Export-Schnellboote von Lürssen zur Verfügung gestellt. Die

Schnellboot, Typ TNC 45 für die Armada Argentina von Lürssen (Slg. FLW)

Konzepte für die Netzwerke durchliefen dabei die gleiche Entwicklung, wie sie die Systeme an Bord der Fregatten auch erfahren hatten: von der Punkt-zu-Punkt-Verbindung, wie sie noch an Bord der Klasse 143 implementiert war, zum Datenbus, wie er in die Export-Boote an der Schwelle zum 21. Jahrhundert eingebaut wurde.

10.8 Boote des Typs TNC 45

60 Einheiten des Typs TNC 45 haben Lürssen und seine Lizenznehmer seit 1972 als Eigenbau oder als Nachbau an neun verschiedene Staaten geliefert (s. Tabelle 15). Diese Verkaufserfolge kamen zustande, nachdem Lürssen den Aufbau der Schnellbootflotille für die Bundesmarine abgeschlossen hatte und als nach dem EILAT-Zwischenfall des Jahres 1967 die Wirksamkeit von FK nachhaltig unter Beweis gestellt wurde, ein Umstand, der Bewaffnung der Schnellboote mit FK nach dem Vorbild der sowjetischen OSA-Klasse weltweit sprunghaft ansteigen ließ. Mit diesem Ereignis wird praktisch die »Metamorphose« des Torpedo-Schnellbootes zum FK-Schnellboot ausgelöst, was sich in den verschiedenen Bewaffnungsalternativen des TNC 45 niederschlägt. Mithin waren – mit wenigen Ausnahmen – die Export-Schnellboote, die Lürssen erst ab 1972 – also nach dem EILAT-Zwischenfall – auslieferte, zu einem großen Teil bereits FK-Schnellboote. Mit seiner limitierten Größe von max. 265 t Konstruktionsverdrängung konnte der Typ TNC 45 seinen Schnellboot-Charakter über mehr als 30 Jahre erhalten.

10.9 Boote des Typs FPB 57 und FPB 62

Eine etwas andere Entwicklung nimmt das aus der Klasse 143 hervorgegangene Boot des Typs FPB 57, das zu einer klei-

Flugkörper (FK) - Schnellboot Typ FPB 57 von der Frdr. Lürssen Werft in Bremen (Slg. FLW)

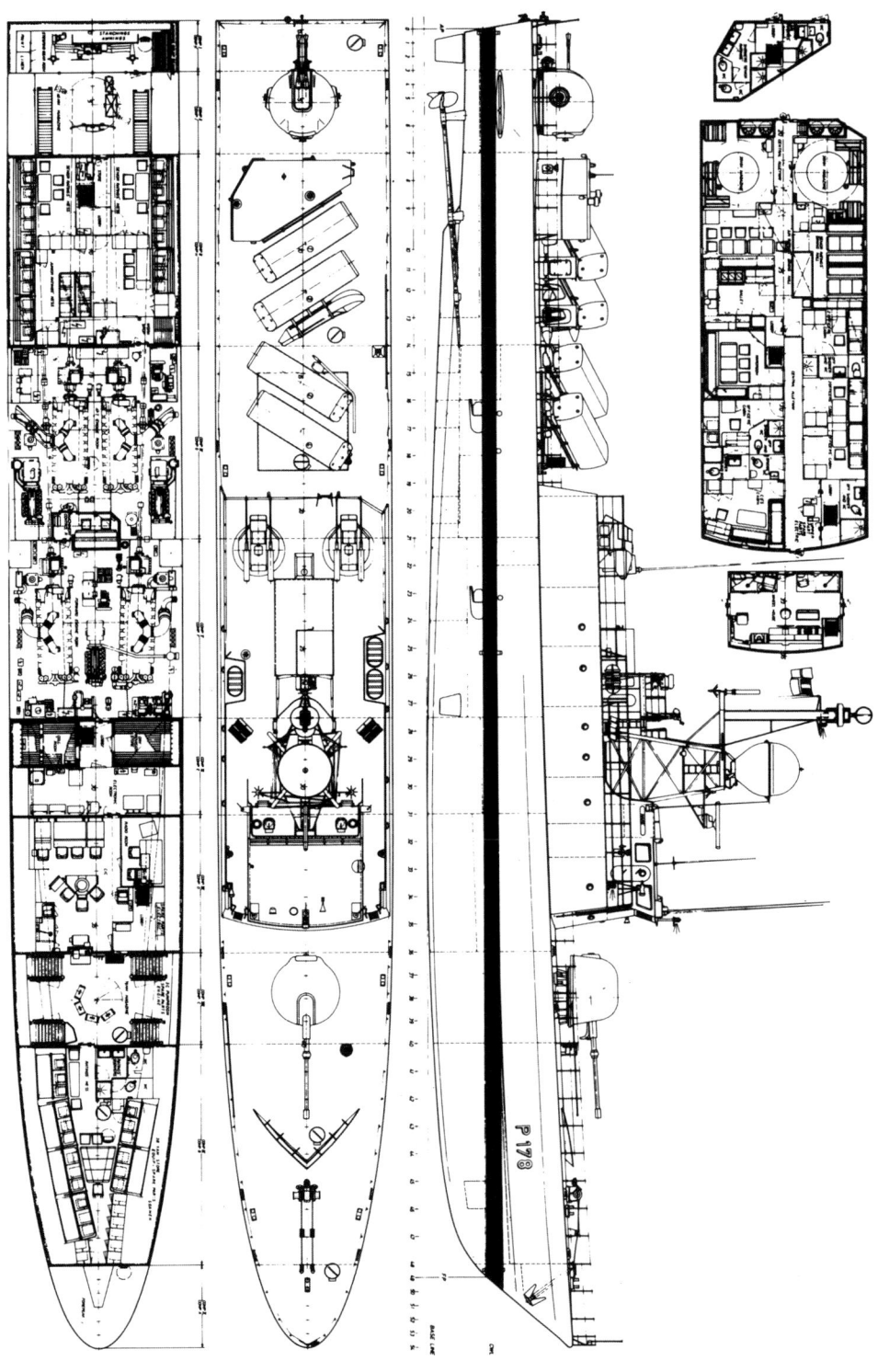

Oben: Schnellboot FPB 57, FLW, Generalplanskizze (Slg. FLW)

166

nen Korvette mutierte. Dieser Typ, von dem bis 2006 weltweit 42 Einheiten ausgeliefert wurden, besitzt, voll beladen, eine Maximalverdrängung von 430 t. Mitunter – so für Indonesien und Spanien – wurden diese Boote von Lürssen mit entsprechend reduzierter Geschwindigkeit von weniger als 30 kn als Zwei-Wellen-Boote geliefert, wodurch der Charakter einer Korvette noch unterstrichen wurde, namentlich dann, wenn sie mit 7,6 cm Kanonen bewaffnet waren. Als echte Korvetten können mit noch mehr Berechtigung die aus den FPB 57 abgeleiteten Boote des Typs FPB 62 gelten, von denen Lürssen und seine Lizenzwerften bis 2006 insgesamt zehn Einheiten gebaut und an Bahrein, Singapur und die Vereinigten Emirate ausgeliefert haben. Die Flexibilität, mit der der Basisentwurf FPB 62 den Kundenwünschen angepasst wurde, zeigt die Modellvielfalt, mit der die zehn Einheiten geliefert wurden. So erhielt Bahrein ein 2-Wellen-Boot mit max. 32,0 kn Geschwindigkeit und einem bordgestützten Hubschrauber. An Singapur wurde ein Vier-Wellenboot mit einem System senkrecht startender FK (VLS) ausgeliefert und die Vereinigten Emirate bezogen ein 4-Wellen-Kampfboot, das mit einem CIWS vom Typ Goalkeeper aus den Niederlanden ausgerüstet war.

Durch ihre klassische Unterwasser-Abgasführung besitzen Schnellboote traditionell eine geringe IR-Signatur. Inzwischen erhalten die Boote des Typs FPB 62 und des Typs FPB 57 Aufbaugeometrien, mit denen auch ihre RCS-Rückstrahlung verringert wird.

10.10 Patrouillenboote von A+R und Blohm + Voss

Nicht mehr als »Schnellboot« – im Sinne von Kampfboot – ist das Patrouillenboot vom Typ

SAR 33, Patrouillenboot der türkischen Küstenwacht, A&R Bremen (Slg. A&R)

SAR 33 anzusehen, das die Werft Abeking und Rasmussen (A+R) in Bremen Lehmwerder in Zusammenarbeit mit dem Ingenieurbüro Hydroengineering SA in Genf in den Jahren 1976– 978 als Prototyp für eine Serie von insgesamt 10 Einheiten an die türkische Küstenwache lieferte und von dem auf der Werft Taskizak in Istanbul schließlich 9 Einheiten in Lizenz nachgebaut wurden. Die Boote verdrängen 155 t, verfügen über eine Länge ü.a. von 33,5 m und laufen maximal 40 kn. Mit diesen Booten wurde ein extremes V-Spanten-Konzept (engl. »Deep Vee«) für die Rumpfform verwirklicht, von dem ein besonders vorbildliches Seegangsverhalten auch bei höherer Geschwindigkeit erwartet wird. Die Boote, die auch noch im Jahre 2006 in Diensten der türkischen Küstenwache standen, sind mit 1 x 40 mm Rohrwaffe und mit 2 x Maschinengewehr bewaffnet.

Auch Blohm + Voss hatte in den Jahren 1988 bis 1989 vier Patrouillenboote mit einer Verdrängung von 200 t und einer Länge von 38,0 m an die Küstenwache Saudi-Arabiens

Nächste Doppelseite: Patrouillenboot, 38 m Länge, bei Höchstgeschw. > 38 kn, für die saudische Frontier Force (Küstenwache), Blohm + Voss 1989 (Slg. B+V)

geliefert, die mit jeweils drei Propellerwellen und drei MTU-Dieselmotoren des Typs 16 V 538 ausgerüstet und mit 2 x 20 mm Kanonen und mit 2 Maschinengewehren bewaffnet sind. Wegen ihrer eingeschränkten Größe sind diese Patrouillenboote nicht nach dem von Blohm + Voss entwickelten MEKO-Konzept mit Waffen- und Elektronik-Containern ausgestattet, sondern verfügen über den traditionellen Einbau von Waffen und Elektronik »nach Örtlichkeit«.

10.11 Unkonventionelle Konzepte wie Tragflügelboote, Luftkissenkatamaranen (SES) und SWATH als Ersatz für herkömmliche Fahrzeuge der Marine

Die Bundesmarine und die deutsche Werftindustrie standen in der Vergangenheit immer wieder vor der Aufgabe, alternative, sog. schnelle und unkonventionelle Fahrzeuge zu untersuchen, um diese auf ihre Eignung als Ersatz für das konventionelle Verdränger-Schnellboot oder aber auch für das konventionelle Erprobungsschiff, wie es von der Marine für vielfältige Aufgaben benötigt wird, zu bewerten und zu beurteilen. Sofern es sich um die Nachfolge der Schnellboote handelte, haben Marine und Industrie in der Vergangenheit hierfür das

Tragflügelboot und den Luftkissen-Katamaran (engl. Surface Effect Ship – SES) näher untersucht; allerdings ist bisher keines dieser Konzepte realisiert worden. Anders verhält es sich dagegen mit dem Ersatz für das herkömmliche Erprobungsschiff, bei dem sich der öffentliche Auftraggeber für das unkonventionelle Konzept des SWATH, des »Small Waterplane Area Twin Hull«, entschieden hat und das nach einer Bauzeit von ca. einem Jahr im Jahre 2004 in Dienst gestellt wurde. Die drei verschiedenen Konzepte sollen im folgenden kurz skizziert werden:

10.11.1 Tragflügelboote

Tragflügelboote nutzen den hydrodynamischen Auftrieb ihrer bei Fahrt angeströmten Tragflächen aus, um sich mit ihrem Rumpf über die Wasseroberfläche zu erheben und um dann ohne den Reibungswiderstand ihres Bootskörpers mit hoher Geschwindigkeit, aber bei reduziertem Leistungsbedarf in die sog. »Flugfahrt« überzugehen. Grundsätzlich stehen sich dabei zwei Konzepte gegenüber: teilgetauchte Tragflügel, die V-förmig unter dem Rumpf angebracht sind und dabei die Wasseroberfläche durchstoßen, und vollgetauchte Tragflügel, die in jedem Fahrtzustand unter dem Bootsrumpf bleiben. In Deutschland wurden vor dem 2. Weltkrieg unter der Leitung von Schertel in Sachsenberg an der Elbe wesentliche Grundlagen für den Bau von Booten mit teilgetauchten Flügeln durchgeführt, die später von der Firma Supramar in der Schweiz fortgesetzt und in erfolgreiche Konstruktionen umgesetzt wurden. Unter der Beteiligung der Flugzeugfirma Focke Wulf in Bremen, die auch den Aluminiumrumpf fertigte, sowie weiterer prominenter Zulieferer, wie die ZF in Friedrichshafen, Daimler Benz und Röchling, entstand basierend auf

Tragflächenboot, Prinzip, teil- und vollgetauchte Tragflügel

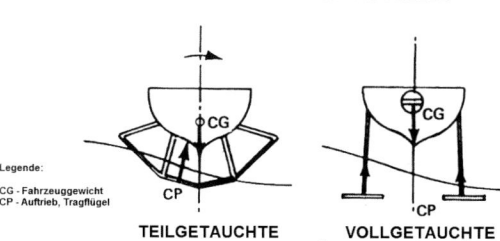

AUFTRIEB UND SEEGANGSWELLE

Legende:
CG - Fahrzeuggewicht
CP - Auftrieb, Tragflügel

TEILGETAUCHTE TRAGFLÜGEL

VOLLGETAUCHTE TRAGFLÜGEL

CORSARIO NEGRO, Tragflächenboot, voll getauchte Tragflächen von B+V, 1966 (Slg. B+V)

einem Entwurf von Sachsenberg zwischen 1954 und 1955 bei der Friedrich Lürssen Werft das Tragflächenboot BREMER PIONIER mit teilgetauchten Tragflächen, einer Verdrängung von 24 t und einer Länge von 20 m, das 65 Fahrgäste aufnehmen und maximal 43 kn laufen sollte. Wegen unüberwindbarer Schwierigkeiten bei der Finanzierung sowie bei der Vermarktung, aber auch wegen verkehrsrechtlicher Fragen eines Hochgeschwindigkeitsfahrzeugs auf der Unterweser blieb diesem Projekt der Erfolg versagt.

Auch die Versuchsanstalten – insbesondere die VWS in Berlin – beteiligten sich bis Mitte der siebziger Jahre an der versuchstechnischen Entwicklung teilgetauchter aber auch vollgetauchter Tragflächenboote. Da der Bootskörper bei Flugfahrt insgesamt austaucht, sind lange Wellenleitungen mit größeren Neigungswinkel erforderlich, um die Propeller so immer tief genug unter Wasser zu halten. Moderne Tragflächenboote erhalten statt der Propellerwelle einen Wasserstrahlantrieb, dessen Rückstoß über Wasser erfolgt, das er über eine oder zwei eingetauchte Düsen unterhalb des Rumpfes ansaugt.

Die Bundesmarine hatte ab 1962 das Projekt eines Tragflügelbootes auf den Weg gebracht, das dann aber 1967 gestoppt wurde, da die USA inzwischen über den Prototypen eines Tragflügelbootes verfügten, an dessen weiterer Entwicklung sich Deutschland und auch Italien im Rahmen eines Regierungsabkommens ab 1972 beteiligten. Im Zuge dieser dann einsetzenden Entwicklungsarbeit kam es 1972 zum Bau des PHM 1 (Patrol Hydrofoil Missile) PEGASUS bei der Fa. Boing in Seattle, USA,

Tragflächenboot, System Supramar mit teilgetauchten Trag-flächen und Propellerwellen, Modell VWS Berlin (Slg. VWS)

mit einer Verdrängung von 240 t und einer max. Geschwindigkeit bei Flugfahrt von 50 kn und 16 kn bei Verdrängerfahrt. An diesem Vorhaben, das in Deutschland unter der Bezeichnung S 162 geführt wurde, beteiligte sich auch die MTG in Hamburg.

In die Anfangsphase dieser Entwicklung – um 1966/67 – fällt auch der Bau des Tragflügelbootes CORSARIO NEGRO für die spanische Reederei Maritima Antares, den B+V in Hamburg im Auftrag der US-amerikanischen Firma Grumman Aircraft Corporation) durchführte. Dieses Tragflügelboot, das als Personenfähre zwischen den kanarischen Inseln und dem spanischen Festland verkehren sollte, diente Blohm + Voss als Basis für den Entwurf eines militärischen Tragflügelbootes, das bei einer Verdrängung von nur 16 t als Prototyp oder Versuchstyp eines zukünftigen innovativen Schnellbootes dienen sollte. Gemeinsames Konstruktionsmerkmal des PHM und des Entwurfs von Blohm + Voss waren die bei Flugfahrt voll getauchten Tragflügel, die bei Verdrängerfahrt um 180° nach oben geschwenkt wurden und dabei keinen Anhangwiderstand verursachten. Jeder der beiden Entwürfe verfügte für die Verdrängerfahrt über zwei separate Wasserstrahlantriebe, die an Bord des PHM von je einer kleinen Gasturbine und an Bord des B+V - Entwurfs von je einem Dieselmotor angetrieben wurden. Für die Flugfahrt waren die Boote jeweils mit einer Gasturbine ausgestattet, die an Bord des PHM über ein Getriebe auf einen Wasserstrahlantrieb und an Bord des B+V - Entwurfs auf einen

mechanischen Z-Antrieb mit superkavitierendem Propeller geschaltet waren. Nachdem die Bundesmarine im Rahmen des abgeschlossenen Regierungsabkommens die zahlreichen Erprobungsfahrten mit dem PEGASUS analysiert und bewertet hatte, musste sie wegen zu hoher Kosten von der Idee, Tragflügelboote als Schnellboote einzusetzen, absehen; stattdessen begannen ab 1973 die Arbeiten an dem Bauprogramm der Klasse 143 A als Nachfolgeboote der Klasse 143!

10.11.2 Luftkissenkatamarane (SES)

Bei dem SES (engl. Surface Effect Ship) handelt es sich um die Kombination von Katamaran und Luftkissenfahrzeug (Hovercraft); wobei der Raum zwischen den beiden Katamaranrümpfen vorne und hinten mit flexiblen Schürzen (engl. Seals = Dichtungen) abgedichtet wird, die sich bei Fahrt in See und bei Seegang den Wellen anpassen und so einen mit Gebläsen erzeugten Kissendruck vorzüglich halten, ohne dabei übermäßig viel Widerstand zu verursachen. Die Gebläse befinden sich an beiden Seiten des Fahrzeugs und fördern Luft in den Raum zwischen die Katamaranrümpfe und bauen so den Kissendruck auf, der seine maximale Höhe erreicht hat, sobald er den Wasserspiegel zwischen den Rümpfen auf deren Unterkante herabgedrückt hat und die Luft beginnt, unter dem Kiel in die Atmosphäre abzublasen. Die in den bisher gebauten Lufkissenkatamaranen anzutreffenden maximalen Luftdrücke bleiben niedrig und liegen gewöhnlich bei 5 % und kaum über 10 % des normalen Atmosphärendruckes, d.h. zwischen 50 und 100 mbar (5 und 10 kPa) Überdruck! Das so auf dem Luftkissen fahrende Fahrzeug reduziert die benetzte Oberfläche seiner beiden Rümpfe und verringert dabei eklatant seinen

SES – Surface Effect Ship - Luftkissenkatamaran. Versuchsfahrzeug CORSAIR von Blohm + Voss mit 57 mm Rohrwaffe (Slg. B+V)

Reibungswiderstand. Damit verringert das SES seinen Gesamtwiderstand und somit auch die erforderliche maximale Antriebsleistung. Es gehört jedoch zu den hydrodynamischen Gegebenheiten aller schnellen Fahrzeuge, dass sie zwar im Bereich ihres Betriebszustandes, für den sie ausgelegt sind, kleinere Antriebsleistungen benötigen als die konventionellen Fahrzeuge, dafür aber gewöhnlich in den Bereichen kleinerer Geschwindigkeiten wiederum höhere Leistungen als konventionelle Verdrängerfahrzeuge abfordern.

Als Ersatz für das herkömmliche Schnellboot wird das SES auch durch seine Katamaranform attraktiv, die mit ihren großen rechteckigen Aufbaudecks ein großes Flächen- und Raumangebot zur Verfügung stellt. Die beiden in größerem Abstand angeordneten Rümpfe des Katamaran liefern ein hohes Maß an Stabilität, was es möglich macht, Decks und Ausrüstungen hoch anzuordnen. Diese Eigenschaften verleihen dem SES nicht nur die Eignung zum Schnellboot, sondern auch zum Minenkampfboot

und zur Aufnahme des hierfür erforderlichen sperrigen Minensuchgerätes.

Um zu untersuchen, ob das SES geeignet ist, die herkömmlichen Schnellboote zu ersetzen, erhielt die MTG in Hamburg in der zweiten Hälfte der achtziger Jahre den Auftrag, ein SES mit der Bezeichnung SES 700 mit einer Maximalverdrängung von 700 t und einer Maximalgeschwindigkeit von 50 kn zu projektieren und im Hinblick auf seine Möglichkeiten zu untersuchen. Damit verband sich für die MTG auch der Auftrag, ein bemanntes ca. 5,0 m langes Modell dieses SES 700 zu entwerfen. Die hierfür erforderlichen Tankversuche (Widerstand, Propulsion, Seegang, Manövrieren) wurden im Rahmen eines deutsch-amerikanischen Abkommens im David Taylor Research Center (DTRC) in Washington DC durchgeführt, das schon in der Vergangenheit zahlreiche Modellversuche mit SES-Fahrzeugen für die US Navy durchgeführt hatte. Den Auftrag zum Bau des bemannten Modells des SES 700 konnte sich die Lürssen Werft in Bremen sichern.

Parallel zu diesen Untersuchungen, wie sie das BWB, die MTG, und das DTRC durchführten, erstellte Blohm + Voss den Entwurf für ein SES mit ca. 150 t Verdrängung. B+V machte dabei folgende Konstruktionsvorgaben, die mit dem Entwurf des SES zu erfüllen waren:

- das Fahrzeug ist aus GFK (Glasfaser verstärktem Kunststoff) in Sandwichbauweise zu fertigen
- das Fahrzeug ist als MEKO-Plattform auszuführen, d.h. die Deckshöhen und Öffnungen werden auf die Abmessungen der Waffencontainer abgestellt
- das Fahrzeug ist an BB und StB mit je einem austauschbaren und akustisch isolierten Modul zur Aufnahme eines Antriebsdiesels auszurüsten
- das Verbindungsdeck (Wetdeck) zwischen den beiden Katamaranrümpfen ist höher als sonst üblich anzuordnen, um so auch bei schwerer See »Seeschlag« zu vermeiden.
- das Fahrzeug ist zur die Aufnahme einer 57-mm-Rohrwaffe auszulegen
- zur Vermeidung von Kavitation und um die Propeller unempfindlich gegen das Ansaugen von Luft zu machen, wird das Fahrzeug wird mit zwei teilgetauchten Verstellpropellern der Firma Escher Wyss angetrieben

Im Jahre 1989 nahm das SES CORSAIR, wie das Fahrzeug genannt wurde, umfangreiche Erprobungen in der Nord- und Ostsee auf. Mit der vorübergehend an Bord genommenen 57-mm-Rohrwaffe führte das Fahrzeug – auch in fahrendem Zustand auf dem Kissen – erfolgreiche Schießübungen durch.

Nach dem Ende des Kalten Krieges und nach dem Fortfall der Ost-West-Konfrontation in der Ostsee hatte die Bundesmarine weder Bedarf an Schnellbooten noch für deren unkonventionelle Nachfolger; somit stellte sie auch alle ihre Planungen zu solchen Schiffstypen ein. Da auch bei anderen Marinen die Sparmaßnahmen zu greifen begannen und für schnelle unkonventionelle Kampfboote keine Mittel mehr zur Verfügung standen, hatte die marinetechnische Industrie ihre Kunden für Fahrzeuge dieser Art verloren und musste die Arbeiten zu diesem Produkt einstellen. Es ist jedoch noch viel zu früh, um darüber zu urteilen, ob unkonventionelle Fahrzeuge wie Tragflächenboote und Luftkissen-Katamarane für die Marine bedeutungslos bleiben oder ob sie unter geänderten militärischen Anforderungen oder geänderten technischen Voraussetzungen eines Tages nicht doch wieder in das Blickfeld deutscher oder anderer wehrtechnischer Planungsbehörden geraten.

10.11.3 Wehrforschungs- und Erprobungsschiff (WFES) PLANET, Klasse 751

Den bisher einzigen Typ, den die Deutsche Marine aus der Familie der »unkonventionellen« Schiffe auswählte und realisierte, ist der im Jahre 2004 in Dienst gestellte und bei den Nordseewerken Emden (NSWE) gebaute SWATH (Small Waterplane Area Twin Hull) PLANET. Das wesentliche Konstruktionsmerkmal der Fahrzeuge vom Typ SWATH besteht darin, dass sich der größte Teil ihres Auftriebsvolumens in den torpedoähnlichen Verdrängungskörpern befindet, die deutlich unterhalb der Schwimmwasserlinie bleiben. Die Besatzung und die Zuladung des SWATH wird in den Decks untergebracht, die sich in ausreichender Höhe oberhalb der Wasserlinie befinden und somit gegen Seeschlag geschützt bleiben. Schmale, aber begehbare Stege verbinden den Decksaufbau mit den Verdrängungskörpern unterhalb der Wasserlinie. Mit einer so gewählten Anordnung wird es möglich, auch bei Seegang in etwa die gleiche Schiffsgeschwindigkeit wie bei Glattwasser, d.h. wie bei wenig oder keinem Seegang, durchzuhalten, da die Seegangswellen nur das kleine Volumen der Verbindungsstege erfassen, was keine so große Auftriebsveränderung bedeutet und damit nur zu kleinen Bewegungsamplituden führt. Diese Eigenschaften qualifizieren den SWATH in besonderem Maße für ein Forschungsschiff, von dem verlangt wird, auch länger in Seegebieten zu verweilen, in denen schwere Wetterbedingungen vorherrschen.

Die rechteckige Form der Aufbaudecks an Bord eines SWATH bietet im Übrigen ausreichend Platz und Raum für Menschen und Geräte. Dabei bietet die Doppelrumpfform mannigfaltige Möglichkeiten, Gerätschaften aller Art, wie sie für die Aufgaben eines Forschungs-und Erprobungsschiffes erforderlich werden, bequem zwischen den Rümpfen in das Wasser auszusetzen und wieder an Bord zu nehmen.

Das Schiff wird im Wesentlichen für die Erprobung von Torpedos und Sonargeräte eingesetzt. Hierfür sind auch in besonderem Umfang ozeanographische und auch akustische Untersuchungsmethoden und -geräte erforderlich! Umfangreiche Hebezeuge (Kräne) gehören daher zur Decks-

SWATH – Small Waterplane Area Twin Hull – Wehrforschungs- und Erprobungsschiff PLANET (Slg. TKMS)

ausrüstung des WFES. An Oberdeck finden fünf 20 Fuß-Standardcontainer Aufstellung. Das Schiff ist mit einer dieselelektrischen Antriebsanlage mit permanent erregten E-Motoren ausgerüstet.

Das Schiff verfügt über die folgenden Hauptabmessungen und Leistungsdaten:

Verdrängung	3.500 t
Antriebsleistung	4.500 kW
Länge ü.a.	73,0 m
Geschwindigkeit	15,0 kn
Breite	27,2 m
Reichweite bei 15,0 kn	5.000 sm
Tiefgang	6,8 m
Besatzung	25 Pers.

11. Minenkampfboote

Neben dem Torpedo stellte auch die Mine ihre zerstörerische Wirkung erstmals im russisch-japanischen Krieg von 1904/05 unter Beweis, was daraufhin großen Einfluss auf die Konstruktion zukünftiger Kriegsschiffe bezüglich Schwimmfähigkeit und Stabilität im beschädigtem Zustand (Leckstabilität) nehmen sollte, um so besser gegen Beschädigungen des Unterwasserschiffes geschützt zu sein. Zudem begannen alle Marinen, sich große Bestände von Minen anzulegen, um eigene Gewässer zu schützen und um dem Gegner im Konfliktfall die Nutzung der eigenen Gewässer zu verwehren. So legten die Entente-Mächte im 1. Weltkrieg 184.000 und die Mittelmächte 62.000 Minen, während im Verlauf des 2. Weltkriegs die USA und Großbritannien zusammen 285.000 und Deutschland allein schon 223.000 Minen legten. Andere Quellen berichten sogar von noch höheren Zahlen! Angelsächsischen Angaben zufolge wurden von den USA und von dem Vereinigten Königreich im 2. Weltkrieg ein Drittel der Minen offensiv, d.h. in den vom Gegner kontrollierten Seegebieten, und zwei Drittel defensiv, d.h. zum Schutz der eigenen Gewässer verlegt. Obwohl im 1. Weltkrieg Mi-

*Kategorien von Minen
(RINA, London)*

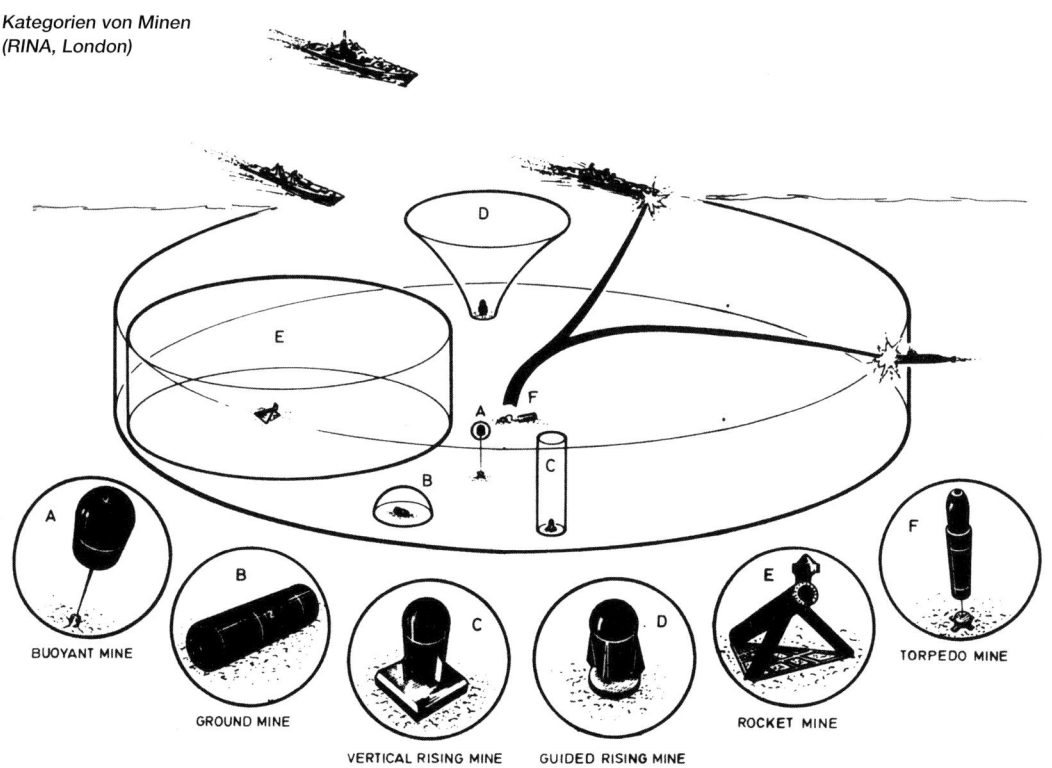

BUOYANT MINE

GROUND MINE

VERTICAL RISING MINE

GUIDED RISING MINE

ROCKET MINE

TORPEDO MINE

nen bereits in großen Stückzahlen verlegt wurden, begannen alle Marinen bezeichnenderweise mit dem Entwurf und dem Bau eines eigenständigen Schiffstyps »Minensuchboot« erst im Verlauf dieses Krieges. Zwar hatte sich die Kaiserliche Marine vor dem 1. Weltkrieg mit umgebauten Torpedobooten beholfen, stellte aber erstmals im Jahre 1916 mit dem M-Boot 1916 ein eigenes Minensuchboot in Dienst, das sich im Kriegseinsatz bewährte und später als Vorbild für das Minensuchboot des Typs M 35 der Kriegsmarine diente. Hatte die Kaiserliche Marine bis zum Ende des 1. Weltkriegs ca. 250 Fahrzeuge zum Minenkampf erworben, so nahm die deutsche Kriegsmarine während des 2. Weltkriegs, in dessen Verlauf sich die Technik erheblich verfeinerte und der Minenkampf in den europäischen Randmeeren ganz beträchtlich an Bedeutung zunahm, insgesamt ca. 2000 Fahrzeuge zur Minenabwehr (Minensucher, Räumboote, Hilfsfahrzeuge) in Dienst. Zu allen Zeiten verfügten und verfügen Minensucher und deren moderne Nachfolger häufig zusätzlich auch über Einrichtungen zum Minenlegen.

Die Minenabwehr, d.h. die Technik des Detektierens und des Vernichtens der Mine, wird ausschließlich durch deren »Sensorik« bestimmt, mit der sie gegnerische Schiffe beschädigen und versenken sollen. Diese unterschiedliche Sensorik kennzeichnet die folgenden Zünder:

- Berührungszünder
- akustische Zünder
- magnetische Zünder
- auf Druck reagierende Zünder
- sowie einer Kombinationen dieser Zünder (Kombinationszünder)

Diese Zünder werden in die folgenden zwei Grundtypen von Minen eingebaut:

- Ankertauminen
- Grundminen

Ankertauminen mit Berührungszünder waren bis unmittelbar vor Ausbruch des 2. Weltkriegs der einzige Minentyp, den alle Marinen gleichermaßen in Gebrauch hatten. Dabei wurde die Mine über ein – je nach Meerestiefe – bis zu 500 m langes Tau an einem Gewicht, einem sog. Voreilgewicht, das auf den Meeresboden sank, gehalten und durch den eigenen Auftrieb entsprechend der eingestellten Länge des Taus in einer definierten Tiefe unter dem Wasserspiegel gehalten. Für tidenabhängige Seegebiete waren Konstruktionen gefunden worden, die trotz des Tidenhubs einen konstanten und vorher eingestellten Abstand unter der Wasseroberfläche gewährleisteten.

Jede Ankertaumine war bis zum Ausbruch des 2. Weltkriegs mit den damals allein verfügbaren Berührungszündern ausgerüstet, die mit Säure gefüllt waren und, Stacheln vergleichbar, als Bleikappen aus der damals noch kugelförmigen Mine herausragten. Bei einer Kollision (Berührung) mit einem Schiff wurde die Bleikappe und damit der Berührungszünder zerstört und seine Säure ergoss sich in das Innere der Mine, womit sie die Detonation des Sprengkörpers auslöste. Nach Ausbruch des 2. Weltkriegs entstand die gegenüber der Ankertaumine weitaus gefährlichere Grundmine, die mit einer Sensorik ausgerüstet wurde, mit der die Detonation durch den Magnetismus des überfahrenden und zu schädigenden Schiffes selbst ausgelöst wurde, und die auch nicht mehr mit dem herkömmlichen Räumgerät mechanisch zu beseitigen war. Den Anfang hierzu machte die deutsche Kriegsmarine, resp. die deutsche Luftwaffe, die im Jahr 1939, wenige Wochen nach Ausbruch des Krieges, Grundminen mit einem Magnetzünder vor der englischen Küste verlegte bzw. solche aus der Luft vor der englischen Küste abwarf. Der Royal Navy gelang es jedoch, im

November des gleichen Jahres ein unbeschädigtes Exemplar zu entschärfen und zu analysieren, und konnte somit geeignete Gegenmaßnahmen technisch vorbereiten und einleiten. Gegenüber den Ankertauminen sind die Grundminen durch ihre Batterien benachteiligt, die sie zum Betrieb ihres Sensors benötigen, die aber nur eine maximale Lebensdauer von fünf Jahren erreichen.

Zum Schutz gegen Magnetminen legten sich die Marinen an Bord ihrer Schiffe den magnetischen Eigenschutz (MES; engl. Degaussing) zu, der aus einer horizontal um das Schiff umlaufenden und mit Gleichstrom gespeisten Spule besteht, mit der das durch Schiffbaumaterial und E-Geräte erzeugte Magnetfeld des Schiffes neutralisiert wird. Auch bei der Einführung des Drucksensors war es die deutsche Kriegsmarine, die diesen Sensor im Jahre 1944 vorbereitete, aber nur noch in geringer Stückzahl vor der französischen Atlantikküste als Grundminen (»Invasionsminen«) zum Einsatz brachte. Die Technik dieses auch als »Auster« bezeichneten Minentyps wurde nach Kriegsende in Europa umgehend von den USA übernommen und noch in großer Stückzahl gegen Japan eingesetzt. Während des Krieges traten auch bereits vielseitig einsetzbare akustische Sensore hinzu, die auf die sehr unterschiedlichen Geräuschabstrahlungen von Schiffen ansprachen. Bis etwa 1980 stellte die Firma Krupp Atlas - Elektronik in Deutschland noch Seeminen her. Seither bezieht die Deutsche Marine ihren Bestand an Seeminen aus Italien von der Firma Whitehead, die zur Oto-Melara-Firmengruppe in La Spezia gehört.

Mit fortschreitender Entwicklung der Sensorik traten nach dem 2. Weltkrieg neben die Ankertau- und die Grundmine weitere technische Lösungen, mit denen die bisher unbewegliche Mine an Mobilität gewann und z.T. die Eigenschaften eines Torpedos annahm (s. Abb. Kategorien von Minen und ihre Operationsbereiche):

- Antriebslos, ungesteuert aufsteigende Mine, die auf dem Meeresboden abgelegt und von ihrer Sensorik bei Herannahen eines als geeignet identifizierten Schiffes vermittels des hydrostatischen Auftriebs an das gegnerische Schiff oder dessen unmittelbare Nähe geführt und zur Detonation gebracht wird.

- Antriebslos, aber gesteuert und kontrolliert aufsteigende Mine, die ebenfalls auf dem Meeresboden abgelegt und von ihrer Sensorik bei Herannahen eines als geeignet identifizierten Schiffes vermittels ihres hydrostatischen Auftriebs, aber mit eingebautem pneumatischen, hydraulischen oder elektrischen Steuereinrichtungen zielgenau auf das zu treffende Schiff gesteuert wird.

- Verfolgungsmine mit eigenem Antrieb, die einem auf dem Meeresboden abgelegtem Torpedo ähnlich ist, der durch seinen Sensor aktiviert wird und Kurs auf das Ziel nimmt, sobald sich ein von ihm als geeignet und ausreichend wertvoll identifiziertes Schiff oder U-Boot, nähert. Diese, auch als »Torpedo-Minen« bezeichneten Typen, werden in zwei Kategorien aufgeteilt, die sich allein durch ihren Propulsor unterscheiden: Strahlantrieb oder Propellerantrieb, wobei als Antriebsenergie elektrische Batterien oder flüssiger Treibstoff mit eigenem Sauerstoffanteil dienen.

Minen des späten 20. und frühen 21. Jahrhunderts sind mit einer aufwendigen Software ausgestattet, die sie zu sog. intelligenten (engl. »smart«) Minen machen. Die Intelligenz, die sich diese Minen auf diese Art und Weise erwerben, gestattet es ihnen, sich »taktisch klug« zu verhalten: so schalten sie sich in verkehrsarmen Zeiten ab und verfügen dabei über gespeicherte Geräuschdaten, die sie in die Lage versetzen, aus den überlaufenden Schiffen jene auszuwählen, die auf Grund taktischer Überlegungen durch die Mine ausgeschaltet werden sollen; was ja dann auch bedeutet, dass sie auch gezielt die sie verfolgenden Minenjagdboote angreifen können. Ihr vorübergehendes Abschalten erschwert es dem Minenjagdboot zusätzlich, zu erkennen, ob ein Minenfeld geräumt ist, weil sie damit die akustische und magnetische Sensorik des Minenjagdbootes, wie sie beim Simulationsräumen genutzt wird, wirkungslos macht!

Der so beschriebene Wandel, den die Mine im Verlauf der Jahrzehnte nach dem 2. Weltkrieg erfahren hat, initiierte fortlaufend auch einen ebensolchen Wandel bei der Minenabwehr: vom herkömmlichen Minensuchen und -räumen mit Suchleine oder Scherkörper (Ottergerät), mit denen die Taue der Ankertauminen durchschnitten werden, zum sog. Simulationsräumen, mit deren Hilfe der magnetischen oder akustischen Sensorik der Grundmine, beispielsweise durch die Überwasserdrohne TROIKA, ein reales Schiff vorgetäuscht wird. Schließlich ging man gegen Ende der siebziger Jahre zur Minenjagd mit Minensonar, TV-Kamera und mit Draht ferngelenkten Unterwasserdrohnen (PAP 105 und PINGUIN) über, die Sprengladungen in der Nähe der vom Sonar detektierten Mine ablegen und diese nach einer Fernzündung unschädlich machen! Damit war aber schließlich auch ein Mittel gefunden, mit dem Druckminen erfolgreich bekämpft werden konnten, die bisher durch Simulationsräumen nicht zu bekämpfen waren, da diesen ein reales Schiff nicht vorgetäuscht werden kann. Somit führte dieser Wandel zu einer Entwicklung von Booten mit immer anspruchsvolleren Geräten zum Detektieren und Zerstören der Minen: eine Entwicklung, die beim herkömmlichen Minensuchboot mit mechanischem Räumgerät begann, dann zur Überwasserdrohne mit elektromagnetisch oder akustisch ausgelöster Sprengung führte und schließlich bei der Minenjagd mit der Detektierung durch Sonar oder TV-Kamera sowie der sich daran anschließenden Sprengung mit Hilfe von Unterwasserdrohnen endete.

11.1 Die Minenabwehrfahrzeuge der Bundesmarine/Deutschen Marine

In den vorbereitenden Gesprächen im Kloster Himmerod im Jahre 1950, mit denen der Umfang der westdeutschen Marinerüstung zunächst zahlenmäßig umrissen wurde, war der Minenkampf von Anfang an als eine wesentliche Aufgabe des deutschen Verteidigungsbeitrags definiert, für den die zukünftige deutsche Marine 60 Minensucher unterschiedlicher Größe in Dienst zu stellen hätte. Diese Planung wurde auch nach 1955 konsequent umgesetzt, so dass die vertragsmäßige Aufstellung von sechs Minensuchgeschwadern mit insgesamt 64 modernen Minensuchbooten im Jahre 1963 abgeschlossen und der NATO unterstellt war. Hinzu kamen noch 32 alte Minensucher des Typs M 35 und M 40 sowie eine Anzahl von Räumbooten (R-Boote) der ehemaligen Kriegsmarine, die zunächst als Kriegsbeute in alliierten Besitz gekommen waren, dann von der Bundesmarine als Schulboote in Dienst gestellt wurden und dabei noch wertvolle Dienste leisteten, bis sie schließlich 1960 außer Dienst gestellt wurden. Da sich Minensucher und Räumboote, wie sie die deutsche Kriegsmarine kannte, bei gleicher Aufgabenstellung nur durch ihre Größe unterschieden – Minen-

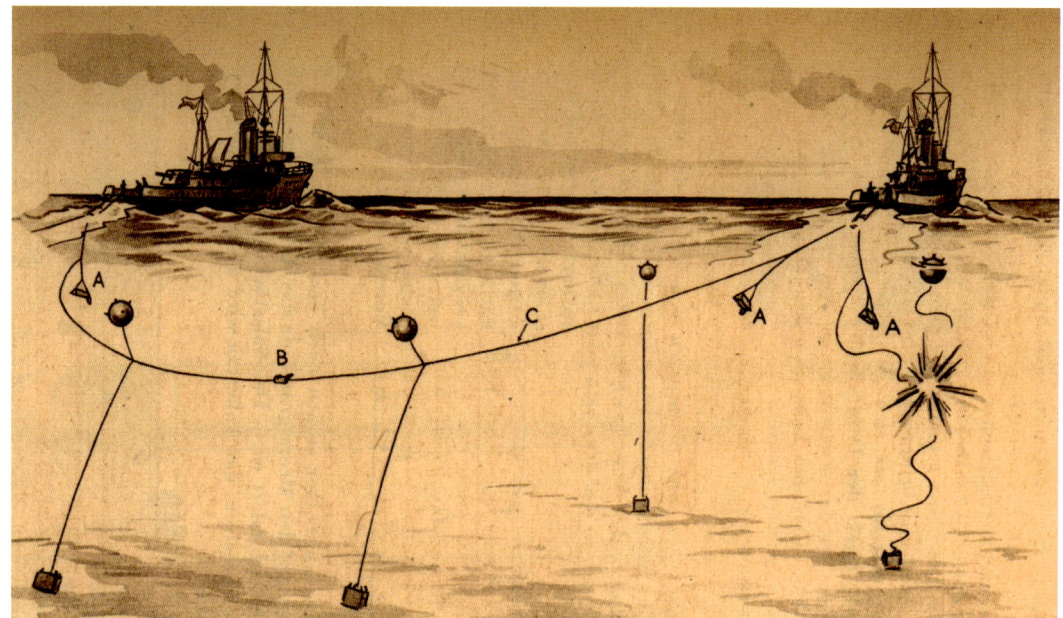

Räumen von konventionellen Ankertauminen (ATM) mit einer Suchleine, die von zwei Minensuchbooten geschleppt wird (Herbert Hahn, Berlin-Steglitz)

sucher ca. 650 t und Räumboote ca. 130 t – verzichtete die Bundesmarine auf diese Klassifizierung und führte statt dessen, einer NATO-Systematik folgend, die Klassenbezeichnungen Küstenminensuchboot und Binnenminensuchboot ein. Auch die Klasse der Schnellen Minensuchboote zählt damit zu den Küstenminensuchbooten.

Neben den M- und R-Booten der ehemaligen Kriegsmarine (Klasse 319 und 359), die die Bundesmarine von den Alliierten erhielt, sowie den Booten der britischen ADMIRALITY-Klasse, die sie als Schulboote (Klasse 339) vorübergehend in Dienst gestellt hatte, erwarb die Bundesmarine ab 1956 acht verschiedene Klassen von Minensuchbooten (Tabelle 16). Diese nach 1956 entwickelten Bootsklassen und ihre Modifikationen repräsentieren sehr anschaulich den Weg, den dieser Fahrzeugtyp vom Minensuchboot über das Minenkampf- zum Minenjagdboot genommen hat.

11.2 Minensuchboote der Klasse 319 (Hochseeminensuchboote)

Die ersten Minensuchboote, mit denen die gerade neu gegründete Bundesmarine die Schulung der Besatzungen für die neu zu bauenden Boote der Marine aufnahm, waren die von den Alliierten übernommenen alten Hochseeminensucher des Typs M 35, M 39 und M 40 der Kriegsmarine. Diese aus Stahl gebauten Boote verfügten zur einen Hälfte über mit Kohle, und zur anderen Hälfte mit Öl befeuerte Antriebsanlagen, von denen jede einzelne aus zwei Kolbendampfmaschinen mit zwei Propellerwellen sowie aus zwei Kesseln bestand, die – je nach Bauart – als Hochdruck-Heißdampfkessel (32 atü, 420 °C), oder als Normaldruck-Wasserrohrkessel (16,5 atü, 320 °C) ausgeführt wurden. Die Verwendung von Kolbendampfmaschinen für Minensuchfahrzeuge war bis zum Ende des 2. Weltkriegs die durchaus sinnfällige Antriebsart für Minensuchboote, die – vergleichbar einem sein Fangnetz schleppendem Fischereifahrzeug – bei langsamer Fahrt das relativ schwere Minenräumgerät schleppen mussten, wofür die Kolbendampfmaschine schon bei kleiner Drehzahl ein hohes Drehmoment bereitstellt. Mit den Minensuchern der Klasse 319 wurde allein das klassische Minensuchen durchgeführt. Dabei fahren zwei Minensucher (s. Abb. Räumen von ATM) nebeneinander und schleppen eine zwischen beiden Booten verlegte Suchleine (C) hinter sich her, die vermittels sog. Drachen (A) auf einer vorab eingestellten Tiefe in der See unterhalb der Wasseroberfläche positioniert bleibt. Sobald die Suchleine das Tau einer Ankertaumine erfasst, gleitet dieses Tau entlang der Suchleine, bis das Tau bei Berührung mit einem sog. Sprenggreifer (B), der auf der Suchleine befestigt ist, zerrissen wird und die Mine an die Wasseroberfläche aufschwimmt, wo sie mit Beschuss durch Rohrwaffen zur Explosion gebracht wird. Einzel fahrende Minensuchboote setzen an BB und StB je ein Ottergerät aus, das von einer seitlich am Boot befestigten Leine geschleppt wird, die das Tau der Ankertaumine erfasst und von einem an der Otter befestigten Reißkeilschneider zerschnitten wird, so dass die Mine an die Wasseroberfläche aufschwimmt und wiederum durch den Beschuss mit Rohrwaffen vernichtet wird.

ca. 400 t kleineren Räumboote waren Holzboote, deren Aufbauten ebenfalls aus Holz gefertigt waren. Die Besonderheit, die diese seit ihrer Indienststellung in der Mitte der dreißiger Jahre auszeichnete, war ihr Zykloidalpropeller der Firma Voith-Schneider in Heidenheim, der ihnen in Minenfeldern, in denen sie vorzugsweise operierten, vorzügliche Manövriereigenschaften verlieh. Der Voith-Schneider-Propeller (VSP) – wie der Zykloidalpropeller umgangssprachlich fast nur genannt wird – ermöglicht es dem R-Boot, »auf dem Teller« zu drehen, d.h. das Boot dreht sich um 360° um seine vertikale Achse. Ferner verlieh der VSP dem Räumboot die Möglichkeit, auch bei kleinen Geschwindigkeiten das – relativ zu seiner Größe – schwere Räumgerät zu schleppen, ohne dabei den an Bord eingebauten Dieselmotor zu überlasten, d.h. der VSP verhält sich mit den frei wählbaren Anstellwinkeln seiner Flügel – »Messer« genannt – wie ein Verstellpropeller und stellt diesem gleich auch bei kleinen Geschwindigkeiten den erforderlichen Schub bei ausgesetztem Räumgerät zur Verfügung.

Die noch in den Jahren 1943 und 1944 gebauten Minensuchboote der Klasse 359 waren zunächst zum Räumen von Ankertauminen ausgerüstet: allerdings wurden sie auch für Versuchszwecke zum Schleppen einer Akustikboje als Simulationsgerät, eingesetzt.

11.3 Minensuchboote der Klasse 359 (Schnelle Minensucher)

Mit den Minensuchern der Klasse 359 hatte die Bundesmarine ehemalige Räumboote der Kriegsmarine von den Alliierten übernommen und ebenfalls als Schulboote für die Besatzungen der zukünftigen Minensucher in Dienst gestellt. Die gegenüber den Minensuchern des Typs M 35 und M 40 um

11.4 Minensuchboote der Klasse 320 (Küstenminensuchboote)

Die erste Klasse von Minensuchbooten, die unmittelbar nach Gründung der Bundesmarine in den Jahren 1956–1959 von der Werft Burmester in Bremen Burg gebaut wurden, waren die insgesamt 18, als Klasse 320 klassifizierten Küstenminensuchboote, die

Minenjagdboot CUXHAVEN, Klasse 331, ehm. Klasse 320 (Slg. FLW)

aus Holz und ohne Verwendung der sonst üblichen Metallschrauben oder -bolzen verleimt wurden. Nachdem die Boote um eine Abteilung verlängert waren, verfügten sie bei einem Spantabstand von 380 mm über jeweils neun Holz-Querschotte, die das Schiff in zehn wasserdichte Abteilungen unterteilten.

Jedes der Boote wurde von zwei Maybach-Dieselmotoren vom Typ 16V MD 871 mit 2.000 PS, 1.600 1/min angetrieben, von denen jeder über ein Untersetzungsgetriebe auf eine Antriebswelle mit Verstellpropeller von Escher Wyss geschaltet wurde, die bereits damals aus amagnetischem Material gefertigt waren. Auch alle weiteren gelieferten Verstellpropeller einschließlich ihrer Wellenleitungen, die Escher Wyss für Minensuch- und Minenkampfboote lieferte, waren amagnetisch. Mit der Verstellpropelleranlage konnte erreicht werden, dass der erforderliche Propellerschub beim Schleppen des Minenräumgerätes zur Verfügung gestellt wird, ohne dabei den Motor in Überlast zu fahren; d.h. es wird vermieden, dass der Motor »gedrückt gefahren wird«, was sonst zum Verschleiß des Motors geführt hätte. Ursprünglich war geplant, die Boote mit Voith-Schneider-Propeller (VSP) auszurüsten, die sich während des Krieges an Bord der R-Boote der Kriegsmarine so

Tabelle 20: Minenkampfboote der Bundesmarine / Deutschen Marine ab 1957

Klasse	Name, Typ-schiff	Anz.	Klassen-Bez.	Bau-jahr	Verdrng. [t]*)	Länge ü.a. [m]	Antr. Leistg. [kW]	Geschw. [kn]	E-Lstng.f.Mnkpf [kW]
319	WESPE	15	ehm. M-Boote	41 / 44	685	68,4	2.200	18,2	R.-DM = 66
359	ALDEBARAN	27	ehm. R-Boote	41 / 44	~140	38,7	1.325	18,0	R.-DM = 100
339	FM 1	6	Schulboot	40 / 45	140	36,8	330	11,0	Netz: 1x~21/56
320	LINDAU	18	Küstn.-Mins.	57 / 59	388	47,1	2.450	16,0	2xR.-DM = 1324
321	VEGESACK	6	Küstn.-Mins.	59 / 60	366	44,6	880	12,5	2xR.-DM = 640
340	MIRA	10	Schnlle. Mins.	60 / 61	241	47,4	3.300	22,0	R.-DM = 662
341	SKORPION	20	Schnlle. Mins.	59 / 63	241	47,4	3.500	22,0	R.-DM = 662
393	ARIADNE	8	Binnen-Mins.	61 / 63	205	38,0	1.325	14,0	R.-DM = 264
394	FRAUENLOB	10	Binnen-Mins.	66 / 69	238	38,0	1.325	13,6	R.-DM = 515
343	HAMELN	10	Mi-nenkmpfb.	89 / 91	450	54,3	4.080	18,0	Netz: 3x 230
332	FRANKENTHAL	10	Mi-nenkmpfb.	92 / 96	~500	54,0	4.080	18,0	Netz: 3x 230
SUMME		140							

*) Konstruktionsverdrängung, t = 1000 kg

bewährt hatten. Mit zwei Begründungen wurde hiervon Abstand genommen:

- die VSP konnten die Forderungen nach ausreichend amagnetischen Verhaltens in den flachen Einsatzgebieten in Nord- und Ostsee nicht erfüllen
- die vorgesehenen Voith-Schneider-Propeller konnten die Geschwindigkeitsforderungen nicht erfüllen

Zwei Einheiten der Klasse 320 wurden mit Verstellpropellern der Fa. KaMeWa ausgerüstet, was der Marine die Möglichkeit gab, sie direkt mit jenen der Fa. Escher Wyss zu vergleichen.

Die Küstenminensuchboote der Klasse 320 waren die ersten deutschen Minensucher, die von Anfang an nicht nur mit mechanischem Räumgerät zum Räumen der Ankertauminen, sondern auch mit einer Kabeltrommel zur Aufnahme eines Magnetschleifengerätes (»Magnetkabel«) ausgerüstet wurde, mit dessen Magnetfeld Grundminen mit Magnetzünder zur Detonation gebracht werden konnten. Um hierfür die erforderliche hohe Spannung zur Verfügung zu stellen, wurde jedes der Boote mit zwei Räum-Diesel-Gleichstromgeneratoren von je 900 PS, insgesamt also 1.800 PS = 1.324 kW (s. Tabelle 16), ausgerüstet. Dagegen verfügen die beiden E-Diesel, die mit ihren angehängten Generatoren allein die elektrische Energie für den gesamten Schiffshilfsbetrieb erzeugten, nur über eine Leistung von 2 x 96 kW, somit beträgt die Leistung der Diesel für die Räumanlage fast das Zehnfache der E-Diesel. Während die übrigen Neubauten der Bundesmarine von Anfang an schon mit Drehstromnetzen ausgerüstet wurden, installierte man noch bis Ende der siebziger Jahre auf den deutschen Minensuchern ausschließlich Gleichstromnetze, deren elektro-magnetisches Feld mit der MES-Schleife besser zu kompensieren war. Die von Maybach hergestellten An-

triebsdiesel für die Klasse 320 – wie auch die E-Diesel und die beiden Räumdiesel – wurden schon damals aus amagnetischem Stahl gefertigt. Auch die übrigen Komponenten des gesamten Schiffshilfsbetriebs wurden durch eine neu entwickelte Dipol-Kompensation entmagnetisiert. Entmagnetisierung der Minenkampffahrzeuge und ihrer an Bord installierten Geräte ist im Laufe der Jahre in der deutschen Marinetechnik fortlaufend perfektioniert worden.

Gegen Ende der siebziger Jahre wurden die Vereinigten Flugtechnischen Werke (VFW) in Bremen beauftragt, 12 Boote der Klasse 320 vom Minensucher zum Minenjagdboot der Klasse 331 umzubauen und der Maschinenbau Kiel (MaK) erhielt den Auftrag zum Umbau von sechs weiteren Booten der Klasse 320 zur Klasse 351. Zwölf Minenjagdboote der Klasse 331 erhielten daraufhin das Minenjagdsonar PLESSY 153 und wurden mit drahtgelenkten Unterwasserdrohnen vom Typ PAP 105 (poisson propulse) aus Frankreich ausgerüstet, die mit Hilfe von eingebauten Fernsehkameras oder – wahlweise – eines Nahbereichssonar von der OPZ des Bootes an die Grundmine herangeführt wurden, in deren Nähe sie eine Sprengladung ablegten und die sie dann, nachdem sie auf sichere Distanz gegangen waren, durch Fernzündung unschädlich machten. Die sechs von MaK zu Minenjagdboote der Klasse 351 umgerüstete Boote wurden als Lenkboote eingesetzt, von denen aus jeweils drei als Seehunde (System TROIKA) bezeichnete Hohlstabboote – drahtlos ferngelenkt – geführt wurden und die mit ihren starken Magnetfeldern die auf dem Meeresboden ausgelegten Magnetminen zur Explosion brachten. Die Boote der Klasse 351 wurden mit dem von Krupp Atlas in Bremen entwickelten Minensonar SQS 11 ausgerüstet. Es waren das Minensonar in Verbindung mit den Hohlstäben des Systems TROIKA oder in Verbindung mit den – mit Draht – ferngelenkten Unterwasserdrohnen, die aus dem herkömmlichen Minensucher das Minenjagdboot machten, das sowohl gegen Ankertau- als auch gegen Grundminen eingesetzt wurde. Mit den zu Minenjagdbooten der Klasse 331 und 351 umgebauten Minensuchern war somit bereits gegen Ende der siebziger Jahre die Technik zur Bekämpfung von Minen an der Schwelle vom 20. zum 21. Jahrhundert vorbereitet worden, was durch die extrem beständige Haltbarkeit der in Kompositbauweise gefertigten Boote nachhaltig unterstützt wurde.

11.5 Minensucher der Klasse 321 (Küstenminensuchboote, VEGESACK-Klasse)

Zwischen 1959 und 1960 stellte die Bundesmarine auch noch insgesamt sechs in Kompositbauweise gefertigte Küstenminensucher der Klasse 321 in Dienst, die auf der französischen Werft CMN in Cherbourg gebaut und vom Stapel gelaufen waren. Es gehört zu den konstruktiven Besonderheiten dieser Boote, dass ihre Querspanten aus Sperrholz und ihre Längsverbände (Träger und Stringer) aus Stahl gefertigt waren.

Die Boote wurden jeweils mit zwei 12-Zylinder-Viertakt-Dieselmotoren von Daimler Benz mit jeweils 440 kW angetrieben, von denen jeder über ein Getriebe auf eine Antriebswelle mit Verstellpropeller von KaMeWa mit einem Prop.-Durmesser von 1,70 m geschaltet war. Neben der elektromagnetischen Räumanlage mit Kabel und Kabeltrommel verfügten die Boote auch noch über ein Akustikgerät sowie über das traditionelle mechanische Minenräumgerät.

Die sechs Boote standen nur wenige Jahre bis 1963 im Dienst der Bundesmarine und wurden zwischen 1975 und 1977 an die türkische Marine verkauft.

11.6 Minensuchboote der Klasse 340 und 341 (Schnelle Minensuchboote)

Zu den ersten Neubauten, mit denen die Bundesmarine gleich nach 1955 ihre Minensuchflottille aufbaute, gehörten auch die insgesamt dreißig als schnelle Minensucher bezeichneten Einheiten der beiden Klassen 340 und 341, wobei als einziges Unterscheidungsmerkmal zwischen den beiden Klassen lediglich die unterschiedlichen Hersteller der Antriebsdieselmotoren dienten: die zehn Einheiten der Klasse 340 erhielten je zwei unmagnetische 16-Zylinder-Dieselmotoren vom Typ 16 V 538 TB 80 mit jeweils 1.650 kW von Mercedes Benz und die zwanzig Einheiten der Klasse 341 je zwei 16-Zylinder-Dieselmotoren vom Typ MD 871 mit jeweils 1.750 kW von Maybach. Der Entwurf dieser in der bewährten Kompositbauweise gefertigten Einheiten war noch stark geprägt von dem Konzept der Räumboote, wie sie zwischen 1935 und 1945 von A+R in Lemwerder für die Kriegsmarine konzipiert und dort auch größtenteils gebaut wurden. In Fortsetzung des für diese »R-Boote« gewählten Antriebskonzeptes sollten auch einige der Boote der Klasse 340/341 ebenfalls mit dem im Krieg bewährten und erfolgreichen Zykloidalpropeller von Voith-Schneider in Heidenheim angetrieben werden, die sich insbesondere wegen ihrer präzisen Manövriereigenschaften in Minenfeldern ausgezeichnet hatten. Die hierfür vorgesehen Boote erhielten auch die für die besonderen Zuströmverhältnisse zum Voith-Schneider-Propeller (VSP) erforderliche Hinterschiffsform und zwei dieser Boote (SCHÜTZE und KREBS) wurden dann auch mit zwei VSP ausgerüstet. Sowohl wegen gestiegener akustischer, als auch wegen Forderungen, die an die amagnetischen Qualitäten gestellt und die von den Propulsoren erfüllt werden mussten, sowie wegen zu geringer Geschwindigkeit und schließlich, weil einzelne »Messer«, wie die Flügel der VSP bezeichnet werden, verloren gingen, verzichtete die Bundesmarine auf die Verwendung der Zykloidalpropeller von Voith-Schneider und rüstete sämtliche Einheiten mit dreiflügeligen amagnetischen Verstellpropellern von Escher Wyss mit einem Prop.- Durchmesser von 1,60 m aus. Dabei beließ man die Boote, deren Hinterschiffsform auf die besonderen Verhältnisse des VSP modifiziert und angepasst waren, unverändert, was sich aber nicht nachteilig auf die mit den Propellern erzielte Geschwindigkeit auswirkte. Auch, wenn die Bundesmarine das Antriebskonzept mit VSP für ihre Boote nicht mehr weiter berücksichtigte, so wussten und wissen andere Marinen wie die Royal Navy, die US Navy, die Marine Singapurs, die türkische Marine, die Marine Südkoreas sowie auch die italienische Marine den VSP aus Heidenheim sehr wohl zu schätzen und setzen ihn an Bord ihrer Minensuchboote und auch gelegentlich an Bord ihrer Marineschlepper mit großem Erfolg ein.

Die Boote der Klasse 340 und 341 wurden mit je einem Räumgenerator von 900 PS Leistung ausgerüstet. Ihre Minenräumausrüstung, die sie insbesondere zum Räumen von Magnetminen befähigte, bestand aus einem Kabel inkl. der Trommel und dem hierfür erforderlichen mechanischen Räumgerät, bestehend aus Drehkränen und Winden. Die Boote waren ursprünglich für eine Lebensdauer von 15 Jahren konzipiert; zwei Drittel dieser Boote standen dann jedoch doppelt so lange in Dienst, was ein weiteres Mal die hohe Qualität der Kompositbauweise, aber auch den hohen Leistungsstandard der Bauwerft Abeking + Rasmussen (A+R) unter Beweis stellt.

11.7 Minensucher der Klasse 393 und 394 (Binnenminensuchboote)

Mit dem Bau und der Indienststellung der 8 Boote der Klasse 393 sowie der beiden Prototypen NIOBE und HANSA dieser Klasse war die Aufbauphase der Bundes-

Schnelle Minensucher Klasse 341 mit Maybach Dieselmot., Bj. 1959 (Slg. A&R)

Binnenminensuchboot HOLNIS, Klasse 393, Bauwerft A&R, Bj. 1966 (Slg. A&R)

marine mit 64 modernen Minensuchern abgeschlossen. Der Entwurf dieser Binnenminensucher beruht auf Konzepten und Ideen, die von der Krögerwerft in Rendsburg an Bord der Prototypen NIOBE und HANSA zunächst vorbereitet und erprobt wurden. Um das geeignete Antriebskonzept für Minensucher zu ermitteln, war NIOBE mit einer Einwellen – und HANSA mit einer Zweiwellen – Antriebsanlage ausgerüstet, die dann schließlich auch für alle acht Einheiten übernommen wurde. Die unterschiedliche Klassifizierung in Klasse 393 und 394 ergibt sich ausschließlich durch die geringfügig unterschiedliche Formgebung des Rumpfes unterhalb der Schwimmwasserlinie. Die Boote der Klasse 393 erhielten für ihre Räumanlage bereits einen Gasturbogenerator mit 500 PS Leistung, bei dem es gelegentlich zu Ersatzteilmangel kam, während die Räumanlage der Klasse 394 aus einem Dieselgenerator mit 700 PS bestand. Obwohl die Boote mit 14,6 kn zu den langsamsten Nachkriegs-

booten gehörten, sind mit ihnen umfangreiche propulsionstechnische Untersuchungen mit drei-, vier– und fünfflügeligen Propellern durchgeführt worden, die nur bei dieser Minensucher-Klasse Festpropellern waren. Die Boote, die bis 1995/96 im Dienst der Bundesmarine standen, waren robust und zeichneten sich durch niedrige Betriebskosten aus.

11.8 Minenkampfboote Klasse 343 und Minenjagdboote Klasse 332

Mit den Booten der Klasse 343 und ganz besonders mit jenen der Klasse 332 wird ab 1978 eine technische Entwicklung fortgesetzt, die mit den zu Minenjagdbooten der Klasse 331 und den zu Hohlstab-Lenkbooten (d.h. den Führungsbooten) der Klasse 351 umgebauten Minensuchern Klasse 320 bereits zu Anfang der siebziger Jahre eingeleitet wurde. An Bord der Boote

Minenkampfboote

Minenjagdboot ENSDORF (M 1094), Klasse 343, Bj. 1989, Bauwerft FLW (Slg. FLW)

der Klasse 320 hatte sich das neu entwickelte Konzept der Minenjagd bewährt, mit dem die unbemannten ferngelenkten Überwasserdrohnen (TROIKA) geführt werden, die vermittels starker elektro-magnetischer Spulen Magnetfelder von Schiffen simulieren und damit die Minen mit Magnetzünder zur Detonation bringen und somit beseitigen (Simulationsräumen). Unter Beibehaltung einer fast identischen Standardplattform werden zwischen 1986 und 1991 zehn Minenkampfboote der Klasse 343 und zwischen 1992 und 1995 zunächst zehn Minenjagdboote der Klasse 332 gebaut, denen zwischen 1992 und 1998 zwei weitere Nachbauten folgten. Mit den Booten der Klasse 332 vollzieht sich der Übergang vom Simulationsräumen mit der Überwasserdrohne zur Minenjagd mit ferngelenkten Unterwasserdrohnen vom Typ PINGUIN und PAP 105 aus Frankreich. Wie dies schon beim Umbau der Klasse 320 und beim Bau der Schnellboote der Klasse 143 mit der Wahl der AEG vertragsrecht-

lich geregelt wurde, war auch für die Klasse 343 und 332 nicht eine Werft, sondern wiederum der »schiffbaufremde« Luft- und Raumfahrtkonzern VFW/MBB der Generalunternehmer, der am 30.09.1988 den Bauvertrag für die Klasse 343 unterzeichnete, nachdem er bereits am 03.07.1985 für die Klasse 332 unterschrieben hatte. Die Werften A+R, Lürssen in Bremen und die zur Lürssen-Gruppe gehörende Krögerwerft in Rendsburg als Bauwerften sowie STN-Atlas als Gerätehersteller wurden dabei als Unterlieferanten für die ARGE ausgewählt und unter Vertrag genommen.

Neue Wege beschritt man beim Bau dieser neuen Generation von Minenkampfbooten auch mit der Wahl des Bauwerkstoffes. Nach umfangreichen und sorgfältig durchgeführten vergleichenden Werkstoffanalysen von Holz, Glasfaser verstärktem Kunststoff (GFK) in »Single Skin« - oder in »Sandwich«-Bauweise und amagnetischen Stahl, entschied sich der öffentliche Auftraggeber (öAG), d.h. das BWB, für den im U-Bootbau bestens bewährten amagnetischen Stahl der Sorte 1.3964 (= X4 CrNiMnMoN 19 165) Damit gab man nach mehr als dreißig Jahren den Werkstoff Holz als Baumaterial für Minenfahrzeuge auf, das im Fall der Minenräumboote bereits seit 1929 im deutschen Kriegsschiffbau erfolgreich verwendet wurde. Neben der Benutzung des amagnetischen Stahls kamen die seit langem eingeführten und bewährten Verfahren zu Entmagnetisierung (Dipol-Kompensation) der an Bord der Boote installierten Komponenten, Geräte etc. zur Anwendung. Insbesondere die Firma MTU hat auf dem Gebiet der Entmagnetisierung ihrer Motoren den Stand dieser Technik geprägt.

Aber auch Escher Wyss hatte von Anfang an amagnetische Werkstoffe für ihre Verstellpropeller und deren Wellen an Bord der Minensuchboote der Bundesmarine verwendet. Sowohl die an Bord der Minensuch- und Minenjagdboote als auch die an Bord der U-Boote ergriffenen Maßnahmen repräsentieren gleichermaßen den hohen Standard bei den Methoden zur Entmagnetisierung, wie ihn sich die deutsche Marinetechnik seit langem erworben hat. Die Boote der Klasse 343 und 332 sind die ersten Minenkampfeinheiten, die auf ein mit Gleichstrom gespeistes Bordnetz verzichten und stattdessen – ebenso wie die übrigen Einheiten der Marine – mit einem Drehstromnetz ausgerüstet werden. Diese »verspätete« Einführung des Drehstromnetzes hat seine Ursache in der MES-Schleife der Boote, für die erst spät eine dynamische Regelung gefunden wurde, mit der auch die Drehstromnetze an Bord der Minenjagdboote kompensiert werden konnten.

Neben den umfangreichen Maßnahmen zur Minderung und Vermeidung magnetischer Signaturen sind ebenso sorgfältig durchgeführte Maßnahmen zur Reduzierung der akustischen Signaturen ergriffen worden. Wie im Marineschiffbau üblich, wurde – da wo erforderlich – der Luftschall durch schallisolierte Kapselung reduziert. Körperschall wird generell durch Verwendung von doppelt elastischer Lagerung der Geräte sowie erstmalig unter Verwendung von Beton als dämpfender Masse vermieden. Im Fall der Klasse 332 und 343 hat man für die Lagerung der Antriebsanlage eine sehr aufwendige, aber auch sehr sinnfällige Konstruktion gefunden, mit der sich die Forderung nach Isolierung des Körperschalls und der Vermeidung von Schock vereinbaren lassen: Antriebsdiesel und Getriebe eines jeden der beiden Antriebsstränge sind auf einer gemeinsamen Fundamentplatte gelagert, wobei das Getriebe starr und der Dieselmotor elastisch gelagert sind. Die Fundamentplatte ist ihrerseits doppelt elastisch und schalldämpfend mit der Schiffskörperstruktur verbunden. Hoch elastische Wellenkupplungen zwischen Dieselmotor und Getriebe einerseits sowie zwischen Getriebe und dem Drucklager andererseits stellen eine schwingungsfreie und trotzdem flexible Leistungs- und Momentenübertragung zum Propeller her. Die elastische Lagerung des Dieselmotors ist so ausgelegt, dass er Schwingungsamplituden infolge Schocklasten von 50 mm ertragen kann. Zur Reduzierung der akustischen Signaturen folgte man dem bewährten Konzept, dass ein hydrodynamisch günstiger Propeller mit hohen Wirkungsgrad auch ein »leiser« Propeller ist. Unterstützt wurde das geräuscharme und fast gänzlich kavitationsfreie Verhalten des von Escher Wyss gelieferten Verstellpropellers durch seine Rücklage (engl. »skew back«) sowie durch die Wahl eines fünfflügeligen Propellers mit erhöhtem Freischlag von 0,26 D (D = Propellerdurchmesser). Auch bei der Gestaltung der U-förmigen Wellenbockarme ließen sich schwingungs-

armes Verhalten mit günstigen Zuström-
verhältnissen zu den Propellern verbinden.
IR-Signaturen werden durch die aus dem
Schnellbootbau bewährte Unterwasserab-
gasführung gewährleistet, womit Schorn-
steine als Wärmequelle (engl. »hot spot«) in
den Aufbauten vermieden werden und die
gewonnene Decksfläche für Geräteaufstel-
lung gewonnen wird. Für den Schutz gegen
Druckminen sorgt eine weitgehende Reduzierung der Drucksignatur (Unterdruck-Si-
gnatur) des fahrenden Schiffes (Bootes) indem, die Typ- oder Standard-Verdrängung
der Boote bei ca. 500 ts limitiert bleibt.

Soweit dies erforderlich war, weisen die
Boote der Klasse 332 und 343 Elemente
einer Formgebung der Aufbauten auf, mit
denen die Radarrückstrahlung (RCS) verringert wird.

Bei der Konstruktion der Boote wurde
auf eine funktionale Zuordnung der für die
Schiffsführung wesentlichen Diensträume
geachtet, von denen aus die operationelle
Führung erfolgt. So sind insbesondere Brücke, OPZ und Funkraum durch kurze Wege
miteinander verbunden. O-Messe und
Kommandantenkammer sind auf einem
gemeinsamen Deck angeordnet. Die Boote sind mit dem bei der Deutschen Marine
inzwischen obligatorischen Dauer-Schutz-
luft-Klima (DSK) System ausgerüstet, mit
dem die Boote gefahrlos ABC-kontaminierte Seegebiete durchkreuzen können.

Für die Steuerung und Überwachung
der Antriebsanlage der Boote der Klasse
343 und 332 wird bereits Ende der achtziger Jahre – also vor Einführung des IMCS
(= Integrated Monitoring and Control System) an Bord der Fregatte Klasse 124 – ein
digitales Automationskonzept mit redun-
dantem Bussystem realisiert, um damit
das Bordpersonal zu entlasten. Das hierfür
entwickelte und eingesetzte Rechnersys-
tem besteht bereits aus 12 dezentralen
Rechnern.

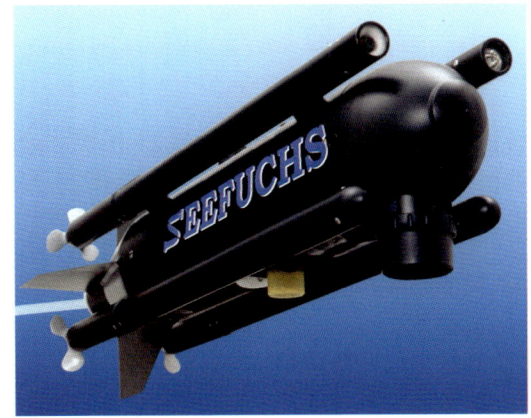

Unterwasserdrohne SEEFUCHS, Atlas Elektronik
(Slg. Atlas Elektronik)

11.9 Besonderheiten und Modifi-
kationen der Klasse 343

Die Boote der Klasse 343 wurden als
»Schnelle Minensucher« eingesetzt, die
mit den herkömmlichen mechanischen und
elektromagnetischen Räumgeräten Minen
unschädlich machten. Hierfür wurden die
Boote mit MTU-Dieselmotoren des amagnetischen Typs 16 V 538 TB81 mit einer
Leistung von 2.250 kW ausgestattet. Zwischen 2000 und 2001 wurden fünf Boote
der Klasse 343 zu Lenkbooten der Klasse
352 für das ferngelenkte Minenräumsystem
TROIKA umgebaut, das sie zu diesem Zeitpunkt von den außer Dienst zu stellenden
Booten der Klasse 351 übernahmen. Die
übrigen fünf Einheiten der Klasse 343 wurden bereits zwischen 1999 und 2001zu Minenjagdbooten der Klasse 333 umgerüstet,
die mit dem SEEFUCHS eine neue Generation von Minenjagd-Drohnen an Bord nahmen. Die Boote der Klasse 333 bekamen
bis zu zehn Drohnen vom Typ SEEFUCHS
I (I = Identification), mit denen Minen identifiziert wurden, und zusätzlich noch bis zu
dreißig Drohnen des Typs SEEFUCHS C (C
= Combatversion), mit denen die detektier-

Drahtgelenkte Unterwasserdrohne PINGUIN B3 von STN/Atlas (Slg. Atlas Elektronik)

ten Minen zur Explosion gebracht wurden. Mit dem SEEFUCHS C erhielt die Marine erstmals eine Drohne, die sich mit der Mine – sei es nun eine Grund- oder Ankertaumine – zusammen selbst zerstört. Einerseits wurde damit bei der Minenabwehr das wünschenswerte Prinzip »fire and forget« eingeführt und andererseits führt das auch zur sofortigen Zerstörung jeder entdeckten Mine. Somit wird auch die herkömmliche Ankertaumine (ATM) sofort durch die Sprengung zur Selbstzerstörung gebracht und schwimmt nicht mehr – wie bisher – als unberechenbare Treibmine auf.

11.10 Besonderheiten der Klasse 332

Die drahtgelenkte Unterwasserdrohne vom Typ PINGUIN B3 von STN Atlas – seit 2003: Atlas Elektronik, früher VFW/MBB, davor Krupp Atlas-Elektronik –, die von dem Minenjagdboot der Klasse 332 erstmals an Bord genommen wurde, setzt den Weg zur Minenjagd fort, der bereits mit der französischen Drohne vom Typ PAP 105 an Bord der Klasse 331 eingeschlagen wurde. Mit PAP 105 und PIGUIN B3 werden sowohl Grund- als auch Ankertaumi-

nen bekämpft und unschädlich gemacht. Dabei kann PINGUIN B3 mit seinen zwei Sprengladungen erstmals im Verlauf eines Einsatzes zwei Minen gleichzeitig bekämpfen. Hierfür werden die Boote mit der Minenjagdführungsanlage SATAM (System zur Auswertung und Darstellung taktischer Daten im Minenkampf) ausgerüstet, die das Herzstück des Minenjagdsystems darstellt. SATAM übernimmt dabei eine ähnliche Bedeutung wie das FÜWES an Bord der Fregatte Klasse 124. Auch mit dem SATAM werden der »Effektor« PINGUIN B3 mit dem »Sensor« Minensonar DSQS - 11 M von Krupp Atlas sowie mit dem Navigationsgerät des Bootes zu einem integrierten Minenjagdsystem zusammengeschlossen. Da es sich bei dem Gegner des Minenjagdbootes aber nicht um Flugkörper oder Flugzeuge mit Überschallgeschwindigkeit, sondern um stationär abgelegte oder kaum bewegliche Grundminen oder um Ankertauminen handelt, die am Meeresboden befestigt sind, entfällt die bei FüWES erforderliche aufwendige dezentrale Datenverteilung unter Echtzeitbedingung. Vielmehr erfolgt die Abwehr der Minen, d.h. ihre Beseitigung,weitaus weniger eilbedürftig. Das Sonargerät lokalisiert die Mine und SATAM speichert, dokumentiert, wertet die Daten aus und stellt sie dem Operator an Bord des Minenjagdbootes zur Verfügung, der damit die Drohne zu dem Kontakt geleitet und die Mine aus sicherer Entfernung mit der vorher von ihr abgelegten Sprengladung zur Explosion bringt.

Die Boote sind mit zwei amagnetischen Antriebs-Dieselmotoren des Typs MTU 16 V 396 TB 91 ausgerüstet (s. Tafel 15). Nur die Minenjagdboote der Klasse 332 sind mit einem im U-Bootbau schon seit langem erprobten Schleichfahrt-E-Motor ausgerüstet, der über einen Keilriemen an das Getriebe jedes der beiden Antriebsmotoren angeschlossen ist und somit absolute Geräuscharmut bei Schleichfahrt ermöglicht. Die Minenjagdboote sind mit sog. FLETTNER-Hochleistungsrudern ausgerüstet, die auch bei langsamer Schleichfahrt sicher durch Minenfelder manövrieren, ohne dabei verräterische Strömungsgeräusche zu erzeugen.

Die Minenjagdboote der Deutschen Marine haben sich nicht nur in den Seegebieten von Nord- und Ostsee, wie z.B. anlässlich von Minenräumaktionen vor der Küste der baltischen Staaten im Rahmen der Manöver »Partnership for Peace« bewährt, sondern konnten ihre Seefähigkeit und ihre Effizienz beim Minenjagen auch bei NATO-Manövern vor den Küsten Großbritanniens, Irlands und den Niederlanden unter Beweis stellen. Unter klimatisch schwierigen Bedingungen beteiligten sich deutsche Minensuchverbände 1991 im Persischen Golf maßgeblich an den multinationalen Minenräumeinsätzen, die im Auftrag der Vereinten Nationen und unter der Führung der WEU durchgeführt wurden. Insgesamt 1400 Minen wurden dabei beseitigt, um so den Seeweg in das befreite Kuwait wieder für die internationale Seeschiffahrt zu öffnen.

11.11 Export von Minenkampfbooten durch deutsche Werften

Die starke Betonung der deutschen Marinerüstung auf dem Gebiet der Minenabwehr während des Kalten Krieges resultierte aus der geopolitischen Lage der Bundesrepublik Deutschland an den Meerengen zwischen Nord- und Ostsee, die den massierten Einsatz von Fahrzeugen zur Minenabwehr begünstigten und zwingend erforderlich machten. Für viele Marinen in Übersee sind diese Voraussetzungen nicht gegeben, so dass wenig Bedarf vorliegt und somit die Zahl der Marinen, die über-

Land	Werft	Anz. (Liz.)	Baujahr	Dpl. [t]	Lng. [m]	Antriebsanlg. Vortr./Hersteller	Lstg. [MW]	Geschw. [kn]	Minensuchgerät	Wstff
Brasilien	A + R	6	71 / 76	230	47,2	4x Mayb-DM VPP/EscherWys	3,3	17,0	Sonar DSQS-11	Kompositbauweise
Südafrika	A + R	4	81	380	48,0	2x MTU12 V 652 VSP	3,32	16,0	2x PAP104	Stahl
Thailand	FLW	2	87	440	49,1	2x MTU12 V 396 VPP, KaMeWa	2,3	17,0	Sonar DSQS-11	Kompositbauweise
Türkei	A + R	1 (5)	03	715	54,5	2x MTU8 V 396	4,1	22,0	2x PAP104	Stahl

Tabelle 21: Minenkampfboote, Exporte deutscher Werften

haupt als Kunden für derartige Fahrzeuge in Frage kommen, gering bleibt. Insgesamt sind es vier Marinen, die Neubauten von Minensuchbooten seit frühestens 1970 in Deutschland in Auftrag gaben:

- In der Zeit von 1971–1976 baute Abeking und Rasmussen (A+R) in Bremen für die brasilianische Marine 6 Küstenminensuchboote, die als Nachbauten der deutschen SCHÜTZE-Klasse (Klasse 341) apostrophiert werden, wenngleich sie sich in den Hauptabmessungen, der Antriebsanlage und in ihren Ausrüstungen unterscheiden. Die in Kompositbauweise gefertigten Boote, die sich auch nach über dreißig Jahren bei der brasilianischen Marine in Dienst befinden, verfügen über mechanisches, magnetisches und akustisches Suchgerät.
- 1981 lieferte A+R zwei Forschungsschiffe an Südafrika, von denen zwei weitere aus amagnetischem Stahl bei Sandrock Austral in Durban in Südafrika in Lizenz gebaut wurden. 1988 wurden diese vier Boote zu Minenjagdbooten umgebaut und wurden mit der französischen Drohne PAP 104 zur Vernichtung von Minen ausgestattet. Die mit zwei Dieselmotoren des Typs MTU 12 V 652 TB81 ausgerüsteten Boote erhielten je zwei Zykloidalpropeller von Voith-Schneider (VSP) in Heidenheim.
- 1987 lieferte die Friedrich Lürssen Werft (FLW) zwei Minenjagdboote an Thailand, die in Kompositbauweise gefertigt wurden, wobei für Spanten und Träger amagnetischer Stahl und für die Beplankung Holz als Werkstoff gewählt wurde. Für die Schleichfahrt erhielten die Boote je Welle einen am Getriebe angehängten E-Motor, der maximal eine Geschwindigkeit von 7,0 kn ermöglichte! Die Schiffe sind

jeweils mit zwei Verstellpropellern von KaMeWa ausgerüstet. Die Minenjagdeinrichtung der Boote besteht aus einem Kielsonar vom Typ DSQS-11H sowie einer Dekompressionskammer (Taucherdruckkammer) der Firma Dreger in Lübeck für Minentaucher, die Sprengladungen in der Nähe der von dem Sonar georteten Mine ablegen und in sicherem Abstand zur Detonation bringen. Im Übrigen verfügen die Boote auch weiterhin über mechanisches, magnetisches und akustisches Minenräumgerät, mit dem sie das Simulationsräumen durchführen.

- 1999 schlossen ein Konsortium, bestehend aus der Friedr. Lürssen Werft und A&R als Federführer mit der türkischen Marine (TN – Turkish Navy) einen Vertrag zum Bau eines Minenjagdfahrzeuges bei A+R in Bremen sowie fünf weiterer Lizenz-Nachbauten auf der Pendik Naval Shipyard in Istanbul, wobei Engineering und Materiallieferungen, sog. Materialpakete, aus Deutschland gestellt werden. Das unter der Typbezeichnung MHV 54 - 014 entwickelte Küsten-Minenjagd- und Suchboot (MHSC – Minehunter-Sweeper, Coastal) lehnt sich sehr stark an das Minenjagdboot der Klasse 332 an, allerdings mit einigen nicht unwesentlichen Modifikationen. Bei fast identischen Hauptabmessungen, gleichen amagnetischem Schiffbaustahl und gleicher Antriebsanlage mit zwei Dieselmotoren vom Typ MTU 8 V 396 TB84 besteht die Vortriebsanlage aus zwei Zykloidalpropellern (VSP) der Firma Voith-Schneider. Zur Verbesserung ihrer Manövrierfähigkeit sind die türkischen Minenjagdboote zusätzlich mit einem Bugstrahlruder ausgerüstet. Auch bei den Einrichtungen zur Minenjagd mit einem Minenjagd-Sonar vom

Minenjagdboot, Typ MHV 54–014, Bauwerft A&R, feierliche Übergabe an die TN im Jahre 2003 (Slg. A&R)

Typ 2093 von Thomsen Marconi, zwei Drohnen vom Typ PAP 104 sowie dem zusätzlich an Bord gegebenen mechanischen Minensuchgerät unterscheidet sich diese Exportversion von der Klasse 332 der Deutschen Marine.

Neben Minenkampfboote, die sie über reguläre Neubauverträge erwarben, erhielten eine Reihe von ausländischen Marinen im Rahmen von Regierungsabkommen von der deutschen Bundesregierung Minenabwehrfahrzeuge, für die die Deutsche Marine keine Verwendung mehr hatte. Auf Grund ihrer besonderen regionalen Verhältnisse in der Ostsee, die den deutschen sehr ähnlich sind, hatten insbesondere die baltischen Staaten großen Bedarf an Minenabwehrfahrzeugen. Diese Staaten standen nach dem Erreichen ihrer Unabhängigkeit zu Anfang der neunziger Jahre vor der Notwendigkeit, die noch aus den Tagen des 2. Weltkriegs stark verminten Seegebiete vor ihren Küsten zu räumen. Im Rahmen der Initiative von Partnership for Peace der NATO beteiligte sich die Deutsche Marine einerseits mit ihren Minenjagdbooten am Räumen der verminten Seegebiete vor den Küsten des Baltikums und andererseits erwarben sich diese Staaten bereits vor ihrer Mitgliedschaft in der NATO Minenabwehrfahrzeuge der Deutschen Marine. Aber auch Minenabwehrfahrzeuge der ehemaligen DDR fanden auf diese Weise weitere Verwendung; so erhielt Lettland im Zuge dieser Vereinbarungen zwei Minensuchboote des Typs KONDOR II aus den Beständen der ehem. Volksmarine, die am

Tag der Wiedervereinigung in den Besitz der Bundesmarine übergegangen waren. Aber auch außereuropäische Staaten erhielten gebrauchte Minenabwehrschiffe, sowohl aus den Beständen der Bundesmarine als auch aus jenen der Volksmarine (s. Tabelle 18).

Einen besonders bemerkenswerten Exporterfolg konnte die Firma Voith-Schneider in Heidenheim in den Jahren 1991–1997 verbuchen, als sie die US Navy mit 24 VSP für 12 Minenjagdboote des Typs OSPREY belieferte. Jede dieser Vortriebsanlagen übertrug eine Leistung von 1.175 kW; der Auftrag unterstrich, wie sehr die in den zwanziger Jahren in Deutschland geborene Idee, Minenkampfboote mit dem Zykloidalpropeller von Voith-Schneider auszustatten, auch noch beim Wechsel vom 20. zum 21. Jahrhundert überzeugte.

Tabelle 22: Im Zuge von Regierungsabkommen abgegebene Minenkampfboote der Bundesmarine und der ehemaligen Volksmarine

Empfängerland	Klasse Name, Typ	Anz.	Jahr d. Übergabe	Bemerkung
Estland	Kl. 394 FRAUENLOB	2	1997	
	Kl. 331 LINDAU	2	2000	
Lettland	Kl. 331 VÖLKLINGEN	1	1999	GÖTTINGEN zur Ersatzteilbeschaffung
	Typ KONDOR II	2	1993	Boot d. ehem. Volksmarine
Südafrika	Kl. 351	2	2000	Jedes Boot mit 3x TROIKA

12. Tender und Versorgungsschiffe

Die durch den 1. und vor allen Dingen auch durch den 2. Weltkrieg ausgelösten technischen Entwicklungen in der Marinetechnik führten zu einer beständig wachsenden Bedeutung dessen, was mit dem Sammelbegriff Logistik definiert wird, womit die umfassende Unterstützung und Versorgung der Streitkräfte mit Munition, Treib- und Verbrauchsstoffen, Proviant, Ersatzteilen etc., kurz mit Gütern aller Art, umschrieben wird. Hierfür stellten die Alliierten im 2. Weltkrieg große Transportflotten in Dienst, mit denen die kämpfenden Einheiten mit allen erforderlichen Gütern versorgt wurden. Ohne diese Unterstützung wären die kriegsentscheidenden Operationen der USA und ihrer Verbündeten im Pazifik, im Atlantik sowie im Mittelmeer während des 2. Weltkriegs nicht durchführbar gewesen. Dagegen war das Deutsche Reich gezwungen, Kampfhandlungen mit Überwasser-Kriegsschiffen im Atlantik und entfernteren Seegebieten größtenteils einzustellen,

nachdem es den Briten bereits im Jahre 1941 mit Hilfe der Entschlüsselung des deutschen Geheimcodes HYDRA gelungen war, sämtliche im Atlantik dislozierten deutschen Versorgungsschiffe zu versenken. Obwohl den Alliierten eine große Zahl weltweit verteilter Stützpunkte zur Verfügung stand, waren sie bei der Überwindung der großen Entfernungen in den zugewiesenen Operationsgebieten auf die von ihnen perfektionierte Seeversorgung (engl. RAS – Replenishment at Sea) angewiesen, wobei der Versorgung mit Kraftstoff besondere Bedeutung zukam. Zu Anfang und noch während des 2. Weltkriegs praktizierten alle Flotten bei Kraftstoff- und Treibölübernahme die Bug-zu-Heck-Beölung, bei der das übernehmende Kriegsschiff – seitlich versetzt – dem übergebenden Versorgungsschiff folgt. Bis in die Gegenwart des 21. Jahrhunderts kommt aber auch das früher häufig gebräuchliche Heck-zu-Heck-Verfahren zur Anwendung, bei dem sowohl

RAS-Operation um 1946, Flugzeugträger USS LEYTE (CVS 32), Tanker (Klaus-Dieter Schach)

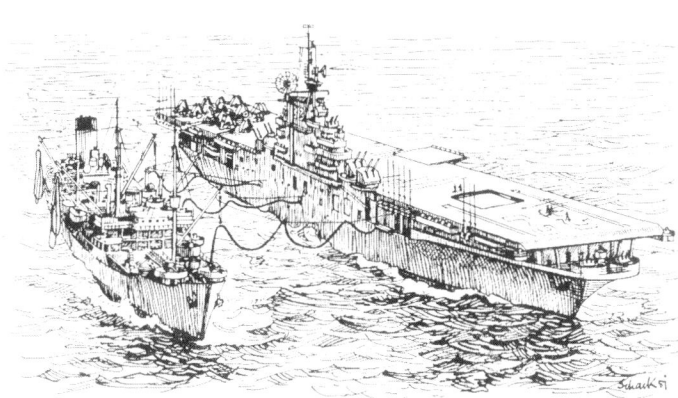

die Kraftstoffabgabe als auch die -übernahme jeweils über das Heck der beteiligten Schiffe erfolgt. Gegen Ende des Krieges im Pazifik im Jahre 1945 hatte die US Navy die Seeversorgung ihrer großen Flottenverbände (Task Forces) technisch so weit organisiert und perfektioniert, dass es ihr möglich wurde, ohne Unterbrechung 91 (!) Tage in See zu bleiben, während die sie begleitende Fernost-Flotte der Royal Navy nach 32 Tagen für 7 Tage ihre Stützpunkte für Wartungs- und Instandsetzungsarbeiten anlaufen musste, um dann nach weiteren 25 Tagen endgültig zur Überholung ihre Stützpunkte in Australien, Neuseeland und Großbritannien aufzusuchen.

Somit hatte die US Navy bei Kriegsende insbesondere die Technik der Querversorgung für feste und flüssige Güter perfektioniert, was dann sehr bald alle NATO-Marinen übernahmen. Die hierfür entwickelten und daraus abgeleiteten Verfahren sind:

a) Das »Hochleinen-Verfahren« für die Übergabe von Personal und Lasten (heutzutage Paletten) bis zu 2 t, bei der mit der Hochleine die Last getragen und mit der Zugleine der Quertransport von Schiff zu Schiff über Winden oder von Hand (im Fall von Personentransport) durchgeführt wird.

b) Das »Spanntrossen-Verfahren« für die gleichzeitige Übernahme von Wasser und Kraftstoff, bei der die Spanntrosse über Konstantzugwinde gespannt gehalten wird, unter der die Wasser- und die Kraftstoff-Schläuche von Schlauchsättel geführt werden und so den Bewegungen der Schiffe kräftefrei folgen.

c) Die »Nah-Methode« setzt die Deutsche Marine für die Kraftstoff-Versorgung ihrer kleineren Einheiten ein, bei denen ein Kraftstoffschlauch über Schlauchsättel und Sattelleinen, die am Ladebaum befestigt sind, geführt wird.

d) Das (veraltete) Verfahren »Großer Ladebaum«, das die Deutsche Marine früher bevorzugt für die Kraftstoff- und Wasserversorgung ihrer Fregatten einsetzte. Mit Hilfe von zwei Ladebäumen auf den Versorgern werden – vergleichbar der Nah-Methode – zwei Schiffe versorgt.

Mit ihrer Gründung im Jahre 1956 übernahm die deutsche Bundesmarine die Technik und auch die Vorschriften zur Seeversorgung, wie sie die US Navy im Verlauf des 2. Weltkriegs entwickelt und in den ATP (Allied Tactical Procedures) niedergelegt hatte. Die für die Bundesmarine hierbei neu

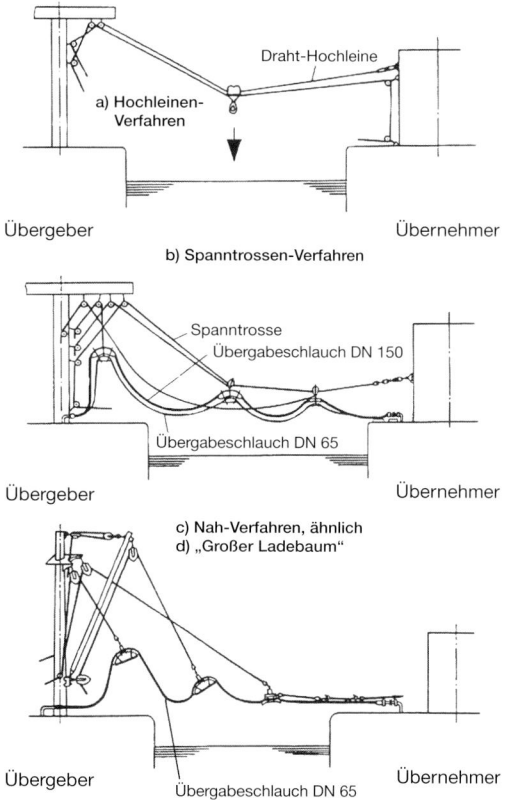

RAS-Verfahren, Nato-Manuals

a) Hochleinen-Verfahren

Draht-Hochleine

Übergeber · Übernehmer

b) Spanntrossen-Verfahren

Spanntrosse
Übergabeschlauch DN 150
Übergabeschlauch DN 65

Übergeber · Übernehmer

c) Nah-Verfahren, ähnlich
d) „Großer Ladebaum"

Übergeber · Übergabeschlauch DN 65 · Übernehmer

eingeführte Querversorgung wird von den NATO-Marinen üblicherweise bis zu Seegang 5 durchgeführt, bei dem Wellenhöhen zwischen 2,6 m und 4,0 m beobachtet werden, deren statistischer Mittelwert bei 3,25 m liegt. Der sowjetischen Marine, die mit größter Aufmerksamkeit die Flottenoperationen der NATO auf den freien Weltmeeren beobachtete und analysierte, gelang es erst ab ca. Mitte der 1970er-Jahre, die technisch und auch navigatorisch schwierige Aufgabe der Querversorgung bei Fahrt in der offenen See zu beherrschen und routinemäßig zu praktizieren. Neben den verschiedenen Verfahren bei Quer- sowie der Bug-Heck, resp. Heck-Heck-Versorgung setzen die Marinen ihre an Bord ihrer Schiffe stationierten Bordhubschrauber für das Vertical Replenishment – VERTREP – ein, die Personen und/oder feste Güter auf dem Hubschrauberlandedeck oder an hierfür geeigneten Punkten des zu versorgenden Schiffes absetzen.

12.1 Die Tender der Klassen 401, 402 und 403

Obwohl die Wagner-Denkschrift keine Angaben über die Größe und die Art der Schiffsklassen der Versorgungsflottille machte, stellte der Bundeshaushalt im Jahre 1955 sofort einen Betrag von 390,5 Mio. DM für die Beschaffung von »Hilfsschiffen« ein. Dem Trossschiffverband, wie die heutige Versorgungsflottille bis zum 1. Januar 1967 genannt wurde, gehörten folgende Schiffstypen an:

- Tender
- Transportschiffe
- Munitionstransporter
- Tanker
- Werkstattschiffe
- Schlepper
- Wasserfahrzeuge

Diese Schiffe, wie z.B. die Tanker, liefen zunächst nicht als Marineschiffe, sondern als zivile Handelsschiffe vom Stapel und wurden erst später von der Marine erworben und als Hilfsschiffe in Dienst gestellt. Die wesentlichen Versorgungsgüter, die mit dem Transportschiffverband transportiert werden, lassen sich in folgende Kategorien aufteilen:

- Kraftstoff
- Munition
- Proviant
- Ersatzteile

Unter den besonderen Bedingungen des Kalten Krieges, wie er sich bis zum Jahr 1955 entwickelt hatte, bestand die Aufgabenstellung des Trossschiffverbandes in der Herstellung dessen, was unter dem Begriff »Stützpunktunabhängigkeit« für die schwimmenden Einheiten der Bundesmarine zusammengefasst wird. Die so formulierte Forderung ergab sich auch aus der geographischen Lage der westdeutschen Marinestützpunkte, die in ihrer Gesamtheit durch die Atomwaffen des Ostblocks bedroht waren. Unter Berücksichtigung der Vorgaben, wie sie der Bundesmarine durch die NATO gemacht wurden, und mit Rücksicht auf entsprechend gute Erfahrungen, wie man sie im 2. Weltkrieg gesammelt hatte, entschlossen sich Marine und BWB, ab 1959 zunächst eine Serie von insgesamt 13 – als Tender klassifizierte – Einheiten auf Stapel zu legen, die – aufgeteilt in drei Klassen – zur logistischen Betreuung der Schnellboote (Klasse 401), der Minensucher (Klasse 402) und der U-Boote (Klasse 403) eingesetzt wurden. Bereits im 2. Weltkrieg hatten sich in Nord- und Ostsee stationierte Schiffe, vergleichbar den Tendern, bewährt, die als Begleitschiffe klassifiziert wurden und aus denen sich ebenfalls Schnellboote, U-Boote und Minensucher versorgten. Damals

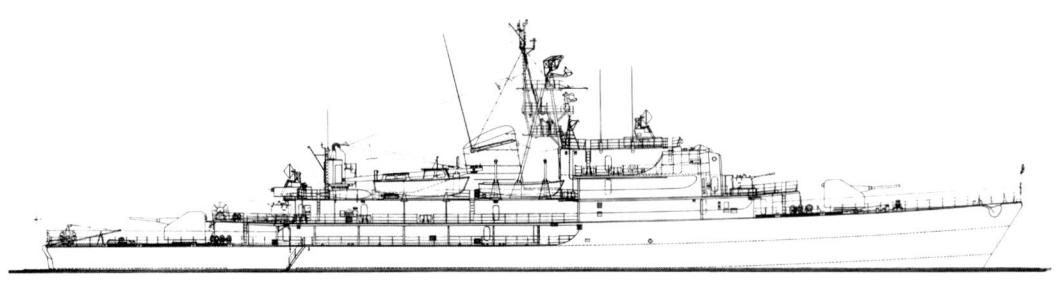

Tender Klasse 401, Generalplan, Baujahr 1961–1964 (Slg. B+V)

wie heute dienen diese Begleitschiffe oder Tender aber auch als Unterkunft für die Besatzungen der Boote, für deren Versorgung sie eingesetzt sind, sobald sie gleichzeitig in ihrem Stützpunkt liegen. Auch die Versorgung der Boote durch die Tender wird größtenteils in Stützpunkten, Häfen oder geschützten Buchten durchgeführt; wenn allerdings erforderlich, sind auch die Tender in der Lage, sowohl Querversorgung als auch die bei schlechten Witterungsverhältnissen immer noch gebräuchliche Heck-Heck- oder Heck-Bug-Versorgung durchzuführen.

Die Tender der Klassen 401, 402 und 403 führten zwar die NATO-Kennung »A« für »Auxiliary Ship« (Hilfsschiff), verfügten aber dennoch über eine stattliche Rohrbewaffnung und Sensorausstattung, die sogar ein Sonargerät einschloss! Somit unterschieden sie sich wesentlich von den übrigen Versorgungsschiffen und unterstanden auch nicht dem Trossschiffverband (heute Versorgungsflottille), sondern waren integrierter Bestandteil der jeweiligen Flottille bzw. des Geschwaders, dessen Boote sie zu versorgen hatten. Somit waren die Tender auch in der Lage, den ihnen anvertrauten Booten in ihre Einsatzgebiete zu folgen, was von Ihnen sowohl Kampf- als auch Standkraft erforderte. Dieser Umstand erklärt dann auch, warum die Tender neben

einem kompletten ABC-Schutz und starker Rohrbewaffnung auch über umfangreiche Sensorausstattung verfügten! Allein ihre Aufnahmekapazitäten für Besatzungen und Versorgungsgüter sowie ihre maximale Geschwindigkeit von nur 22,5 kn erinnern daran, dass es sich bei den Tendern um Hilfsschiffe handelte.

Die Tender wurden aus höher festem Stahl (St 52 mit einer Bruchfestigkeit von 52 kp/mm²) und die Aufbauten – der damaligen Praxis beim Bau von Überwasser-Marineschiffen folgend – aus Aluminium gefertigt. Von den insgesamt 13 Tendern erhielten die 3 Einheiten der Klasse 402 und die 2 Einheiten der Klasse 403 eine dieselelektrische Antriebsanlage, während die übrigen 8 Einheiten der Klasse 401 mit Dieselmotoren und mechanischem Getriebe ausgerüstet wurden. Unabhängig davon, ob die Tender elektrisch oder über mechanische Getriebe angetrieben wurden, bestand jede Antriebsanlage der Tender aus jeweils sechs Maybach-Dieselmotoren des Typs MD 871 (16 Zyl. 2.400 PS, 1.800 U/min, 5,7 t), von denen an Bord der Klasse 401 je drei über ein Sammelgetriebe auf eine der beiden Wellen geschaltet waren. Es muss als Zeichen der Innovationsbereitschaft von BWB und Bundesmarine bewertet werden, dass sie sich bereits gegen Ende der fünfziger Jahre für Verstellpropeller als Propulsor für diese Schiffe entschieden. Von den acht Einheiten der Klasse 401 erhielten sechs Schiffe KaMeWa – und zwei Schiffe (RUHR und NECKAR) wurden mit Escher-Wyss-Verstellpropeller (drei Flügel und 2,40 m°) ausgerüstet. Die 5 mit dieselelektrischem Antrieb ausgerüsteten Tender der Klassen 402 und 403 erhielten Festpropeller (5 Flügel; 2,30 m°). Ihrem Einsatzprofil als Versorger entsprechend, fiel die E-Anlage an Bord der Tender mit insgesamt 5 Dieselgeneratoren zu je 405 kW/450 kVA Leistung relativ groß aus. Diese E-Leistung der Tender wird über zwei Schalttafeln, die in zwei getrennten Fahrständen aufgestellt sind, verteilt.

Als letztes Schiff ihrer Klasse wurde im Jahre 1964 die DONAU in Dienst gestellt, die sich auch nach vierzig Jahren noch im Dienst der Deutschen Marine befand. Somit prägten die Tender über mehr als 40 Jahre das Gesicht der Bundesmarine, von denen schließlich auch noch insgesamt 5 Einheiten (ELBE, RUHR, WESER, DONAU, MAIN) an die NATO-Mitgliedstaaten Griechenland und Türkei abgegeben wurden, wo sie z.T. noch ihr fünfzigjähriges Dienstjubiläum begehen konnten.

12.2 Kleiner Versorger Klasse 701

Das ca. 40 Schiffe umfassende »Hilfsschiff-Neubauprogramm«, das unmittelbar nach 1956 mit dem Bau der insgesamt 13 Tender eingeleitet wurde, setzte die Marineführung 1965 mit dem Bau von acht kleinen Versorgern der Klasse 701 fort. Zu diesem Zeitpunkt bestand noch die Absicht, später neben den »Kleinen Versorgern« von ca. 3.500 t Verdrängung auch noch vier »Große Versorger« mit einer Verdrängung von 6.000 t in Dienst zu stellen, wozu es allerdings wegen inzwischen eingeleiteter Sparmaßnahmen nicht mehr kam.

Waren die Tender direkt in die U-Boot-, Schnellboot- und Minensuchflottillen integriert, so wurden die Versorger der Klasse 701, wie auch alle übrigen Versorgungs- und Transportschiffe, in dem »Trossschiffverband« zusammengefasst, der später in »Versorgungsflottille« umbenannt wurde, die ca. 20.000 verschiedene Versorgungsgüter verwaltete und verteilte. Die Versorgungsflottille steht sämtlichen Einheiten der Deutschen Marine zur Verfügung und begleitet sie auch außerhalb von Nord- und Ostsee in außereuropäische Gewässer. Die zwischen 1959 und 1962 gebauten Versorger der Klasse 701 nehmen alle erforderlichen Ausrüstungen an Bord, um sowohl verschiedene Arten der Querversorgung als auch Bug- und Heck- sowie Heck-zu-Heck-Versorgung auszuführen. Die Ladekapazität der Klasse liegt bei 1.100 t. Die Schiffe transportieren sowohl das früher für Schiffe mit Dampfturbinenantrieb benötigte Heizöl als auch Dieselkraftstoff und Frischwasser, ebenso Munition, Proviant und insbesondere Ersatzteile sowie andere trockene Versorgungsgüter aller Art.

Mitte der siebziger Jahre, als man das Projekt eines großen Versorgers aufgegeben hatte, verabschiedete man sich auch von dem Konzept der Zuständigkeit der Kleinen Versorger Klasse 701 für alle schwimmenden Einheiten der Bundesmarine und unterstellte sie – wie auch die Tender – ausgewählten Neubauten der Flotte. So wurden die Versorger den Schnellbooten der Klasse 143, den Minenkampfbooten, den umgebauten Zerstörern der Klasse 101 sowie den in den USA gebauten Zerstörern (DDG's) der LÜTJENS-Klasse zugeordnet. Der Versorger FREIBURG wurde ausschließlich für die Bevorratung

Nächste Doppelseite: Versorger, Klasse 701, FREIBURG, Bauwerft Blohm + Voss AG, 1968 (Slg. B+V)

mit Ersatzteilen für die damals der Flotte neu zulaufenden Fregatten der Klasse 122 (BREMEN) umgebaut. Im Zuge dieser Maßnahmen erfolgte auch die Aufteilung der Versorgungsflottille in zwei Geschwader.

Verbunden mit diesen taktischen und organisatorischen Veränderungen war auch die Verlängerung von fünf der insgesamt acht Einheiten der Klasse 701; so wurden vier Einheiten um ca. 10 m und ein Schiff, die FREIBURG, wurde sogar um 14 m verlängert; nur den übrigen drei Einheiten wurde die ursprüngliche Länge von 104 m über alles belassen. Die Verlängerungen der Schiffe wurden erforderlich, um Stauraum für Flugkörper, drahtgelenkte Torpedos und 76-mm-Munition zu erhalten, welche die Bundesmarine inzwischen erworben und an Bord ihrer Schiffe eingeführt hatte. Als einziges Schiff ihrer Klasse erhielt der Kleine Versorger FREIBURG ein Landedeck im Bereich seines Hinterschiffes zur Aufnahme eines Hubschraubers. Mit der Zuordnung der Kleinen Versorger zu ausgewählten Kampfschiffen ließ sich eine Beschränkung der bevorrateten Ersatzteile und Versorgungsgüter auf 16.000 Positionen erreichen! Trotz der vorgenommenen Spezialisierung bei der Versorgung für ausgewählte Schiffstypen, blieb den Kleinen Versorgern die flexible Bevorratung mit Verbrauchsstoffen, Munition, Proviant etc., wie sie alle schwimmenden Einheiten der Bundesmarine benötigen, erhalten. Mit den eingeleiteten Modernisierungen wurde auch die EDV-gestützte Logistik ab 1972 an Bord der Versorger der Kl. 701 eingeführt.

Die Schiffslinien der Klasse 701 mit Knickspanten im Vorschiff wurden von dem Entwurfsbüro Meierform GmbH in Bremen entworfen, mit denen ein besonders gutes Seeverhalten – insbesondere bei RAS-Operationen – ermöglicht wurde. Zudem erhielten die Schiffe Stabilisationsflossen, mit denen sich Rollwinkel im Seegang um max.

90 % reduzieren ließen, was gleichermaßen die Seeversorgung (RAS) unterstützte. Um den hohen Anforderungen, die an das Manövrierverhalten der Versorger bei den verschiedenen Operationen zur Seeversorgung gestellt werden, zu genügen, wurden die Schiffe mit Bugstrahlruder ausgerüstet und die Mittelruder wurden nachträglich durch Doppelruder ersetzt.

Wegen damit verbundener Gewichtsvorteile, d.h. um damit Gewichtseinsparung zu erzielen, wurden die Schiffe der Kl. 701 aus höher festem Stahl St 52 gefertigt und die Aufbauten – wie damals noch häufig üblich – aus Leichtmetall, d.h. aus Aluminium. Die Antriebsanlage der Schiffe bestand aus zwei 16 Zylinder Maybach-Dieselmotoren MD 871 mit jeweils 2.800 PS (2060 kW), ca. 1.700 U/min und mit einem Gewicht von 5,7 t, die jeweils über ein Getriebe und eine Welle mit Verstellpropeller von Escher Wyss (2,60 m°) geschaltet sind. Die Drehstrom-Hilfsanlage bestand aus vier Dieselgeneratoren zu je 550 PS (360 kW/ 450 kVA) und einem Notdiesel 185 PS/ 135 kW (108 kW/135 kVA). Die Schiffe verfügten über MES (Magnetischer Eigenschutz). Die Bewaffnung der Schiffe, bestehend aus 4 x 40 mm Rohrwaffen, befand sich nicht fortwährend an Bord, sondern wurde in Friedenszeiten nur aus Anlass von Seemanövern an Bord genommen und war im Übrigen nur für den Mobilmachungsfall, d.h. den Konflikt- und Verteidigungsfall, vorgesehen.

Bis auf zwei Einheiten (COBURG, SAARBURG), die im Jahre 1994 als AXIOS und ALIAKMON von der griechischen Marine (Hellenic Navy) in Dienst gestellt wurden, sind alle Einheiten der Klasse 701 verschrottet und in den Jahren 2001 und 2002 durch zwei große Einsatzgruppenversorger (EGV's) ersetzt worden, denen bis 2010 noch ein drittes Schwesterschiff mit der Option für ein viertes folgen wird.

12.3 Die Munitionstransporter der Kl. 760 und die Minentransporter der Kl. 762

Sowohl die Munitions- als auch die Minentransporter waren bereits 1959 in das sog. »Hilfsschiffprogramm« aufgenommen und geplant. In der Mitte der sechziger Jahre erstellte daraufhin die Stülckenwerft in Hamburg in Zusammenarbeit mit dem Schiffbaukonstruktionsbüro Meierform GmbH in Bremen den Entwurf für die beiden Minentransporter der Klasse 762, die dann bei der Werft Blohm + Voss, die Stülcken 1966 übernommen hatte,1966 und 1967 als SACHSENWALD und STEIGERWALD vom Stapel liefen. Die den Minentransportern der Klasse 762 in ihrem Erscheinungsbild und in ihren Abmessungen ähnlichen Munitionstransporter WESTERWALD und ODENWALD der Kl. 760 wurden bei Orenstein und Koppel in Lübeck gebaut und 1967 in Dienst gestellt.

Entsprechend der damaligen Entwurfspraxis erhielten die aus normal festem Schiffbaustahl gefertigten Schiffsrümpfe zur Gewichtsverminderung Aluminiumaufbauten. Auch von den Hilfsschiffen wurde damals – entsprechend dem Einsatzkonzept der Marine – gefordert, dass sie Seegebiete, die durch ABC – atomare, bakterielle und chemische – Kampfstoffe verseucht sind, durchfahren. Dies begründet, warum auch diese Einheiten mit einer Zitadelle ausgestattet wurden, die nur über Schleusen betreten und verlassen werden

konnte und in der alle »lebenswichtigen« Dienst- und Einsatzräume, Abteilungen, Unterkünfte etc. luftdicht abgeschlossen und zusammengefasst sind, so dass ein durch die Klima-Anlage hergestellter Überdruck von ca. 5 mbar (gegenüber dem barometrischen Druck) gehalten werden kann, der es verhindert, dass kontaminierte Luft in das Schiffsinnere eintritt.

Die Haupt- und Hilfsmaschinenanlagen der insgesamt vier Einheiten der Klasse 762 und 760 sind identisch. Die Hauptantriebsanlage besteht aus jeweils zwei Maybach-16-Zylinder-Dieselmotoren zu je 2.800 PS, die über Untersetzungsgetriebe auf jeweils eine Welle mit Escher-Wyss Verstellpropeller gekuppelt sind. Für die Energieerzeugung an Bord der Schiffe kamen zwei große Dieselgeneratoren mit jeweils 405 kW und einem schwächeren mit 144 kW sowie einem Notstromaggregat mit 144 kW zum Einsatz. Die beiden Munitionstransporter erhielten komplett ausgerüstete Versorgungsstationen, um Quer-Versorgung sowohl mit dem Draht-Hochleinen als auch das Spanntrossen-Verfahren in See durchzuführen. Diese Einrichtungen fehlen an Bord der Minentransporter, die für das Verladen der Minen, aber auch der übrigen mitgeführten Versorgungsgüter wie ASW-Raketen, Torpedos und Munition hierfür ausschließlich die an Bord vorhandenen Krananlagen nutzen, wenn der Versorger und das übernehmende Schiff in Ruhe nebeneinander liegen. Neben ihren Transportaufgaben führen die

Tender DONAU, Baujahr 1994, Bauwerft Lürssen, FSG (Slg. FLW)

Minentransporter auch Aufgaben zum Minenlegen aus; hierfür verfügen die Schiffe über umfangreiche hydraulisch betätigte Hebe- und Transporteinrichtungen, mit denen die Minen über Heckpforten in das Wasser befördert werden.

Anders als die Munitionstransporter unterstanden die Minentransporter nicht ausschließlich dem Trossschiffverband, sondern waren während des größeren Teils ihrer Einsatzzeit dem Minensuch- und Minenleggeschwader unterstellt. Die beiden Minentransporter wurden 1995 verschrottet, denen der Munitionstransporter ODENWALD bald folgte; allein die WESTERWALD befand sich auch im Jahre 2006 – vierzig Jahre nach ihrem Stapellauf – noch im Dienst der Flotte.

12.4 Tender der Klasse 404 (ELBE-Klasse)

Die zwischen 1959 und 1964 gebauten zehn Tender der Klasse 401 (A, B, C) hatten um 1990 die Grenze ihrer Lebensdauer erreicht und mussten durch sechs Neubauten ersetzt werden. Hierfür erteilte das BWB 1989 der MTG Marinetechnik GmbH in Hamburg den Auftrag zur Entwicklung eines Entwurfs für ein Nachfolgeschiff, das sodann von der ARGE (Arbeitsgemeinschaft) »Tender 404« unter der Systemführerschaft der FSG (Flensburger Schiffbau Gesellschaft) an den drei Standorten Flensburg (FSG), Bremer Vulkan und Rendsburg (Krögerwerft) zwischen 1992 und 1994 gebaut wurde. Der Entwurf des neuen Tenders hatte sehr strenge Auflagen zur Kostenreduzierung und zur Einhaltung

Nächste Doppelseite: Tender RHEIN, Klasse 404, Probefahrt (Slg. FLW)

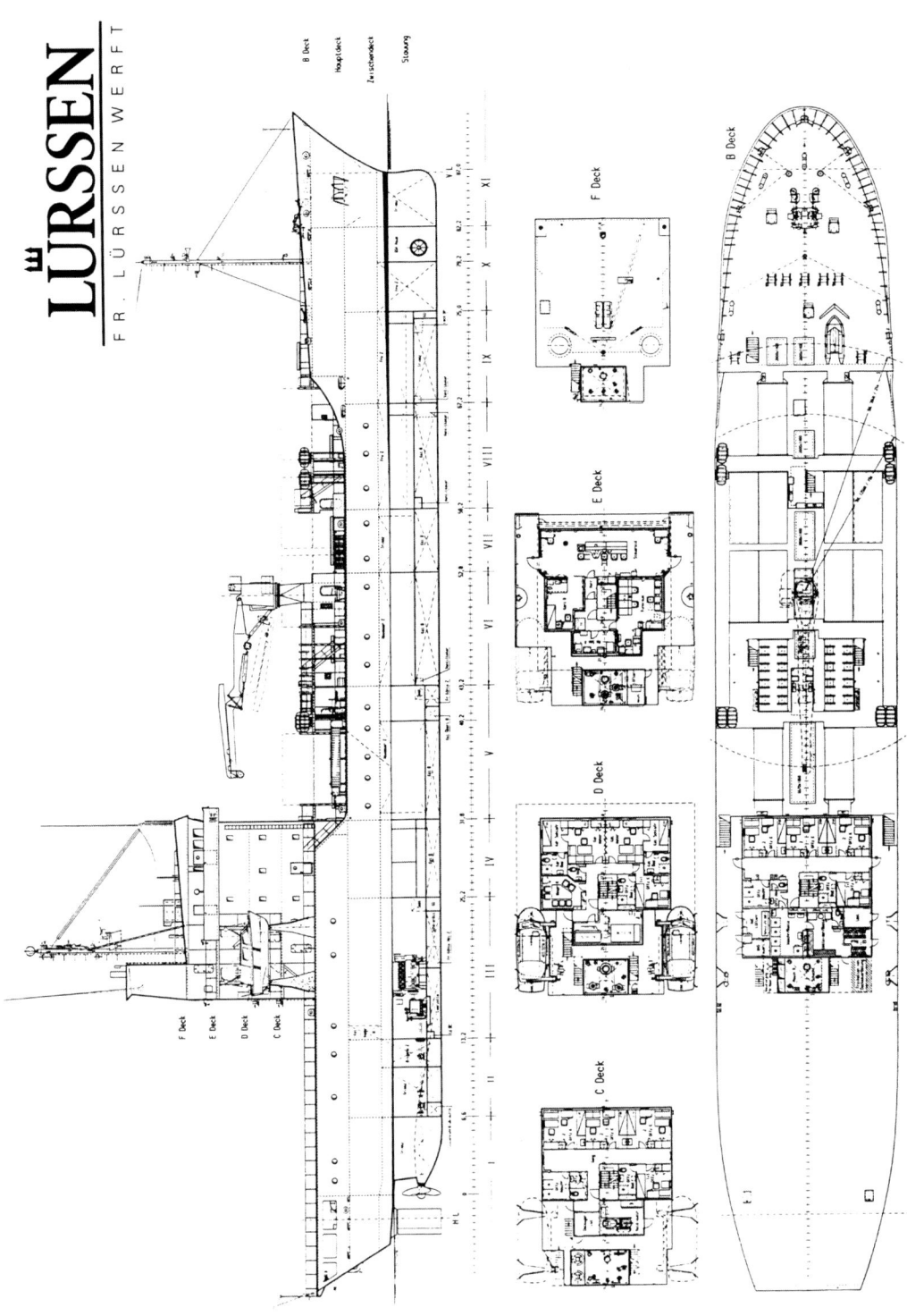

SUPPLY SHIP TYPE 404

LÜRSSEN
FR. LÜRSSEN WERFT

Tender Klasse 404, Generalplan (Slg. FLW)

TENDER KL. 404

LÜRSSE

eines vorgegebenen Budgetpreises von 60 Mio. DM je Schiff zu beachten. Diese Limitierung konnte nur eingehalten werden, weil der öffentliche Auftraggeber (öAG) auf die Einhaltung seiner z.T. kostenintensiven Vorschriften verzichtete und bereit war, diese – wo es technisch sinnvoll war – durch zivile und daher auch kostengünstigere Vorschriften zu ersetzen. So kam es, dass erstmals Schiffe der Deutschen Marine nicht nur nach militärischen, sondern auch nach der zivilen Bauvorschrift des Germanischen Lloyd gebaut wurden, der daraufhin der Stahlkonstruktion der Schiffe das Klassezeichen GL + 100 A4E (weltweiter Einsatz und Eisverstärkung) und dem Maschinenraum das Zeichen GL + 100 MC Aut. E (für automatisierten Betrieb) verlieh. Sofern allerdings die Sicherheit aus militärischer Sicht betroffen ist, finden nach wie vor die Bauvorschriften der Bundeswehr Anwendung; dies betrifft insbesondere die konstruktiven Details bei Stabilität, Gestaltung der Unterkünfte, Munitionslagerung, Feuerlöscheinrichtungen, dem Hospital u.ä. Dort, wo hingegen militärische Vorschriften keine Beachtung mehr finden, wird COTS (Commercial off the Shelf), d.h. handelsübliches Gerät, eingesetzt, für das keine militärischen Prüfverfahren, wie z.B. Schock- und Rüttelbelastungen, verlangt werden, was einen erheblichen Beitrag zur Kosteneinsparung zu leisten vermag.

Die Schiffe der Klasse 404 verfügen über sämtliche Einrichtungen, die für die Übergabe von flüssigen und festen Versorgungsgütern bei Quer- und Heckversorgung erforderlich sind. Zur Verbesserung der RAS-Operationen ist jedes Schiff der Kl. 404 auch mit einem Paar Stabilisierungsflossen und einem Querstrahlruder mit 47 kN Schub ausgerüstet. Zusätzlich kann die Klasse 404 mit Hilfe ihres Bordkrans auch die althergebrachte Methode ausüben, mit der bei Ankerung in einer Bucht maxi-

mal 5 längsliegende Boote (S- oder Minensuchboote) mit festen Gütern versorgt werden können. Zur Wahrnehmung von VERTREP (Vertical Replenishment) - Operationen ist die Klasse 404 mit einem Hubschrauberlandedeck von ca. 25 m Länge auf dem Hinterschiff hinter dem Brückenaufbau ausgestattet, das für die Aufnahme eines Hubschraubers vom Typ SEA KING des britischen Herstellers Westland mit einem Maximalgewicht von 9,6 t ausgelegt ist. Hierfür erhielten die Schiffe 1996/97 nachträglich entsprechende Betankungseinrichtungen.

Die Schiffe verfügen insgesamt über fünf Laderäume sowie über Tanks, die folgende Gütermengen aufnehmen können:
- 450 m³ Dieselkraftstoff
- 11 m³ Schmieröl
- 150 m³ Frischwasser
- 27 t Proviant
- 129 t Munition und FK (MM 38, RAM)

Dabei werden die Luken mit zwei Kränen mit einer Hebefähigkeit von jeweils 1250 kg und mit zwei Kränen zu je 800 kg Hebefähigkeit bedient. Um die Proviantgüter rasch auf die Kühlräume, die allgemeinen Lagerräume und in die Kombüse zu verteilen und dann auch ebenso wieder von Bord zu geben, ist die Klasse 404 mit einem Aufzug von 200 kg Hebefähigkeit ausgerüstet. Mit Hilfe des Aufzugs werden auch Paletten mit Proviant beladen, die dann bei RAS-Operationen an die versorgenden Schiffe abgegeben werden.

Operationen zur logistischen Unterstützung, die mit der Kl. 404 durchgeführt werden, sind erstmals vollständig containerisiert. Zu diesem Zweck ist es der Klasse 404 möglich, max. 24 Container aufzunehmen, die in zwei Lagen an Oberdeck gefahren werden und in denen folgende Räumlichkeiten untergebracht werden:

EGV, Klasse 702 (Mitte), Seeversorgung für die Klasse 123 (links) und Klasse 122 (rechts) (Slg. DMI)

- Werkstätten
- Lagerräume
- Diensträume
- Minenjagdausrüstungen
- Dekompressionskammern für Kampftaucher

Ferner verfügen die Versorger über ein Bordnetz, mit dem bis zu einer Leistung von 1.200 kW Strom an längsseits gehende Einheiten abgegeben werden kann.

Die Schiffe der Klasse 404 sind – anders als ihre Vorgänger der Klasse 401 – mit einer robusten Einwellen-Antriebsanlage ausgestattet, die aus einem (umsteuerbaren) Viertaktmotor vom Typ Deutz MWM 8 V 12M628 mit 3.335 PS (2.452 kW) besteht, der direkt auf eine Wellenanlage mit einem fünfflügeligem Festpropeller von 3,25 m⌀ gekuppelt ist. Die E-Versorgung an Bord der Schiffe erfolgt über ein E-Werk bestehend aus vier Dieselgeneratoren zu jeweils 480 kW/600 kVA sowie einem Notstromgenerator mit 140 kW/170 kVA.

Ebenso wie ihre Vorgänger der Klasse 401 sind auch die modernen Tender der Klasse 404 direkt den Kampfboot-Geschwadern unterstellt und zugeordnet, für deren Versorgung sie eingesetzt sind; so sind die Tender ELBE, RHEIN, MAIN und DONAU jeweils einem der vier Schnellbootgeschwadern, ebenso wie MOSEL und WERRA je einem Minensuchgeschwader zugeteilt sind.

12.5 EGV – Einsatzgruppenversorger, Klasse 702

Seit den frühen Tagen ihrer Gründung begleitete die Bundesmarine das Projekt eines »Großen Versorgers«, von dem in der Mitte der sechziger Jahre vier Einheiten mit einer Verdrängung von 6.000 t geplant waren, deren Bau jedoch mit Rücksicht auf Sparmaßnahmen nicht zustande kam. Auch das Projekt eines »Kampfschiffversorgers der neunziger Jahre« (KSV 90), das gemeinsam mit der Fregatte, Klasse 124, zunächst intensiv untersucht wurde, musste ebenfalls wegen Budgetbeschränkungen gestrichen werden. Auftretende logistische Mängel bei den beteiligten deutschen Seestreitkräften im Zuge der Minenbeseitigung im Persischen Golf zu Anfang der neunziger Jahre – nach dem Koalitionskrieg zur Befreiung Kuwaits im Jahre 1991 – offenbarte dann jedoch einen eklatanten Bedarf für einen großen Versorger, für den die neue Bezeichnung »Einsatzgruppenversorger – EGV« gefunden wurde und mit dessen Bau die ARGE EGV, Klasse 702, beauftragt wurde, an der neben der FSG in Flensburg die Friedrich Lürssen Werft in Bremen sowie die ebenfalls zur Lürssen Gruppe gehörende Kröger Werft in Rendsburg beteiligt wurden. Nach dem Stand der fortgeschrittenen Planungen von 2005 sollen insgesamt 4 – aber mindestens 3 – Einheiten des EGV gebaut werden. Mit der geplanten Indienststellung der ersten beiden großen Versorger BERLIN und FRANKFURT vom Typ EGV, Kl. 702, legte die Marineführung fest, die noch verbliebenen – inzwischen vierzig Jahre alten – Versorger der Klassen, 701, 703 und schließlich 760 außer Dienst zu stellen.

Mit dem Bau des ersten EGV, dessen Bauvertrag am 15. Oktober 1997 unterschrieben wurde – die Unterzeichnung des Bauvertrages für das zweite Schiff erfolgte am 3. Juli 1998 – vollzog die Deutsche Marine einen Quantensprung bei Größe und Aufgabenstellung ihrer Versorgungseinheiten. Mit einer Verdrängung des voll beladenen Schiffes von 20.240 t, mit einer Vermessung von 18.637 BRT und mit einer Länge ü.a. von 173,70 m ist der EGV das bei weitem größte Schiff der Deutschen Marine! Allein mit der Menge der an Bord genommenen Versorgungsgütern von ca. 10.000 t überschritt das Schiff bei weitem das, was in den vorangegangenen vierzig Jahren an Bord der Versorger, wie sie die Marine bis dahin in Dienst gestellt hatte, Standard war:

- 7.600 t Dieselkraftstoff
- 126 t Schmieröl
- 7 t Kesselspeisewasser
- 100 t Verbrauchsgüter
- 490 t Flugkraftstoff
- 1.075 t Festgüter (Ersatzteile)
- 280 t Proviant

Das Schiff verfügt an Oberdeck über ausreichend Stellfläche, um bei Bedarf zusätzlich insgesamt 78 Standart-20-Fuß-Container (TEU), die in zwei Lagen gestapelt werden, aufzunehmen.

Neben der Versorgung übernimmt der EGV eine weitere Vielzahl von Aufgaben für die umweltschonende Entsorgung der von ihm zu betreuenden Kampfschiffe, wie z.B. die Entsorgung des Schmutzwassers, der Fäkalien, des Bilgenwassers, des Schmutzöls oder der leeren Munitionsbehälter, die von den Schiffen nicht in die See entsorgt werden dürfen! Ebenso, wie die Schiffe der Klasse 404, verfügt die Klasse 702 über alle erforderlichen Einrichtungen zur Quer-Verversorgung, die sogar bis mindestens Seegang 6 und zur Heck-Versorgung, die bis Seegang 7 möglich ist. Zur Durchführung von VERTREP-Operationen ist die Klasse 702 mit einem Hangar zur Aufnahme und Betankung von zwei 10 t - Bordhubschraubern vom Typ SEA KING, resp. des NATO-Helikopter NH 90 ausgerüstet!

Eine weitere ganz wesentliche Erweiterung seiner Einsatzmöglichkeiten erfährt die Klasse 702 durch MERZ, dem modernen Marineeinsatzrettungszentrum. MERZ besteht aus einem schiffsfesten Bereich und aus 26 Spezialcontainern von jeweils 20 oder 30 Fuß Länge, die in zwei Lagen an Oberdeck mitgeführt werden. Der schiffsfeste Bereich wird unter Deck in einer Schiffsabteilung – d.h. anstelle eines Laderaums – als Lazarett genutzt, das 45 Patienten Platz bietet. Die eigentlichen Behandlungsräume befinden sich in den 26 Spezialcontainern, die hochmoderne Operations-, Röntgen- und Laboreinrichtungen sowie eine Zahnstation aufnehmen und in denen 45 Ärzte und Sanitätssoldaten ihren Dienst ausüben. Insgesamt können 233 Personen an Bord medizinisch versorgt werden. Für die geplanten zwei Nachfolgeschiffe der

Tabelle 23: *Tender u. Versorger (> 1.000 t) der Deutschen Marine ab 1957*

Kl.	Schiffstyp	Anz.	Baujahr	Vrdrng. [t][1]	L.ü.a [m]	Antriebsanlg.	Antr.-L. [kW]	n Prop. [1/1][0]	Geschw. [kn]
401	Tender (f. S-Boote)	8	~ 62	2.740	98,18	6x Dimo, Getr.	8.390	2x VPP	20,5
402	Tender (f. Minensucher)	3	~ 62	3.009	98,53	6x Diesel-elktr.	8.215	2x VPP	20,5
403	Tender (f. U-Boote)	2	~ 62	2.886	98,36	6x Diesel-elktr.	8.215	2x FPP	20,5
404	Tender (neu)	6	~ 93	3.170	100,58	1x Dimo	2.452	1x FPP	12,0
701	Kl. Versorger	8	~ 68	3.484	104,18	2x Dimo	4.120	2x VPP	15,0
702	EGV, Einsatzgrvers.	2	2002	20.240	173,70	2x Dimo	10.560	2x VPP	19,5
703	Betriebsstofftransp.[2]	4	~ 66	2.044	74,20	2x Dimo	880	1x VPP	12,0
704	Gr. Betriebsstofftransp.[2]	2	74	11.208	130,21	1x Dimo	5.888	1x VPP	14,8
760	Munitionstransporter	2	65	3.460	105,45	2x Dimo	4.120	2x VPP	15,0
762	Minentransporter	2	66	2.962	110,71	2x Dimo	4.120	2x VPP	15,0
763	Betriebsstofftransp.[2]	2	55 / 58	1.237	67,57	1x Dimo	770	1x FPP	12,0
764	Kl. Materialtransp.[2]	2	54 / 55	3.000	90,53	2x Dimo	2.200	1x VPP	15,0
766	Betriebsstofftransp.[2]	2	53 / 58	5.127	92,34	2x Dimo	1.850	1x FPP	12,0
780	Betriebsstofftransp.[2]	4	unterschiedl. Alter, Abmessungen u. Leistungsdaten						
785	Munitionstransporter[2]	4	unterschiedl. Alter, Abmessungen u. Leistungsdaten						

[0] VPP = Verstellpropeller, FPP = Festpropeller
[1] Konstruktions - Verdrängung in metrischen Tonnen 1 t = 1000 kg
[2] ursprünglich als Handelsschiff vom Stapel gelaufen und in Dienst gestellt

Klasse 702 ist – neben einer ganzen Reihe von Verbesserungen und Modifikationen – eine Verdoppelung der Patientenkapazität vorgesehen.

Die Konstruktion des EGV's zeichnet sich durch eine konsequente Anwendung der zivilen Bauvorschriften des Germanischen Lloyd aus, wie dies bereits beim Bau der Schiffe der Klasse 404 zur Kosteneinsparung gehandhabt wurde. Ebenfalls zur Kostenreduzierung trug bei, dass man systematisch Gebrauch von serienmäßig hergestellten COTS (Commercial off the Shelf) - Geräten und Komponenten machte, wie sie an Bord ziviler Schiffe üblich sind, bei deren Fertigung auf die aufwendige militärischen Güteprüfung (z.B. Schock und Rütteln) verzichtet wird. Der Schiffskörper der Klasse 702 ist aus normal festem Stahl gefertigt (St 42) und erhielt vom GL das Klassezeichen GL + 100 A5E Coll, d.h. die Konstruktion ist zu 100 % nach den Bauvorschriften des GL gebaut sowie zusätzlich mit Eisverstärkungen (E) und mit besonderen konstruktiven Maßnahmen zum Schutz gegen Kollisionen (Coll) ausgestattet. Die Maschinenanlage des EGV führt das Klassezeichen + MC E AUT, d.h. es handelt sich um eine durch Eisverstärkung geschützte Anlage, mit automatisiertem, d.h. mit 24 stündigem wachfreiem Betrieb (AUT).

Die Konstruktion des Schiffskörpers, die über große Längen Tankraum für Dieselkraftstoff, Flugbenzin, und Frischwasser aufnimmt, ist als Doppelhüllenschiff ausgeführt und ähnelt somit durchaus der Bauweise eines modernen Tankers, mit dessen Konstruktion die Wahrscheinlichkeit der Ölverschmutzung bei Kollisionen und Grundberührungen ganz erheblich vermindert wird. Der Doppelboden des Schiffes erstreckt sich über 2/3 der Schiffslänge. Als eine Besonderheit des Entwurfs ist die Zweiteilung des Maschinenraums durch ein Längsschott (!) anzusehen, so dass im BB- und in dem StB-Maschinenraum je ein Antriebsdiesel des Typs MAN 12V 32/40 mit 5.280 kW und 750 U/min Aufstellung findet. Jeder der beiden Diesel treibt über ein Untersetzungsgetriebe eine Welle mit Verstellpropeller (D = 5,40 m° und 110 U/min). Zusätzlich nimmt jeder der beiden Maschinenräume je zwei E-Diesel mit jeweils 1.200 kW Leistung auf; somit verfügt die Klasse 702 über 20 % mehr E-Leistung als eine Fregatte der Klasse 124. Der Notdiesel des Schiffes, der vorschriftsmäßig außerhalb des Maschinenraums und oberhalb des Schottendecks angeordnet ist, leistet 845 kW (440 V/ 60 Hz). Zur Unterstützung ihrer Manövrierfähigkeit sind die Schiffe der Klasse 702 mit einem Querstrahlruder mit einer Leistung von 735 kW und 103 kN Schub sowie mit einer Doppelruderanlage ausgerüstet.

Bewaffnet sind die Versorger der Klasse 702 mit insgesamt vier 27 mm Kanonen des Typs MLG 27, von denen zwei im Vorschiff und zwei im Bereich des Hinterschiffes angeordnet sind. Das MLG 27 verfügt über eine eingebaute optronische – d.h. um eine kombinierte optische und elektronische – Feuerleitanlage, mit der bei Tag und Nacht der fernbediente Waffeneinsatz ermöglicht wird. Mit dem MLG 27 werden insbesondere terroristische Angriffe mit Sprengbooten abgewehrt sowie Minen in See oder Punktziele an Land oder auch Luftfahrzeuge (Hubschrauber) bekämpft.

Ihre überragenden Fähigkeiten, die sie für den Katastrophenschutz besitzt, hatte die Klasse 702 als schwimmendes Lazarett unter Beweis stellen können, nachdem die Tsunami-Katastrophe vom Dezember 2004 Teile Südost-Asiens heimgesucht hatte. Daneben sind die beiden bis 2002 in Dienst gestellten Einheiten (BERLIN und FRANKFURT) bei zahlreichen internationalen Einsätzen auch zur Krisenbewältigung und Friedenssicherung erfolgreich beteiligt, so in den Jahren 2006 und 2007 bei der im Auftrag der UNO durchgeführten Operation UNIFIL vor der libanesischen Küste, die nach dem Rückzug israelischer Truppen zur Stabilisierung des Landes erforderlich wurde.

12.6 Marine Versorger für den Export

Nach 1955 erzielte die deutschen Werftindustrie in einem begrenzten Umfang Exporterfolge auch bei Marine-Versorgungsschiffen. Diese Erfolge verbuchte ausschließlich der Bremer Vulkan, der 1996 Konkurs anmeldete und 1997 seinen Werftbetrieb in Vegesack schloss. Teile dieses Werftbetriebs sind danach in den Besitz der Friedrich Lürssen Werft übergegangen. Der Bremer Vulkan hatte 1968 bereits die beiden Versorger NIENBURG und MERSEBURG der Klasse 701 an die Bundesmarine ausgeliefert und wurde 1977 mit der Generalunternehmerschaft für das Bauprogramm der Fregatte Klasse 122 beauftragt. Die Werft hatte sich somit einen festen Platz im deutschen Marineschiffbau erworben und beteiligte sich intensiv am international ausgetragenen Wettbewerb um Marineschiffe. In den Jahren, die unmittelbar vor seinem Konkurs lagen, war der Vulkan maßgeblich auch an den Entwicklungs- und Konstruktionsarbeiten für die damals in der Planung befindlichen Versorger der Klasse 404 und 702 beteiligt.

Den Export von Marineversorgern leitete der Bremer Vulkan bereits 1967 mit dem Marinetanker DEPAK für die indische Marine ein, dem 1975 das Schwesterschiff SHAKTI folgte. Zunächst übernahm die indische Reederei Mogul Lines die Baukosten für den Turbinentanker DEPAK, da die indische Marine vorübergehend über keine Mittel verfügte. Beide Tanker waren mit allen Vorrichtungen zur Quer- und Heck-Beölung ausgerüstet und verfügten über ein ABC-Schutzsystem mit dessen Hilfe es den Schiffen möglich wurde, in kontaminierten Seegebieten zu operieren. Der Bremer Vulkan entwarf und erstellte zudem auch noch Konstruktionsunterlagen für die verlängerte Version des Marinetankers vom Typ DEPAK, die 1995 auf der Werft Garden Reach in Calcutta für die indische Marine gebaut wurde. Dieser als ADITYA in Dienst befindliche Tanker ist mit drei Bofors 40-mm-Geschützen bewaffnet und außerdem mit einem Hubschrauber-Landedeck ausgerüstet.

Schließlich gelang es der Bremer Werft im Jahre 1980 auch das Mehrzweck-Versorgungsschiff SRI INDERA SAKTI an die königlich malaysische Marine (RMN – Royal Malaysian Navy) auszuliefern, das neben seiner Rolle als Versorgungsschiff für kleine Kampfschiffe und Minenjagdboote sowie als Truppentransporter für maximal 600 Soldaten auch Aufgaben als Küstenwachschiff und für die Verbandsführung übernimmt. Entsprechend dieser vielfältigen operationellen Aufgaben ist dieses Schiff mit speziellen erwähnenswerten Ausrüstungskomponenten ausgestattet:

- Bugstrahlruder und Heckanker
- Übergabestationen für die Seeversorgung
- Hubschrauber-Landedeck
- Hydraulisch betätigte Rampen an StB – und BB für das Einschiffen von Truppen
- Druckausgleichskammern für Taucher
- große Operations- und Führungszentrale und ein großer Besprechungsraum

Mit einer Bewaffnung bestehend aus zwei 57-mm- und zwei 20-mm-Rohrwaffen ist das Schiff verhältnismäßig stark bewaffnet.

Tabelle 24: Marine - Versorger für den Export (Bremer Vulkan)

Schiffstyp	Name	Bau-jahr	Vrdrng. [t][1]	L.ü.a [m]	Antriebsanlg.	Antr.-L. [kW]	n Prop. [1/1][0]	Gesch. [kn]
Tanker	DEPAK	1967	15.828	168,40	1x Dampfturb.	12.130	1x FPP	16,0
Tanker	SHAKTI	1975	15.828	168,40	1x Dampfturb.	12.130	1x FPP	16,0
Tanker (Lizenz)	ADITYA	1995	22.000	172,00	1x Dieselmot.	17.600	1x FPP	16,0
Versorger	SRI I. SAKTI	1980	4.300	100,00	2x Dieselmot.	4.310	2x VPP	14,0
Versorger (Lizenz)	MAHWANGSA	1983	4.900	103,00	2x Dieselmot.	4.310	2x VPP	14,0

[0] VPP = Verstellpropeller, FPP = Festpropeller
[1] Konstruktions - Verdrängung in metrischen Tonnen 1 t = 1000 kg

Bei einem Antrieb, bestehend aus einer Zwei-Wellen-Anlage mit einem DEUTZ-Dieselmotor je Welle mit insgesamt 5.865 PS läuft das Schiff maximal 16,5 kn und unterscheidet sich damit nicht von anderen Versorgern.

Dem Bremer Vulkan gelang mit der SRI INDERA SAKTI eine extrem kurze Fertigungszeit, die zwischen der Vetragsunterzeichnung und der Ablieferung des Schiffes am 24. Oktober 1980 bei genau nur einem Jahr lag. Im Zuge einer politischen Hinwendung des Landes nach Ostasien, die als »Look East Policy« bezeichnet wurde, und mit Zustimmung des Bremer Vulkan erteilte schließlich die RMN den Auftrag für ein Schwesterschiff, das in Korea in Lizenz nachgebaut und 1983 als MAHWANGSA in Dienst gestellt wurde.

13. Die Schulschiffe der Deutschen Marine

Bereits bei ihrer Gründung legte die deutsche Bundesmarine besonderen Wert auf alle Fragen, die sich mit der gründlichen Ausbildung ihres zukünftigen Offiziers- und Unteroffizierskorps befassten, da sich nur so die ehrgeizigen Pläne realisieren ließen, mit denen die Bundesrepublik Deutschland möglichst rasch und effizient ihren Beitrag zur Verteidigung Westeuropas leisten konnte. Damit verband aber auch die Bundesmarine ein Ausbildungskonzept, das der praktischen Ausbildung an Bord von Schulschiffen besondere Bedeutung einräumte. Mit dem Einsatz von Schulschiffen hatte die Kaiserlichen Marine begonnen, was von der Reichs- und von der Kriegsmarine fortgesetzt wurde. Sowohl die Verantwortlichen in der Kaiserlichen Marine als auch jene ihrer Nachfolgerinnen waren davon überzeugt – und das gilt so auch noch zu Beginn des 21. Jahrhunderts –, dass jede theoretische Grundausbildung, wie sie zunächst an Land vorgenommen wird, durch eine ebenso gründliche praktische Ausbildung an Bord von Schulschiffen fortgesetzt, ergänzt und abgeschlossen werden müsse. Bei Angehörigen einzelner ausgesuchter Laufbahnen, wie z.B. Radartechnikern und Elektronikern, ist es zwar gerechtfertigt, wenn sie ihre Grundausbildung an Land dann an Bord regulärer Kampfschiffe fortsetzen, für das Gros des Offiziers- und Unteroffizierskorps ist jedoch die bewährte weiterführende Ausbildung an Bord von Schulschiffen unverzichtbar. Die eingesetzten Schulschiffe sollten möglichst sämtliche technischen Voraussetzungen bieten, um ihren Ausbildungsauftrag erfüllen zu können. Da die Marine auch an Bord ihrer Schulschiffe einen Auftrag zur Allgemeinbildung ihres Führungsnachwuchses zu erfüllen hat, geht es dabei zwar wesentlich – aber nicht ausschließlich – um die vielfältigen technischen Anlagen und Systeme, wie sie der Auszubildende später an Bord der Schiffe der Marine antrifft und mit denen er sich daher an Bord der Schulschiffe vertraut zu machen hat! Diese Anlagen und Systeme umfassen sämtliche Hauptbauabschnitte, wie sie nur an Bord eines modernen Marineschiffes anzutreffen sind:

- Schiff mit Ausrüstung und Einrichtung
- Antriebsanlagen
- Elektrische Anlagen
- Schiffsbetriebsanlagen
- Kommunikations-, Navigations- und Ortungsanlagen – sowie Anlagen zur elektronischen Kampfführung (Eloka)
- Führungs- und Waffeneinsatzsysteme
- Waffenanlagen
- Sperrwaffen-Anlagen
- Geräte, Werkzeuge, Ersatzteilhaltung (Logistik)

Um die auszubildenden zukünftigen Offiziere und Unteroffiziere mit den Fachrichtungen vertraut zu machen, die zur Handhabung und Beherrschung dieser Anlagen und Systeme vorausgesetzt werden müssen, behalf sich die Bundesmarine in ihren ganz frühen Jahren unmittelbar nach 1955 mit den sieben von den Alliierten überlassenen Korvetten der HUNT und BLACK SWAN-Klasse der Royal Navy, die als Schulfregatten für einige Jahre unter den Namen:

- BROMMY
- RAULE
- SCHEER
- HIPPER
- GRAF SPEE
- SCHARNHORST
- GNEISENAU

bei der Bundesmarine eingesetzt wurden. Erst nachdem im Jahre 1963 das große 4.800 t verdrängende Schulschiff DEUTSCHLAND in Dienst gestellt war, trennte man sich bis 1967 von dem Provisorium »Schulfregatte«.

Im Gegensatz zu manch anderer, selbst großer, bedeutender und traditionsbewusster Marine wie der Royal Navy und der US Navy, verzichtet die Deutsche Marine nicht darauf, das Gros ihres Offiziers- und Unteroffizierskorps mit der Natur und dem Wesen der See an Bord eines Segelschiffes vertraut zu machen.

Schon die Kaiserliche Marine hatte von Anfang an für die Grundausbildung ihrer Offiziersanwärter ihre z.T. noch in den 1870er Jahren gebauten und als Vollschiffe getakelten Kreuzerfregatten
- BISMARCK
- STOSCH
- BLÜCHER
- MOLTKE
- STEIN
- GNEISENAU

eingesetzt. Obwohl diese noch aus Eisen (!) gefertigten Schiffe mit einer Verdrängung von fast 3.000 t auch mit einer Expansions-Dampfmaschine angetrieben wurden, bestand das Ziel der Ausbildung auch damals schon darin, möglichst über lange Distanzen nur unter Segeln zu laufen. Wenige Jahre vor Ausbruch des 1. Weltkrieges hatte man sich bei der Kaiserlichen Marine allerdings von dem Konzept der Ausbildung an Bord von Segelschiffen verabschiedet und beschränkte die praktische Ausbildung auf ehemalige »Große Geschützte Kreuzer«. Diese als »Schulkreuzer« klassifizierten fünf Einheiten
- FREYA
- VINETA
- HANSA
- VIKTORIA LUISE
- HERTHA

verdrängten jeweils ca. 5.700 t und wurden von jeweils drei Expansions-Kolbendampfmaschinen mit zusammen 10.500 PS angetrieben.

Nach dem 1. Weltkrieg empfand man bei der Reichsmarine den Verzicht auf seemännische Ausbildung unter Segeln jedoch als gravierenden Nachteil und entschied sich bereits zu Anfang der zwanziger Jahre zum Erwerb des als Schonerbark getakelten Segelschulschiffs NIOBE. Nach dem 2. Weltkrieg ist es der tatkräftigen Initiative und Fürsprache des ersten Inspekteurs der Bundesmarine, Vizeadmiral Ruge, zu danken, dass der deutsche Offiziersnachwuchs wieder an Bord eines Segelschulschiffes ausgebildet wird. Neben der hierfür erforderlichen profunden Kenntnis über die Grundlagen der Seemannschaft sowie das tiefe Verständnis für die auf See herrschenden Naturgewalten, vermittelt der Dienst an Bord von Segelschiffen auch das Wissen um den Wert dessen, was Teamgeist, Kameradschaft und Härte gegen sich selbst bedeuten, d.h. die Ausbildung an Bord von Segelschiffen dient nicht zuletzt auch der Charakterbildung junger Menschen.

13.1 Das Segelschulschiff GORCH FOCK

Die Entscheidung zum Bau eines Segelschulschiffs traf die Marineführung frühzeitig, als sie das Budget für das Bauprogramm 1955 in den Bundeshaushalt einstellte, in

Segelschulschiff GORCH FOCK, Baujahr 1958, Bauwerft Blohm + Voss AG (Slg. B+V, U. Rittler))

dem der Bau von zwei Schulschiffen enthalten war. Auf tragische Weise wiederholte sich dabei zunächst eine Diskussion, die 25 Jahre vorher schon einmal in Deutschland ausgetragen wurde, als im Jahre 1932 eine plötzlich auftretende Fallbö das Segelschulschiff NIOBE der damaligen Reichsmarine in der Ostsee zum Kentern brachte, was zu dem Verlust von 69 Mann führte, die größtenteils einem Jahrgang (Crew) junger Offiziersanwärter sowie zukünftiger Sanitätsoffiziere, Baumeister und Unteroffiziere angehörten. Im Jahre 1957 – also nachdem die Bundesmarine die Entscheidung zum Bau eines Segelschiffs bereits getroffen hatte und die Vorbereitungen dafür bereits angelaufen waren – ging das Segelschulschiff PAMIR der Handelsmarine in einem Sturm des Südatlantiks verloren, wobei 80 Besatzungsangehörige ums Leben kamen und nur 6 Mann überlebten. Somit hatte sich die Bundesmarine, ebenso wie 1932 die Reichsmarine, zu rechtfertigen, warum

sie als erstes ihrer Ausbildungsschiffe ein Segelschulschiff in Auftrag geben wollte, das augenscheinlich so sehr durch die Naturgewalten gefährdet war. Wenn die Marine diese öffentlich ausgetragene Diskussion in ihrem Sinn beenden konnte und in den hierfür zuständigen parlamentarischen Gremien die erforderliche Zustimmung zum Nachbau des Segelschulschiffs ALBERT LEO SCHLAGETER aus dem Jahr 1937 erhielt, so lag dies ausschließlich an dem hohen Sicherheits-Standard, den dieses und ihre anderen drei zwischen 1933 und 1939 bei Blohm + Voss in Hamburg gebauten Schwesterschiffe in den zurückliegenden 25 Jahren überzeugend unter Beweis gestellt hatten. Bei diesen insgesamt vier Schwesterschiffen handelte es sich um drei für die Kriegsmarine und das für die rumänische Marine gebaute Segelschulschiff MIRCEA, die alle den Krieg überlebt hatten. Die für die Reichs- bzw. Kriegsmarine gebauten Schiffe wurden alliierte Kriegsbeute:

die GORCH FOCK kam als TOWARITSCH unter sowjetische Flagge, die HORST WESSEL wurde die EAGLE der US Coast Guard und die ALBERT LEO SCHLAGETER kam als GUANABARA in den Besitz der brasilianischen Marine, die das Schiff 1961 an Portugal verkaufte, wo es sich im Jahre 2007 immer noch als SAGRES im Einsatz befand. Diese vier Schiffe lieferten sehr überzeugend den Beweis, dass sie die nach der NIOBE-Katastrophe aufgestellten strengen Stabilitäts- und Sicherheitsforderungen, wie sie auch für den Neubau der Bundesmarine aufgestellt wurden, erfüllten.

Stabilität als Fähigkeit des durch Seegang oder Wind kurzzeitig um seine Längs- oder Querachse gekrängten Schiffes wieder in seine aufrechte Schwimm-Ausgangslage zurückzukehren, ist kennzeichnendes Merkmal eines jeden »stabilen« Schiffes. Rahsegler, wie die GORCH FOCK, mit ihren 50 m hohen Stahlmasten (die bis hinunter zum Doppelboden reichen), an denen tonnenschwere Rahen in Höhen von 16 bis 42 m über der Schwimmwasserlinie befestigt sind, die ihrerseits Segel aufnehmen, die eine gewaltige Windangriffsfläche von ca. 2.000 m² aufnehmen, müssen konstruktiv so ausgelegt sein, dass sie diese statischen und dynamischen krängenden Belastungen unter allen Wetter- und Betriebsbedingungen ertragen können. Maßgeblich für das Stabilitätsverhalten eines Schiffes sind die jeweils über der Schiffs-Basislinie gemessene Höhe seines Gewichtsschwerpunktes $\overline{KG}$ sowie dessen metazentrische Höhe $\overline{MK}$, wobei M, das Metazentrum, der Schnittpunkt zweier unendlich nah benachbarter Auftriebsrichtungen des Schiffes darstellt. Die Voraussetzung für aufrechtes Schwimmen ist erfüllt, wenn die Differenz, $\overline{MG} = \overline{MK} - \overline{KG} > 0$, d.h positiv ist.

Der nach unten gerichtete Kraftvektor Δ des Schiffsgewichtes und die nach oben wirkende Auftriebskraft $\gamma \cdot V$, die im Formschwerpunkt F(φ) des um den Winkel φ gekrängten Schiffes angreift, bilden ein Kräftepaar, dessen Hebelarm h aufrichtend wirkt, sofern $\overline{MG} > 0$. Gewicht Δ und Auftrieb $\gamma \cdot V$ bilden mit ihrem Hebel h das Rückstellmoment, mit dem das Schiff nach einer Krängung um den Winkel φ wieder in seine aufrechte Anfangslage zurückgeht. Mithin kennzeichnet der Verlauf der Hebelarmkurve h(φ) das Potential, mit dem das Schiff bei dynamischen Belastungen (Krängungen) wieder in seine aufrechte Ausgangslage zurückkehrt. Die Hebelarmkurve der GORCH FOCK zeichnet sich nun dadurch aus, dass ihre Hebelarme auch noch bei großen Krängungen infolge ihrer wasserdichten Aufbauten groß bleiben. Dies wiederum ist nur deshalb möglich, weil Öffnungen in das Schiffsinnere konsequent auf Mitte Schiff angeordnet wurden.

Vor dem Hintergrund dieser physikalischen Zusammenhänge sind die nachstehend aufgeführten Forderungen zu verstehen, die bereits im Jahre 1933 zu dem Stabilitätskonzept für die bis 1939 bei Blohm + Voss in Hamburg gebauten vier Segelschulschiffe führten, nach denen auch die GORCH FOCK für die Bundesmarine gebaut wurde.

1. Die Anfangsstabilität des Schiffes ohne Kraftstoff und Frischwasser hatte mindestens den Wert von $\overline{MG}$ = 0,6m zu erfüllen. (Damit verband man aber auch die Forderung, dass die Anfangsstabilität nicht zu groß sein dürfte, weil das zu harten Schiffsbewegungen führt, die dann die in der Takelage arbeitende Mannschaften gefährden.)

2. Das Maximum der Hebelarmkurve hatte nicht unter 45° Krängungswinkel zu liegen.

3. Auch bei einer Krängung von 90° hätte noch ein aufrichtender Hebel > 0 zu existieren.

Diese Forderungen berücksichtigen, dass ein Segelschiff weitaus mehr als jedes andere Motor- oder Turbinenschiff infolge seiner Segel größte krängende Momente und damit größte Krängungswinkel zu ertragen hat, was sogar den äußerst unwahrscheinlichen Extremfall eines auf der Seite liegenden Schiffes mit 90° Krängungswinkel einschließt. Mit den nachstehend aufgeführten konstruktiven Maßnahmen lassen sich diese strengen Forderungen nur erfüllen und umsetzen:

1. Die Aufbauten werden in absolut wasserdichter Ausführung gefertigt.
2. Die Öffnungen (z.B. Niedergänge) in das Innere des Schiffes werden ausnahmslos auf Mitte Schiff angeordnet
3. Selbst bei 90° Krängungswinkel kommen die Öffnungen nicht zu Wasser.
4. Die Takelage, die im Fall der GORCH FOCK von hohen Stahlmasten (mit den dazugehörigen Rahen) geprägt wird, die sich bis zu 45 m über der CWL erheben, erhöht den Gewichtsschwerpunkt des Schiffes um ca. 1,0 m und schwächt so die Stabilität, was durch die Anordnung von 370 t Festballast im Bereich kurz oberhalb des Doppelbodens kompensiert wird, so dass der Gewichtsschwerpunkt des voll ausgerüsteten Schiffes bei $\overline{KG}$ = 5,07m und damit knapp unterhalb des Zwischendecks des Schiffes liegt und das $\overline{MG}$ = 1,2m beträgt, was einen durchaus durchschnittlich guten Wert darstellt, wie ihn andere Schiffe auch aufweisen.

Zusätzlich zu diesen Forderungen der Intaktstabilität, die im Wesentlichen nach dem Untergang der NIOBE im Jahre 1932 aufgestellt wurden, erfüllte und übererfüllte

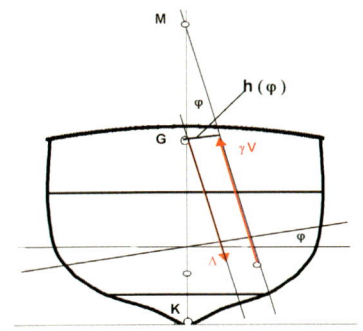

GORCH FOCK. Aufrichtende Hebelarmkurven h(φ) bei einer Krängung des Schiffes um den Winkel φ

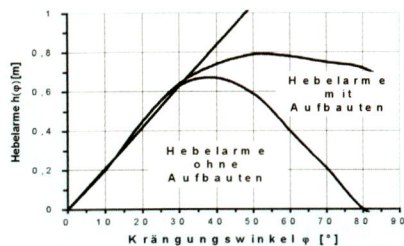

die Bauwerft Blohm + Voss 1958 auch noch Vorschriften, die sich aus dem inzwischen gültigen neuen internationalen Schiffssicherheitsvertrages ergaben. Hierzu gehörten Bestimmungen über die Lecksicherheit, den Feuerschutz, die Rettungsmittel und die Funkeinrichtungen, die beim Bau der Vorgängerschiffe noch gar nicht existierten.

Während die zwischen 1933 und 1939 gebauten Segelschulschiffe noch genietet waren, wurde die GORCH FOCK des Jahres 1958 nach den Vorschriften des Germanischen Lloyd aus normal festem Schiffbaustahl St 42 (σ_B = 42,0 kp/mm^2) fast durchgehend geschweißt und erhielt das Klassezeichen GL + A4 (E). Entsprechend dem Stand der Technik im Jahre 1958 wurde allerdings der Schergang – das ist der oberste seitliche Plattengang des Schiffsrumpfes – durch Nietung über den Stringerwinkel an das Deck angeschlossen. Ebenso verband man noch den Klippersteven mit der anstoßenden Außenhaut durch Nietung. 6 wasserdichte Schotten unterteilen das Schiff vom Kiel bis zum Schottendeck – das ist bei der GORCH FOCK das Oberdeck – in sieben wasserdichte Abteilungen. Bei ca. 25° Schlagseite kommt »Seite Oberdeck« zu Wasser.

Die GORCH FOCK der Bundesmarine wurde mit einem MAN-Viertakt Dieselmotor mit 800 PS bei 500 U/min angetrieben, der damit um 50 PS stärker war als der Motor, der 1937 an Bord der ALBERT LEO SCHLAGETER eingebaut wurde. Da der Motor nicht umsteuerbar war, erhielt die GORCH FOCK einen dreiflügeligen Verstellpropeller mit 2,5 m° der Firma Zeise. Bei reinem Motorantrieb läuft das Schiff 10 kn und unter Segel werden 13 bis 15 kn

erreicht, wobei in Ausnahmefällen 17,0 und vereinzelt sogar schon 18,0 gemessen wurden. Die Versorgung mit elektrischer Energie übernahmen vier MWM-Diesel-Gleichstrom-Generatoren mit einer Leistung von jeweils 60 kW. Der oberhalb des Schottendecks aufgestellte Gleichstrom-Notdiesel leistete 22 kW.

Im Jahre 1991, d.h. mehr als dreißig Jahren nach ihrer Indienststellung, wurde die gesamte Haupt- und Hilfs-Maschinenanlage der GORCH FOCK umgebaut und modernisiert. Im Zuge dieser Umbaumaßnahmen, die von den Motorenwerken Bremerhaven durchgeführt wurden, erhielt die GORCH FOCK einen stärkeren 6-Zylinder-DEUTZ-MWM-Dieselmotor vom Typ BV 6M 628 mit

Segelschulschiff GORCH FOCK unter Segel passiert die Tower Bridge in London, 1975 (Reuter)

Die Schulschiffe der Deutschen Marine

1.220 kW, mit dem das Schiff eine maximale Geschwindigkeit von 13,7 kn erreicht. Mit Einbau eines leistungsstärkeren Motors wurde auch ein neues Untersetzungsgetriebe erforderlich, für das die Firma RENK TACKE ihren Typ ASL 60 lieferte. Einen neuen Verstellpropeller mit 2,50 m² lieferte der schwedische Hersteller KaMeWa. Anstelle der vier E-Diesel kamen nunmehr drei Gleichstrom-Dieselgeneratoren mit jeweils 150 kW an Bord. Neben diesen wesentlichen Modernisierungen umfasste der Umbau auch noch eine ganze Anzahl weiterer Maßnahmen, die die Verbesserungen der Klima- und Lüftungsanlage, der Ausrüstung sowie der Rettungseinrichtungen betrafen. Allerdings bleibt die GORCH FOCK trotz aller Modernisierungsmaßnahmen das einzige Schiff der Deutschen Marine, das für die Mehrzahl ihrer Besatzungsmitglieder auch weiterhin Hängematten bereithält, die nur nachts für die Nachtruhe aufgehängt und tagsüber abgehängt werden.

Die GORCH FOCK, die im Jahre 2008 ihr fünfzigjähriges Dienstjubiläum feierlich begeht, wird damit zu dem Marineschiff, das bei weitem über die längste Indiensthaltung verfügt, die jemals ein deutsches Marineschiff unter deutscher Flagge erlebt hat. Bis Ende 2007 hat die GORCH FOCK 147 Auslands- und Ausbildungsreisen absolviert und dabei mehr als 11.000 Seeoffiziere ausgebildet und mehr als die Entfernung von 31 Erdumrundungen zurückgelegt – d.h. über 1.240.100 km. Es sollte hierbei aber nicht unerwähnt bleiben, dass die GORCH FOCK aus sehr gerechtfertigten Sicherheitsüberlegungen anlässlich ihrer Weltumsegelung 2006/2007 zwar einmal um das Kap der Guten Hoffnung, aber sonst nie um das Kap Horn gesegelt ist und statt dessen stets die Route durch den Panama- oder den Suez-Kanal wählte.

Die GORCH FOCK, als Sympathieträger der Marine, erfreut sich in der deutschen Öffentlichkeit großer Beliebtheit. Als Botschafter und Repräsentant Deutschlands bediente sich schon von Anfang an auch die deutsche Diplomatie sehr erfolgreich des Segelschulschiffs, das im Laufe der Jahrzehnte bei internationalen Regatten viele Preise gewonnen hat. Während ihrer vielen Auslandsreisen dienten die GORCH FOCK und ihre Besatzungsmitglieder auch immer wieder als Gastgeber für diplomatische Empfänge – so auch im Jahre 1976 anlässlich der Feiern zum 200. Jahrestag der amerikanischen Unabhängigkeitserklärung, als Bundeskanzler Helmut Schmidt an Bord der GORCH FOCK mit dem US-Präsidenten Gerald Ford zusammentraf. Unvergessen bleibt auch in London das Zusammentreffen der Großsegler aus Anlass der »Port of London Clipper Regatta 1975« zu der die Sail Training Association geladen hatte, bei deren Verabschiedung die GORCH FOCK als Einziges der teilnehmenden Schiffe unter Segeln unter der Tower Bridge den Hafen verließ, was die Stadt mit Segelschiffen dieser Größe – einem »on dit« zufolge – seit den Tagen Nelsons nicht mehr erlebt hatte.

13.2 Schulschiff DEUTSCHLAND

Neben der Dreimastbark GORCH FOCK war es nur noch die DEUTSCHLAND, die von der Bundesmarine von Anfang an als Ausbildungsschiff geplant, entworfen und gebaut wurde. Wie bereits mit der GORCH FOCK, so unterstrich die Marine auch mit der 1959 auf Kiel,1960 vom Stapel gelaufenen, von der Gattin des Bundespräsidenten Lübke getauften und schließlich 1963 als Klasse 440 in Dienst gestellten DEUTSCHLAND, welche Bedeutung sie der praktischen Ausbildung ihres Führungsnachwuchses zukommen ließ. Die Anerkennung und Wertschätzung, mit der man ihre Aufga-

Das Schulschiff DEUTSCHLAND (1963-1990), Hartmut Ehlers

be würdigte, wurde noch dadurch unterstrichen, dass der Verteidigungsminister dem Schulschiff den Namen DEUTSCHLAND verlieh. In der Zeit des Kalten Krieges und der Berlinkrisen, die dem Bau der Berliner Mauer im Jahre 1961 vorangingen, legte die Bundesmarine damit ein sichtbares Bekenntnis zur Einheit Deutschlands ab. Die ursprünglich aus den gleichen Überlegungen geborene Idee, das Schiff auf den Namen BERLIN zu taufen, ließ sich wegen außenpolitischer und insbesondere Berlinpolitischer Gründe zunächst nicht umsetzen. Dies konnte erst 1999, knapp vierzig Jahre später und nach der Wiedervereinigung, mit dem Stapellauf des EGV BERLIN realisiert und nachgeholt werden.

Fast dreißig Jahre ergänzten sich die beiden Schulschiffe hervorragend: vermittelte die GORCH FOCK in hohem Maße Seemannschaft und Teamgeist, so bot die DEUTSCHLAND für viele Jahre die Möglichkeit zur Schulung an der modernsten Technik, wie sie damals in der Marine eingeführt war. Das Schiff, das im Verlauf seines Entwurfs sehr bald erkennen ließ, dass es mehr als 3.000 t verdrängen würde, musste hierfür erst eine Genehmigung durch die WEU einholen, was nur möglich wurde, in dem

man bei Bewaffnung und Geschwindigkeit bereit war, Einschränkungen zu akzeptieren. Mit einer Konstruktionsverdrängung von 4.880 ts wurde die DEUTSCHLAND das größte Schiff der Bundesmarine, das 1963 mit seinem Baupreis von 95 Mio. DM nur wenig unter den Gestehungskosten eines Zerstörers der HAMBURG-Klasse und bereits über den Kosten für eine Fregatte der Klasse 120 lag. Das Schulschiff DEUTSCHLAND, das sich in den 1960er Jahren das Prädikat »modernstes Schulschiff der NATO« erwarb, war mit seinen Anlagen und Komponenten so flexibel ausgerüstet, dass es auch zum Minenleger, Truppentransporter oder Lazarettschiff umgerüstet werden konnte. Zunächst war die Werft H.C. Stülcken Sohn in Hamburg, die bereits das Entwurfskonzept für das Schulschiff erarbeitet hatte, als Bauwerft vorgesehen. Es wirft ein bezeichnendes Licht auf die damalige Situation des westdeutschen Schiffbaus, dass schließlich die Werft Nobiskrug, die bis dahin – d.h. auch vor 1945 – keine Marineschiffe von Bedeutung gebaut hatte, mit dem Bau dieses größten, bedeutenden und prestigeträchtigen Schiffsneubaus beauftragt wurde, weil die Stülcken Werft mit den Aufträgen für Zerstörer und

Fregatten und auch die übrigen großen Werften mit Handelsschiffsneubauten voll ausgelastet waren. Die Werft hat das in sie gesetzte Vertrauen voll und ganz erfüllt, was nicht zuletzt dadurch unterstrichen wurde, dass die DEUTSCHLAND über fast drei Jahrzehnte hinweg das hierfür von der Werft gebaute Trockendock, mit einer extra für die DEUTSCHLAND in den Dockboden eingelassenen Grube zur Aufnahme des (Kiel-) Sonardoms, regelmäßig für Reparatur und Wartung aufsuchte.

Der geschweißte Schiffskörper der DEUTSCHLAND wurde aus normal festem Schiffbaustahl St 42, d.h. mit einer Bruchfestigkeit von σ_B = 42 kp/mm² gebaut und erhielt der damaligen Entwurfspraxis folgend Aluminium-Aufbauten. Das Schulschiff blieb das einzige Schiff der Marine, das noch einmal mit dem klassischen Kreuzerheck ausgestattet wurde, wie es bis 1945 für Kreuzer und größere Schiffe üblich war. Daneben erhielt es im Vorschiff Knickspanten, wie sie auch die Zerstörer und Fregatten aufwiesen, die zur gleichen Zeit bei Stülcken in Hamburg gebaut wurden. Das Schiff wurde als Hilfsschiff nicht nach den VG- , d.h. Verteidigungs-Normen gebaut, sondern nach den Vorschriften des Germanischen Lloyd, d.h. es wurde wie ein Fahrgastschiff behandelt und erhielt einen Zwei-Abteilungs-Status, mit dem das Schiff alle Forderungen der Leckstabilität erfüllte, auch wenn zwei benachbarte Abteilungen überflutet wurden. Das Schiff wurde mit einem ABC-Schutzsystem ausgerüstet, um damit auch in ABC-kontaminierten Seegebieten zu kreuzen. Wie alle Anlagen an Bord des Schiffes, diente auch das ABC-Schutzsystem in erster Linie der Schulung des Offiziersnachwuchses.

Das Konzept, nach dem das Schulschiff DEUTSCHLAND entworfen wurde, bestand generell darin, alle jene wesentlichen Aggregate, Waffen, elektronischen Geräte und Komponenten an Bord vorzuhalten, wie sie auch an Bord der Zerstörer, Fregatten und Schnellboote der Bundesmarine anzutreffen waren. Mit großer Sorgfalt ging man da besonders im Bereich der Antriebstechnik vor: so wurden über je ein Sammelgetriebe für jede der beiden Außenwellen des Dreiwellenschiffes zwei 16 Zylinder Dieselmotoren mit jeweils 2.000 PS Leistung und einer Drehzahl von 1.500 U/min geschaltet, von denen der eine von Mercedes Benz und der andere von Maybach geliefert wurde; mithin standen auf jeder der beiden Außenwellen 4.000 PS Leistung zur Verfügung. Die Mittelwelle wurde von einer Dampfturbinenanlage angetrieben, die aus einer Getriebeturbine mit 8.000 PS sowie aus zwei Hochdruck-Heißdampfkesseln der Firma WAHODAG mit 45 atü Druck und 450 °C Dampftemperatur bestand. Jede der drei Antriebswellen wurde mit einem vierflügeligen Verstellpropeller mit 2,80 m⁰ der Firma Escher Wyss ausgerüstet, was für die Mittelwelle mit ihrer Dampfanlage den Vorteil bot, dass damit auf die Rückwärtsturbine verzichtet werden konnte, wie sie sonst erforderlich gewesen wäre. Auch bei der Ausstattung der E-Werke kamen zunächst zwei verschiedene Energieerzeuger zum Einsatz: zwei Dieselgeneratoren mit 950 PS/ 750 kVA sowie zwei Gasturbinen-Generatorsätze mit jeweils 875 PS/750 kVA, womit man damals für die gleichzeitig an Bord der Fregatten der KÖLN-Klasse (Klasse 120) eingebauten Gasturbinen-Antriebe vorbereiten und ausbilden konnte. Allerdings wurden die Turbo-Generatoren nach 1970 durch zwei weitere Dieselgeneratoren der bereits an Bord vorhandenen Typen ersetzt.

Auch bei der an Bord der DEUTSCHLAND eingebauten Bewaffnung kamen Rohrwaffen, Torpedos, Minen und U-Bootabwehr-Raketenwerfer zum Einbau, wie sie um 1960 an Bord von Zerstörern, Fregatten und Schnellbooten der Bundesmarine Verwendung fanden. Somit bestand die Rohrbewaffnung aus 4 x 100-mm-Kanonen des französischen Herstellers Creusot Loire sowie aus vier in Doppellaffetten und zwei in Einzellaffetten angeordneten Rohrwaffen des Kalibers 40 mm/70 des schwedischen Herstellers Bofors. Als U-Jagd-Torpedos verwendete die Bundesmarine damals noch Schwergewichtstorpedos mit 533 mm Durchmesser, für die vier Einzelrohre an Oberdeck des Schiffes angeordnet wurden. Im Hinterschiff unterhalb des Hauptdecks wurden zwei Rohre für Seezieltorpedos mit 533 mm Durchmesser fest eingebaut, die aber 1970 von Bord genommen wurden. Vor dem Brückenaufbau auf dem 2. Aufbaudeck fanden zwei Vierlingssätze von U-Abwehr-Raketenwerfer mit 375 mm Durchmesser der schwedischen Firma Bofors Aufstellung. Schließlich konnte das Schiff noch maximal 70 Minen an Bord nehmen, die über eine am Hinterschiff angeordnete Abwurframpe ausgeworfen werden konnten, wozu Verschiebegleise auch kurzfristig für den Minentransport über Deck verlegt wurden.

Die gesamte Radar- und Feuerleitausrüstung des Schiffes wurde von der damaligen holländischen Firma HSA (Hollandse Signaalapparaten BV) geliefert:

- vier verschiedene Seeraum-, Luftraum und Überwasser Suchradar
- vier Feuerleitgeräte für die Rohrwaffen
- Feuerleitgeräte für die U-Jagd-Raketenwerfer und Torpedos
- Die elektronische Ausrüstung wurde ergänzt durch
- eine ECM-Ausrüstung zur elektronischen Kriegführung
- eine komplette Fernmeldeausrüstung

(Sende- und Empfangsgeräte, Fernschreib- und Verschlüsselungseinrichtungen, tragbare Sprechfunkgeräte etc.)
- eine Torpedoabfanganlage
- ein Sonargerät (Kielsonar)

Zur Überwachung, Steuerung und Kontrolle von Waffen und Elektronik wurde an Bord des Schiffes eine geräumigen OPZ eingerichtet, wie sie ebenfalls Stand der damaligen Technik war.

Es liegt in der Natur des rapiden Wandels, dem die gesamte Marinetechnik fortwährend unterworfen ist, dass auch die DEUTSCHLAND ihren Anspruch, modernstes Schulschiff der NATO zu sein, nur für eine begrenzte Zahl von Jahren erfüllen konnte. Trotz einiger Maßnahmen, die zur Modernisierung der an Bord installierten Systeme vorgenommen wurden, war bald erkennbar, dass für erforderliche Umrüstungen und selbst für die unvermeidliche Instandhaltung des Schiffes keine ausreichenden Mittel im Verteidigungsetat zur Verfügung standen. Somit entschied der Inspekteur der Marine, das Schiff im Jahre 1990 außer Dienst zu stellen und 1994 in Indien abzuwracken und zu verschrotten. Das Schulschiff DEUTSCHLAND blieb 27 Jahre im Einsatz. In dieser Zeit legte das Schiff die Entfernung von 17 Erdumrundungen zurück, hatte 230 Häfen in 75 Ländern besucht und dabei 3.500 Offiziere der Marine ausgebildet.

Aufgaben zur Ausbildung des Nachwuchses, wie sie bis 1990 das Schulschiff DEUTSCHLAND wahrnahm, müssen seither von den regulären Überwassereinheiten der Deutschen Marine übernommen werden.

14. Ausblick

Als die Königin Viktoria von England im Jahre 1837 ihren Thron bestieg, führte die Royal Navy ihr zu Ehren eine große Flottenparade auf der Reede von Spithead bei Portsmouth im Süden von England durch, an der ausschließlich hölzerne Segelschiffe teilnahmen, die noch – wie zur Zeit Lord Nelsons – mit Vorderladern bewaffnet waren, die in den Batteriedecks Aufstellung fanden. Als sechzig Jahre später anlässlich ihres »diamantenen Krönungsjubiläums« an gleicher Stelle wiederum eine Flottenparade mit großer internationaler Beteiligung für die Königin durchgeführt wurde, nahmen daran ausschließlich stählerne und dampfgetriebene Kriegsschiffe teil, die mit weitreichenden, an Oberdeck aufgestellten (drehbaren) Langrohr-Turmgeschützen bewaffnet waren. Ähnliches wiederholte sich im 20. Jahrhundert, das mit dem britischen DREADNOUGHT und mit Dampfturbinen eingeleitet wurde. Zu diesem Zeitpunkt konnte niemand vorhersagen, dass wenig mehr als dreißig Jahre später der Flugzeugträger das Schlachtschiff als »capital ship« ablösen würde. Schon gar nicht konnte man um 1906 den Reaktorantrieb prognostizieren. Andere Entwicklungen, wie die Verbrennungskraftmaschine, kündigten sich dagegen bereits an und wurden in ihrer zukünftigen Bedeutung zum Teil schon sehr genau vorherbestimmt. So findet sich im »Nauticus – dem Jahrbuch für Deutschlands Seeinteressen« aus dem Jahre 1908 unter der Kapitelüberschrift »Turbinen- oder Motorenantrieb auf Schiffen?« folgende einleitende Einschätzung zukünftiger Entwicklungen:

> »Noch stehen wir am Beginn der gewaltigen Umwälzung, die die Einführung der Dampfturbine als Antriebsmittel der Schiffe auf dem Gebiet des Schiffs- und Maschinenbaus hervorgerufen hat, und schon erheben sich Stimmen, die der Dampfturbine nur eine vorübergehende Bedeutung zuerkennen und als Antriebsmittel der Zukunft die Verbrennungskraftmaschine – sei es in Form als Verbrennungsmotor oder als Gasturbine – ansprechen zu müssen glauben!«

Im Fall des Dieselmotors traf diese Einschätzung zu, der sich sehr schnell – nur wenige Jahre nach 1908 – an Bord der U-Boote, der Torpedo-Schnellboote und als Diesel-Generator sowie ab der dreißiger Jahre in Deutschland auch an Bord größerer Einheiten einen festen Platz erwarb. Dagegen musste die Gasturbine noch bis in die sechziger Jahre »warten«, bis sie sich die Stellung erworben hatte, die ihr die Vorhersage des »Nauticus« des Jahres 1908 mittelfristig zugewiesen hatte. Dies möge die Unwägbarkeit belegen, mit der technisch-naturwissenschaftliche Prognosen in der Vergangenheit, aber auch in der Zukunft, behaftet sind! Große Veränderungen, die zu Beginn des Jahrhunderts nicht vorhersehbar waren, erlebte die Waffentechnik insbesondere nach dem 2. Weltkrieg mit der Einführung integrierter Führungs- und Waffeneinsatzsysteme, mit denen die Kampfkraft der Schiffe fortlaufend präziser, effizienter und schneller wurde. Der rapide technische Wandel hat sich nunmehr so sehr beschleunigt, dass neu gebaute Schiffe zuweilen schon bei ihrer Indienststellung als veraltet gelten, weil die Marinen bisher nicht bereit waren, die hierfür erforderlichen Entwicklungsrisiken mit zu tragen und stets darauf bestanden, nur erprobtes Gerät (»proven design«) zu akzeptieren. Dieses Prinzip hat die Deutsche Marine beim Bau ihrer Fregatten der Klasse 124 (SACHSEN) erstmals mutig durchbrochen und parallel zu den Entwurfsarbeiten und dem Bau der Schiffe das anspruchsvolle Multifunktionsradar APAR – das die Funktionen Überwachung, Erfassung und Feuerleitung zusammenfasst – als trinationales Projekt entwickelt und gebaut. Aber auch, wenn bei der Indienststellung eines Schiffes modernste Geräte an Bord eingebaut sind, erzwingt der rasante Fortschritt in der Informationstechnik nach relativ wenigen Jahren bereits den Austausch von einer Gerätegeneration zur nächsten. Die immer knapper werdenden Verteidigungsbudgets erlauben es nicht, dass die Schiffe im gleichen Wechsel wie ihre Waffen, Sensoren und Anlagen ersetzt werden. Vielmehr erfordert es die Haushaltslage aller Marinen, dass Einheiten, wie Minenkampfboote, Korvetten und Fregatten dreißig bis vierzig Jahre im Einsatz bleiben und unter kostengünstigen Bedingungen fortlaufend gewartet und modernisiert werden. Hierfür und für die Reparatur wird auch in Zukunft das modularisierte Marineschiff eine vorteilhafte Option sein, um dem Kostendruck zu begegnen.

Der historische Rückblick auf die Entwicklungsgeschichte und die z.T. eruptionsartigen Entwicklungen der Gegenwart lassen erkennen, wie schwierig es ist, allein schon mittelfristige Prognosen für die Marinetechnik zu erstellen. Langfristige Prognosen dürften dagegen mit Rücksicht auf die in der Vergangenheit gesammelten enttäuschenden Erfahrungen kaum verlässlich

sein. Allein kurz- bis mittelfristige Entwicklungstendenzen lassen sich an Hand existierender Entwicklungslinien, wie das in der Vergangenheit beim Dieselmotor der Fall war, halbwegs zuverlässig extrapolieren. So wird auch in Zukunft die digitale Informationstechnik an Bord der Marineschiffe an Bedeutung zunehmen und sowohl bei den integrierten Führungs- und Waffeneinsatzsystemen als auch den integrierten Überwachungssystemen von Schiffsantrieb, Schiffshilfssystemen und Energieerzeugung dazu beitragen, um Bordpersonal einzusparen und um die Standkraft – aber auch die Kampfkraft – der Schiffe fortlaufend zu erhöhen. Ihre Bedeutung wird die IT aber auch ganz besonders ausbauen, bei dem, was unter dem Begriff »Network Centric Warfare« oder »Vernetzte Operationsführung« zusammengefasst wird, mit dem der Datenaustausch und der Austausch von ganzen Lagebildern zwischen Schiff und den Kommandostellen an Bord anderer Schiffe, an Land und in der Luft durchgeführt wird.

Der Kostendruck führt dazu, dass Marineschiffe immer länger in Dienst gehalten werden müssen, was dazu führt, dass die schneller wechselnden Generationen von Waffen und Geräten, die gewartet, repariert und schließlich auch ausgetauscht werden müssen, hierfür eine geeignete Plattform benötigen, die den Austausch von Geräten schnell und kostengünstig gewährleistet.

Hierfür sind modularisierte Konzepte, wie Blohm + Voss sie mit seinem MEKO-System realisiert hat, sind inzwischen von zehn Marinen eingeführt und werden von anderen für den zukünftigen Einsatz analysiert. Somit lässt sich prognostizieren, dass auch in der Zukunft das modulare Konzept mit seinem großen Entwicklungspotential seine Bedeutung für das »intelligente Marineschiff von morgen« nicht verlieren wird!

Auch die unter der Bezeichnung COTS (Commercial off the Shelf) eingeführte Rationalisierungsmaßnahmen, mit denen handelsübliche und damit kostengünstige Geräte an Bord eingeführt werden, stehen erst am Anfang ihrer praktischen Erprobung und werden an Bedeutung noch erheblich zunehmen.

Ganz besonders werden alle Fragen, die mit der Reduzierung von Signaturen an Bord der Marineschiffe in Verbindung stehen, auch weiterhin im Schiffsentwurf der Zukunft ihren Niederschlag finden. Der französische, der deutsche und der britische Marineschiffbau haben mit ihren Fregatten vom Typ LAFAYETTE, der MEKO A 200 SAN und dem Zerstörer Typ 45 bereits den Weg gewiesen, wie das für das Radar unsichtbare (STEALTH) Schiff beschaffen sein muss. Es wird sich in den Jahren nach der Wende vom 20. zum 21. Jahrhundert zeigen, ob der in dieser Hinsicht am weitesten vorangegangene Entwurf des US-amerikanischen Zerstörers DDG 1000 als Prototyp des Entwurfs eines repräsentativen Marineschiffes des 21. Jahrhunderts anzusehen sein wird.

Zu Anfang des 21. Jahrhunderts lässt sich mit einiger Sicherheit prognostizieren, dass der zukünftige Kriegsschiffentwurf stark von der Elektrotechnik geprägt sein wird. Am weitesten in ihren Überlegungen und Planungen ist hier die US Navy mit ihrem Konzept des »all electric ship« vorangegangen, bei dem Vortrieb, Hilfsbetrieb und selbst die Katapulte der Flugzeugträger und auch Waffen elektrisch betrieben werden sollen. In den Laboren der hierfür eingesetzten Forschungsgruppen der US Navy werden elektromagnetische Rohrwaffen (engl. »rail guns«) entwickelt, mit denen auf einer Schienenlänge von weniger als 30 m Projektile mit 3 kg auf eine Mündungsgeschwindigkeit von 2,5 km/sek beschleunigt werden! Aber selbst über Mün-

dungsgeschwindigkeiten von 7,0 km/sek wird bereits nachgedacht und geforscht (Die Fluchtgeschwindigkeit, mit der ein Satellit in eine Umlaufbahn um die Erde geschossen wird, beträgt 7,9 km/sek !). Eines fernen Tages – und daran forscht die US Navy ebenfalls – werden die Rohrwaffen durch sog. »Laserkanonen« ersetzt, deren »Mündungsgeschwindigkeit« dann Lichtgeschwindigkeit besitzen. Auch der ab 2013 zulaufende Zerstörer DDG 1000 wird einen rein elektrischen (CODLAG) Antrieb mit Asynchron-Drehstrommotoren erhalten. Ursprünglich hatte man permanent erregte Elektromotoren, die sich an Bord von U-Booten bewährt haben, als Antriebsmotor geplant, die dann aber nicht rechtzeitig verfügbar waren.

Für die Energieerzeugung könnten in der Zukunft Brennstoffzellen, mit denen ausschließlich über ein chemisches Verfahren – d.h. erstmals ohne rotierende Teile – Elektrizität aus Wasserstoff und Sauerstoff gewonnen wird, schrittweise die bisher üblichen Batterien und später die Dieselgeneratoren zu ersetzen. Die Brennstoffzelle wird aber erst dann ihre Möglichkeiten voll entfalten, wenn der vorgeschaltete Reformerprozess zur kostengünstigen Gewinnung von Wasserstoff und Sauerstoff gefunden ist. Hierbei wird es das vorrangige

DDG 1000 (ZUMWALT-Klasse), US Zerstörer des 21. Jahrhunderts (US Naval Institute)

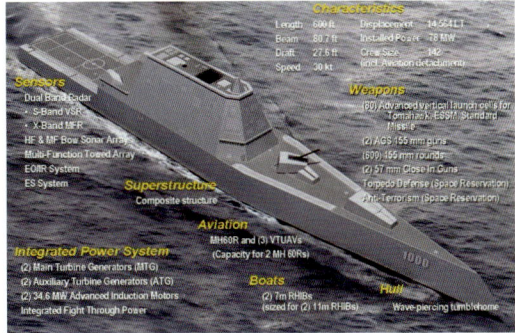

Ziel sein müssen, auf fossile Brennstoffe zur Gewinnung des Wasserstoffs zu verzichten und durch regenerative Verfahren zu ersetzen.

Als eine weitere Innovation, die an Bord des Marineschiffes von morgen einziehen könnte, gilt die »High Temperature Superconducting« (HTS) - Technologie, mit der die Installation eines Kabelnetzes mit ca. minus 190 °C, d.h. ca. 80 °K, möglich wird und damit die Verlustleistungen konventioneller Kabelnetze vermeidet. Nachdem seit ca. 1950 der Drehstrom nach und nach den bis dahin üblichen Gleichstrom verdrängt hat, wird die Frage diskutiert, ob die Verteilungsnetze der Zukunft wieder Gleichstromnetze sein werden, die für die Umformung in andere Stromarten an Bord vorteilhafter sind.

In gewissem Umfang wird man auch bei der Bewaffnung auf vermeintlich veraltete Konzepte zurückgreifen: so bemüht sich die US Navy darum, die sehr teuren Lenkwaffen durch kostengünstige Rohrwaffen mit Munition erhöhter Reichweite zu ersetzen, wie die US Navy dies mit ihrer ERGM (Extended Range Guided Munitions) bereits vorbereitet hat, deren Reichweite mit einem Zusatzantrieb auf 100 sm vergrößert wurde.

Zu Beginn des 21. Jahrhunderts sind der Marineschiffbau und die Marinetechnik auf die Erfordernisse dessen fokussiert, was die Operateure in der Marine als asymmetrische Kriegführung subsumieren und damit die verdeckte Kampfführung gegen paramilitärische Verbände in küstennahen Seegebieten ansprechen. Die Deutsche Marine mit ihren ohnehin traditionell auf Randmeere abgestellten Schiffsentwürfen, bot dabei gute Voraussetzungen, um hier mit ihren Minensuchern und Schnellbooten geeignete Schiffe zur Verfügung zu stellen. Auch die Korvetten der Klasse 130 mit weniger als 2.000 t Verdrängung entsprechen diesem Einsatzprofil. Weltweit ist aber nach wie vor eine Hochrüstung bei den für die »blue water navies« typischen Einheiten zu beobachten. Insbesondere die bisherigen »Schwellenländer« China und Indien treffen alle Voraussetzungen, um mit ihren Schiffen die Rolle von traditionellen Seemächten zu übernehmen. Für diese Marinen, wie auch für die klassischen Marinen der USA, Großbritanniens, Frankreichs sowie Rußlands und auch – sehr vorsichtig – der von Japans bilden die bisherigen Klassen von Überwasserschiffsentwürfen wie Fregatten, Zerstörer, Kreuzer bis hin zum Flugzeugträger Schwerpunkt ihrer Flottenrüstung. Somit wird auch nach dem Ende des Kalten Krieges das Gleichgewicht hochgerüsteter Seemächte die Entwicklung in der Marinetechnik bestimmen.

15. Literaturhinweise

Hans-Georg Forndran,
Bundeswehr und Industrie – 25 Jahre Partner für den Frieden (1956–1981), Wehrtechnik für die Verteidigung, Bernard & Graefe Verlag, Koblenz 1984

STG
75 Jahre Schiffbautechnische Gesellschaft, Jubiläumsband, STG e.V. Hamburg 1974

Potter, Nimitz, Rohwer,
Seemacht, Eine Seekriegsgeschichte von der Antike bis zur Gegenwart, Manfred Pawlek Verlagsgesellschaft, Hersching 1978

Erwin Strohbusch,
Deutsche Marine – Kriegsschiffbau seit 1848, Führer des DSM Nr. 8, Bremerhaven 1977

Erwin Strohbusch,
Markante Kriegsschiffentwürfe der Kaiserlichen Marine, Marinerundschau, Heft 7, 1976

Alfred Tirpitz,
Erinnerungen, Verlag von K. F. Koehler, Leipzig 1919

Oscar Parkes, O.B.E.
British Battleships – WARRIOR to VANGUARD, Seely Service & Co., Ltd, London, Fourth impression 1973

Jürgen Rhades,
Der Torpedo in der modernen Seekriegsführung, Marinerundschau Heft 5, 1985

Robert K. Massie,
DREADNOUGHT – Britain, Germany and the Coming of the Great War, Ballantine Books, New York 1992

W. Laudahn,
Die Nachkriegsentwicklung des dieselmotorischen Schiffsantriebes in der Deutschen Marine, Jahrbuch der Schiffbautechnischen Gesellschaft, 1930

Siegfried Breyer,
Schlachtschiffe und Schlachtkreuzer 1905–1970, J.F. Lehmanns Verlag, München 1970

David Winkler,
The Navy Goes Wireless, Sea Power, The Official Publication of the Navy League of the United States, February 2003

Sigurd Hess,
Die Deutsche Marine – Historisches Selbstverständnis und Standortbestimmung, Marineführungssysteme – Von der Löschfunktelegrafie zum MHQ, Hrsg. DMI und DMAkad., Mittler Verlag Herford 1983

Hans-Georg Prager,
100 Jahre Blohm + Voss, Koehlers Verlagsgesellschaft mbH, Herford 1977

Hans-Georg Prager,
Panzerschiff DEUTSCHLAND, Schwerer Kreuzer LÜTZOW – Ein Schicksal vor den Hintergründen seiner Zeit, Koehlers Verlagsgesellschaft, Hamburg, 2. überarbeitete Auflage 2001

Koop/Schmolke,
Die Leichten Kreuzer der KÖNIGSBERG-Klasse – NÜRNBERG und LEIPZIG, Bernard&Graefe Verlag, Bonn 1994

Jürgen Voßberg,
Schneller Aufbau – Kontinuierliche Entwicklung – Marinerüstung in vier Jahrzehnten, Soldat und Technik Heft 8, 1985

Michael Salewski,
Flotte und Marine – Zur Deutung ihrer Begriffe, Marinerundschau, 75 Jahrgang, Seite 268, 1978

Jane's Fighting Ships,
verschiedene Jahrgänge zwischen 1965 und 2005, Jane's Information Group Limited, Sentinel House, UK

Fritz Schanz,
Verstellpropeller für Marinefahrzeuge, Hansa – Schiffahrt – Schiffbau – Hafen, Jahrgang, Heft 5, 1989

MTU Friedrichshafen,
Typenhandbuch, Technische Daten aller Motoren der MTU Motoren- und Turbinen Union Friedrichshafen GmbH und ihrer Vorgängergesellschaften von 1909 bis 1999

K. H. Kurzak
Kriegsschiffsantriebe mit Gasturbinen, STG Jahrbuch 1961

Dieter Stockfisch,
Torpedos, Soldat und Technik, Verteidigungsministerium der Verteidigung, März 2002

Erich Brouwer, Burkhard Schindler,
Rohrwaffen in der Marine, Soldat und Technik, Februar 2003

K. Fischer,
Entwicklungen und Bauabsichten der deutschen Bundesmarine, Jahrbuch der STG Band 51, 1957

Sigurd Hess, G. Schulze-Wegener, H. Walle
Faszination See, 50 Jahre Marine der Bundesrepublik Deutschland, Deutsches Marine Institut, Verlag E.S. Mittler & Sohn GmbH, Hamburg, Berlin, Bonn, 2005

R. Fuhrmann, »Schiffstechnische Probleme bei der Entwicklung von Kriegsschiffen«, Jahrbuch der STG Band 63 , 1969
A. Wangerin, »Bordnetzanlagen für Überwasserschiffe der Bundesmarine«, Jahrbuch
der STG Band 57, 1963

Koop/Breyer,
Die Schiffe, Fahrzeuge und Flugzeuge der deutschen Marine von 1956 bis heute, Bermard & Graefe Verlag, Bonn 1996

Breyer/Koop,
Die Schiffe und Fahrzeuge der deutschen Bundesmarine 1956–1976, Bernard & Graefe Verlag München 1978

Naval Forces,
Special Issue, Heft 5, 1997, MECON Conference Proceedings, Mönch Publishing Group, Bonn 1997

W. Abbott,
Modular Payload Ships in the US Navy, The Society of Naval Architects and Marine Engineers, Annual Meeting, New York Nov. 1977

R.E. Boerum, J.B. Birindelli,
How Modular Combat Systems will Enhance Support of Surface Combatants, Naval Engineers Journal, Nov. 1985

German Maritime Industry Journal,
MEKO-Technology, Special Issue Naval Technology, Seehafen Verlag GmbH, August 1992

P.J. Gates,
Surface Warships, An Introduction to Design Principles, Brassey's Defence Publishers, London 1987

David Winkler,
The ENTERPRISE Genesis, Of Integrated Combat Systems, Sea Power, The Official Publication of the Navy League of the United States, March 2000

Harald Fock,
Kriegsschiffbau auf deutschen Werften – Blohm + Voss AG, Hamburg – Soldat und Technik, Heft 1, 1981

Karl-Otto Sadler,
Ein Leben für den Marineschiffbau, MEKO – Eine Erfolgsstory, Verlag E.S. Mittler&Sohn GmbH, Hamburg, Berlin, Bonn 2007

Blohm + Voss AG,
FES – Functional Unit System – For Weapons And Electronics Onboard Warships, Firmenveröffentlichung

Rudi Meller,
MEKO-Schiffe von Blohm + Voss, Beginn einer neuen Ära im Kriegsschiffbau, Internationale Wehrrevue Nr. 5 / 1979, Interavia SA, Cointrin-Genf, Schweiz

CPM-Forum,
Systemintegration bei Marineschiffen, CPM Communication Presse Marketing GmbH, Sankt Augustin, 1999

MECON 2002 und 2006
Conference Proceedings, ThyssenKrupp Marine Systems AG, Hamburg 2002 und 2006

Naval Forces,
Special Supplement on the MEKO 200, Mönch (UK) Ltd., 1987

H.-G. Wurm, U.-K. Petersen,
Frigates for Turkey and Portugal, Naval Forces, A Special Supplement HDW, Heft 4, 1986

Naval Forces,
MEKO 200 Frigates for the Portuguese Navy – the VASCO DA GAMA Class, A Special Supplement of B+V MEKO-Technology

Jürgen Wessel,
SAS AMATOLA – erste MEKO A 200 Korvette für Südafrika übergeben, Schiff und Hafen, Heft 10, 2003

Harald Fock,
Die MEKO 360-Fregatten, Marine-Rundschau, Heft 8, 1979

Heinrich Schütz,
Die Entwicklung der Marinetechnik im Bereich der Überwasserkampfschiffe, Jahrbuch der STG 1999

Joris Janssen Lok,
Surface Solutions for the German Navy, Jane's Navy International, Nov. 2001

Winfried Fräßdorf,
Von der Fregatte 123 zur Fregatte 124, Deutsche Fregatten, Wehrtechnischer Report, Heft 1, 2000

ARGE 124,
Fregatte 124 SACHSEN – Klasse, Firmenveröffentlichung

A. Jacobsen, K.F. Wentorp
Frigate 123 for the Federal German Navy, Naval Forces A Special Supplement HDW, Heft 5, 1989

Naval Forces,
Frigate MECKLENBURG-VORPOMMERN, Ship Profile (II), Naval Forces in cooperation with the German Navy and various sponsors, Naval Forces 4/1998

Frigate 123.
An Efficient New Vessel for the German Navy, Special Edition F 123 Class Frigate, Navy League in Washington D.C., April 1992

U.-K. Petersen,
Corvettes for the Royal Malaysian Navy, Naval Forces, A Special Supplement HDW, Heft 4, 1986

Robert L. Scheina,
Latin American Navies, US Naval Institute, Proceedings, March 1986

Ammann, Harder, Petersen, Rohkamm, Witschel
Deutscher Kriegsschiffbau heute, Deutsche Gesellschaft für Wehrtechnik e.V.
Bernard & Graefe Verlag München 1982

NN
MEKO makes its Mark in Malaysia, Jane's Navy International, December 2001

Jörg Möller, Axel Richter.
Küstenwachschiffe für die Royal Malaysian Navy, Schiff & Hafen, Heft 1, 2004,

Friedrich-Wilhelm von Krosigk,
Die Korvette der Klasse 130 der Deutschen Marine, Schiff & Hafen, Heft 5, 2002

Heinz Docter,
Die Entwicklung der deutschen Torpedo-Schnellboote, HANSA Heft 8/9, 1959

Volkmar Kühn,
Schnellboote im Einsatz 1939 – 1945, Motorbuch Verlag , Stuttgart 1986 (2. Auflage)

Harald Fock,
Schnellboote Band I–IV, Koehlers Verlagsgesellschaft Herford 1986

Naval Forces
A Special Supplement, Fr. Lürssen Shipyard, No. IV/1983

Chr. Ostersehlte,
Tragflächenboote von der Unterweser – Der BREMER PIONIER und ihre beiden Vorgänger, Sonderdruck, Bremisches Jahrbuch, Band 79, 2000

Schiff & Hafen
125 Jahre Fr. Lürssen Werft, Für schnelle Boote und schöne Yachten ein Markenname, Schiff & Hafen, Heft 6/2000

Heinrich Schuur,
Die Schnellbootflottille, Marine-Rundschau Heft 4, 1984

Naval Engineers Journal,
Modern Ships and Crafts, Special Edition February 1985

Helmuth Hauck,
Neue Wege in der Minenabwehr, Marine Forum, Heft 3, 1981

R.D. Short,
The Modern Intelligent Mine and Its Implications for Mine Warfare, International Symposium on Mine Warfare Systems 2, Royal Institution of Naval Architects (RINA), 1989

W. Maier,
Was ist eine »moderne Mine«? – Versuch einer Definition

Klaus Peter Neumann,
Die Flottille der Minenstreitkräfte, Marine-Rundschau, Heft 5, 1984

Hans-Joachim Stricker,
Minenabwehr heute und Trends für die Zukunft, Schiff & Hafen, Heft 5, 1999

STN Systemtechnik Nord GmbH,
High-Tech from North Germany, (PINGUIN), Naval Forces, A Special Supplement Bremer Vulkan AG

Peter Grundmann
The new German MCM Vessels: Some Design Aspects, Naval Forces, German Technology Ready for International Cooperation, Special Issue 1992

Hans-Joachim Stricker,
Minenabwehr heute und Trends für die Zukunft, Schiff & Hafen, Heft 5, 1999

Wolfgang Schlichting
The German Navy's Type 332 Minehunters, Naval Forces, German Technology Ready for International Cooperation, Special Issue 1992

Ulrich Linke
100 Jahre Deutsche Minenabwehrstreitkräfte, Wechselspiel zwischen Mine und Minenabwehr, Marine-Forum, Heft 5, 2005

Friedrich Ruge,
Krieg im Pazifik, Hans Dulk in Hamburg, 1951

G. Jacobs,
Die sowjetische Logistik in See, Marinerundschau Heft 5, 1984

Robert L. Scheina,
US-Manöver mit lateinamerikanischen Marinen: UNITAS im Rückblick, Marinerundschau Heft 4, 1985

Walter Flentge,
Die schwimmende logistische Unterstützung der Flotte, Marinerundschau Heft 9, 1984

Naval Forces
The 404 Tender Programme, Special Supplement, Bremer Vulkan, Mönch (UK) Ltd. 1992

Stephan Berger,
The Development of Afloat Support in the German Navy, Naval Forces, Special Issue 2006 – The German Navy, 50 Years Peace in Freedom and Justice, Mönch Publishing Group, Bonn 2006

Ralph Emmerich,
Task Group Supply Ships, Bremer Vulkan, Naval Forces Special Supplement

Gerd Holbach,
Handelsschiffstandards im Marineschiffbau, STG – Jahrbuch 2006

Hans Karr
Der Einsatzgruppenversorger Klasse 702, Organisches Element der schwimmenden Einsatzlogistik, Marineforum (DMI), Zeitschrift für maritime Fragen, Heft 10, 2005,

NATO, Military Agency for Standardisation (MAS)
Replenishment at Sea, ATP 16 (B) (NAVY)

Gerd Holbach,
Der EGV 702 und zukünftige Entwicklungen im Marineschiffbau, Schiff & Hafen, Heft 2, 2005

Blohm + Voss AG.
Segelschulschiff GORCH FOCK, HANSA-Schiffahrt Schiffbau Hafen, 96. Jahrgang, S. 765 ff, 1959

Hans Freiherr von Stackelberg,
Im Kielwasser der GORCH FOCK, 2. Auflage, Koehlers Verlagsgesellschaft mbH, Hamburg, 1995

Holger H. Mey,
Network Centric Warfare – Konzept netzwerkzentrierter Kriegführung, Soldat und Technik, Februar 2003

Nauticus 1908
Jahrbuch für Deutschlands Seeinteressen, 10. Jahrgang, Ernst Siegfried Mittler u. Sohn Berlin 1908

Gunter Sattler,
Wasserstoffantriebe für Überwasserschiffe, Schiff & Hafen, Heft 3, 1997

Scott C. Truver
Where is the All-Electric Navy? US Naval Institute, Proceedings, October 2001

David Allan Adams, USN
Naval Rail Guns Are Revolutionary, US Naval Institute, Proceedings, February 2003

Norman Friedman,
DD-21 and Naval Transformation, Naval Forces, Heft 4, 2001

C.H. Goddard, C.B. Marks
DD(X) Navigates Uncharted Waters, US Naval Institute, Proceedings, January 2005

![Naval vessels montage: Offshore Patrol Vessels, Visby Class Corvettes, K130 Corvettes, MEKO® A-200 SAN Frigates, Class 124 Frigates, Class 209/1400 Submarines, Class 212A Submarines, Class 214 Submarines, Class 125 Frigate, MHD Multirole Helicopter Dockship, MEKO® CSL Corvette]

Offshore Patrol Vessels   Visby Class Corvettes   K130 Corvettes   MEKO® A-200 SAN Frigates   Class 124 Frigates

Class 209/1400 Submarines   Class 212A Submarines   Class 214 Submarines

Class 125 Frigate   MHD Multirole Helicopter Dockship   MEKO® CSL Corvette

Naval Solutions

ThyssenKrupp Marine Systems' five European naval yards in Germany, Greece and Sweden arguably embody the world's most innovative shipbuilding group. Proven vessels ranging from brown water OPVs to state-of-the-art corvettes and blue water MEKO® frigates, from the phenomenally stealthy VISBY to futuristic twin hulled SWATHs are in current operation world wide. Below the sea, ThyssenKrupp Marine Systems' family of low signature, air independent submarines are an impressive demonstration of maritime technological leadership today. Looking ahead, the newly developed Class 125 frigate, the MEKO® CSL and the MHD 150 Multirole Helicopter Dockship are the realistic solutions for forthcoming naval and humanitarian assignments.

ThyssenKrupp Marine Systems
A company of ThyssenKrupp Technologies

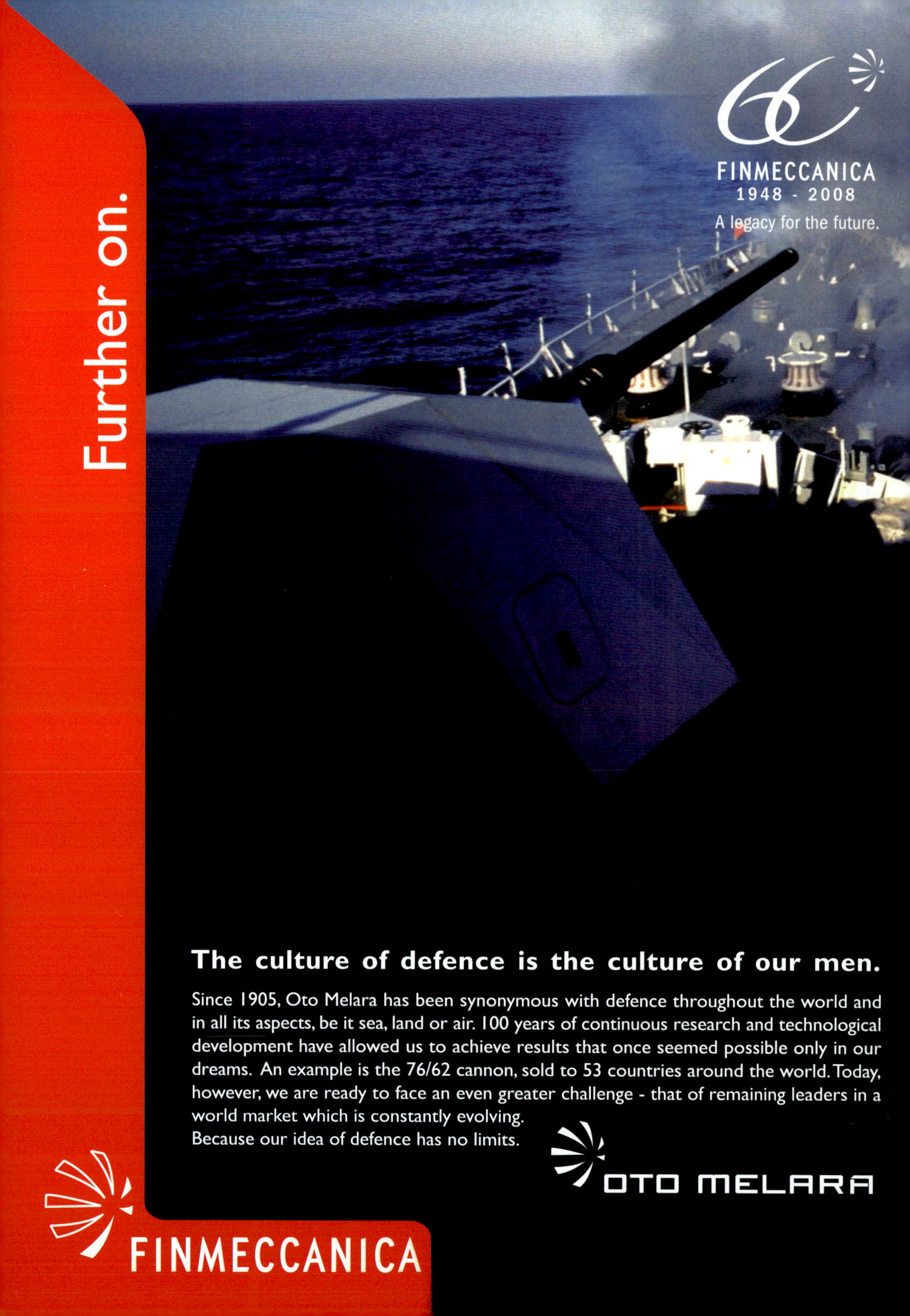
FINMECCANICA
1948 - 2008
A legacy for the future.
Further on.
The culture of defence is the culture of our men.
Since 1905, Oto Melara has been synonymous with defence throughout the world and in all its aspects, be it sea, land or air. 100 years of continuous research and technological development have allowed us to achieve results that once seemed possible only in our dreams. An example is the 76/62 cannon, sold to 53 countries around the world. Today, however, we are ready to face an even greater challenge - that of remaining leaders in a world market which is constantly evolving.
Because our idea of defence has no limits.
OTO MELARA
FINMECCANICA

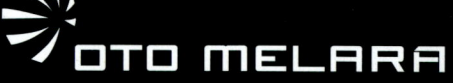

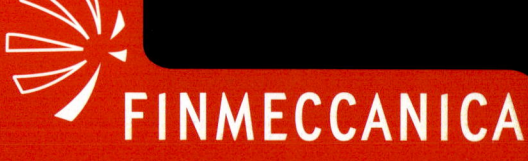

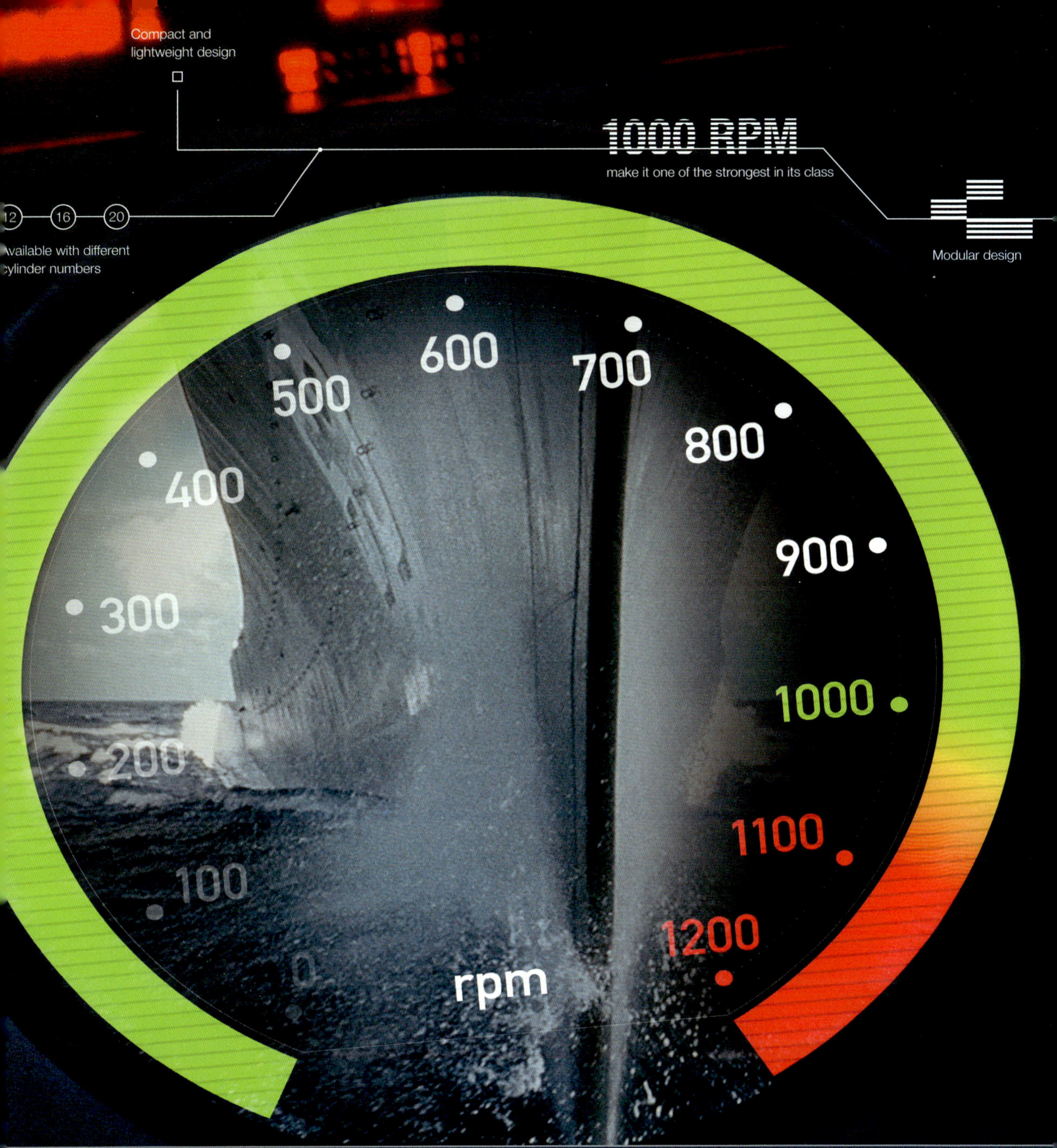

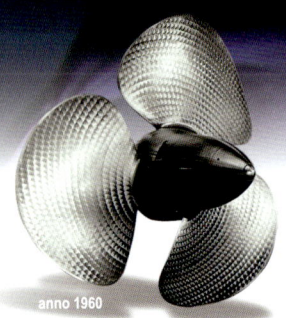